A REVOLUÇÃO NEUROTECNOLÓGICA

ZACK LYNCH
com BYRON LAURSEN

A REVOLUÇÃO NEUROTECNOLÓGICA

COMO A NEUROCIÊNCIA ESTÁ MUDANDO O NOSSO MUNDO

Tradução
Carmen Fischer

Editora Cultrix
SÃO PAULO

Título original: *The Neuro Revolution*.

Copyright © 2009 Zack Lynch.

Copyright da edição brasileira © 2011 Editora Pensamento-Cultrix Ltda.

Todos os direitos reservados. Nenhuma parte deste livro pode ser reproduzida ou usada de qualquer forma ou por qualquer meio, eletrônico ou mecânico, inclusive fotocópias, gravações ou sistema de armazenamento em banco de dados, sem permissão por escrito, exceto nos casos de trechos curtos citados em resenhas críticas ou artigos de revistas.

A Editora Cultrix não se responsabiliza por eventuais mudanças ocorridas nos endereços convencionais ou eletrônicos citados neste livro.

Coordenação editorial: Denise de C. Rocha Delela *e* Roseli de Sousa Ferraz
Preparação de originais: Lucimara Leal da Silva
Ilustração da capa: Alan Giana/Veer
Revisão: Liliane S. M. Cajado
Diagramação: Fama Editoração Eletrônica

Dados Internacionais de Catalogação na Publicação (CIP)
(Câmara Brasileira do Livro, SP, Brasil)

Lynch, Zack
    A revolução neurotecnológica : como a neurociência está mudando o nosso mundo / Zack Lynch, com Byron Laursen ; tradução Carmen Fischer. — São Paulo : Cultrix, 2011.

    Título original: The neuro revolution : how brain science is changing our world.
    Bibliografia.
    ISBN 978-85-316-1152-0

    1. Neurociências — Inovações tecnológicas I. Laursen, Byron. II. Título.

11-09094   CDD-612.8028

Índices para catálogo sistemático:
1. Neurociências : Inovações tecnológicas :
Medicina 612.8028

O primeiro número à esquerda indica a edição, ou reedição, desta obra. A primeira dezena à direita indica o ano em que esta edição, ou reedição, foi publicada.

Edição	Ano
1-2-3-4-5-6-7-8-9-10-11	11-12-13-14-15-16-17-18-19

Direitos de tradução para o Brasil
adquiridos com exclusividade pela
EDITORA PENSAMENTO-CULTRIX LTDA.
Rua Dr. Mário Vicente, 368 — 04270-000 — São Paulo, SP
Fone: 2066-9000 — Fax: 2066-9008
E-mail: atendimento@editoracultrix.com.br
http://www.editoracultrix.com.br
que se reserva a propriedade literária desta tradução.
Foi feito o depósito legal.

Para Casey e Kyle

SUMÁRIO

Introdução: Entrando num túnel estreito 9

Capítulo Um: O telescópio do tempo 17

Capítulo Dois: A testemunha que temos sobre os ombros 31

Capítulo Três: Marketing para a mente 65

Capítulo Quatro: Finanças com sentimentos 97

Capítulo Cinco: Confiança 126

Capítulo Seis: Você está vendo o que eu estou ouvindo? 146

Capítulo Sete: E Deus onde está? 168

Capítulo Oito: Travando a guerra com armas neurotecnológicas 192

Capítulo Nove: Mudança de percepção 227

Capítulo Dez: A nossa emergente sociedade neurocientífica 253

Agradecimentos 263

Notas 265

Bibliografia 269

INTRODUÇÃO

ENTRANDO NUM TÚNEL ESTREITO

omo você verá, o meu primeiro vislumbre do futuro da humanidade teve um alto custo para mim. Mas posso garantir que ele mais do que valeu a pena.

Certa manhã de 1988, parado imóvel à beira de um pequeno barranco, eu me detive a contemplar do alto toda a extensão da floresta tropical ao norte de Queensland perder-se de vista na linha do horizonte à minha frente. Lembro-me de ter sentido o ar tropical quente umedecer meu corpo. Então eu mergulhei naquele ar australiano. Sem camisa e sem sapatos, vestindo apenas um calção azul-claro e uma tira de couro prendendo os tornozelos. Eu saltei para um buraco com mais de 300 metros de profundidade, onde havia uma clareira entre as árvores, girando furiosamente os braços em círculos para tentar manter o controle. Segundos depois, as pontas de meus então longos cabelos mergulharam suavemente na fonte de água que era meu alvo. A corda elástica, presa à tira de couro em volta de meus tornozelos, havia funcionado exatamente conforme anunciada. Eu continuava inteiro. Podia relaxar e desfrutar a aventura.

Depois de um instante, voltei a ser arremessado para o alto. Estava outra vez contemplando de cima a extensão da floresta tropical, embora dessa vez sentindo-me sem peso enquanto subia, até que a gravidade restabeleceu sua força e eu caí na água. Minhas subidas e descidas, preso à corda elástica, foram aos poucos se tornando mais breves até que finalmente parei, suspenso acima daquela piscina natural. Que experiência fantástica! Eu precisava repeti-la.

Dentro de trinta minutos, eu estava preparado para saltar de novo. Dessa vez, para intensificar o prazer, eu me virei de costas, respirei fundo, dobrei os joelhos, girei os braços por cima da cabeça, arqueei as costas e arremessei-me para trás. E foi então que surgiram dores lancinantes em minha coluna. No instante que cheguei ao fundo, senti como se cada molécula de meu corpo tivesse transferido seu peso para a minha região lombar. Um choque elétrico percorreu rapidamente meu corpo e cada um dos vários golpes sucessivos veio acompanhado de outra onda de dor excruciante. A corda elástica estava intacta, mas o mesmo não acontecia com partes essenciais da minha coluna.

Oito anos de fisioterapia e tratamento quiroprático seguiram-se ao meu salto radical. Passei a necessitar de uma dose cada vez mais elevada de analgésico simplesmente para me levantar da cama pela manhã.

Finalmente, um neurocirurgião solicitou um sofisticado exame capaz de visualizar a minha coluna lombar. E logo eu me vi sendo preparado numa clínica da Universidade da Califórnia em San Francisco para que meu corpo agonizante fosse visualizado por um equipamento que, em 1996, era o mais avançado que existia. E foi quando eu tive aquele vislumbre do futuro, sem que, no momento, eu pudesse avaliar devidamente a sua importância. Só depois de passado algum tempo, e de muita pesquisa, eu comecei a perceber a importância da experiência a que havia me submetido, mas o fato é que naquele dia naquela clínica, eu participei dos primeiros estágios de uma revolução que eu acredito irá em breve transformar o nosso futuro de maneira tão gigantesca quanto algumas outras invenções cruciais — o arado, a máquina a vapor e o *microchip* — transformaram o nosso passado.

O termo genérico é "neurotecnologia", que engloba as ferramentas que usamos para entender e influenciar o nosso cérebro e o sistema nervoso. Afora suas aplicações médicas e, neste caso, ainda mais importante é o fato de a neurotecnologia estar fazendo progressos em praticamente todas as áreas imagináveis, desde as finanças e o marketing até a religião, a guerra e as artes. Em virtude de seu impacto cada vez maior, nós estamos hoje entrando no que eu chamo de "sociedade neurocientífica", o surgimento de uma realidade na qual veremos mudanças decisivas em nossa vida pessoal, social, econômica e política, impulsionadas pela neurotecnologia. Assim que eu concluir o relato de minha experiência radical com a coluna vertebral, começarei a revelar um quadro completo, que só agora é possível, da sociedade neurocientífica, valendo-me do trabalho e das perspectivas generosamente compartilhadas por alguns dos mais brilhantes e entusiasmados cientistas, homens de negócios e pensadores do planeta.

Reduzido a nada além de uma camisola hospitalar de tamanho maior que o meu, com dois grossos tampões enfiados nos ouvidos, eu ouvia os zumbidos dos mecanismos elétricos enquanto era introduzido, de cabeça e na posição horizontal, num tubo de cor creme por onde mal passavam meus ombros. Eu estava entrando no aparelho de ressonância magnética da clínica.

O leito no qual eu estava deitado parou de se movimentar. Eu estava totalmente dentro do tubo. Ouvi a voz de um operador pelo alto-falante, perguntando se eu estava bem e informando-me de que o procedimento ia começar. Para algumas pessoas, a experiência de estar dentro de um aparelho de ressonância magnética é descrita como uma britadeira. Eu a descrevo mais como estar num ambiente fechado e bombardeado por batidas surdas de pistons. Pelo menos, era menos barulhento do que as batidas dos instrumentos de percussão da música eletrônica que eu ouvira alguns anos antes no *Ministry of Sound*, uma casa noturna de Londres.

Passados trinta minutos, o procedimento estava terminado, o computador havia registrado e analisado como aquelas batidas surdas haviam ressoado nas estruturas abaixo de minha pele, e eu estava liberado para me vestir e ir mancando para casa. Alguns dias depois, no consultório de meu médico, vi o que o aparelho registrara de forma não invasiva. Havia uma ruptura num disco de minha coluna lombar pressionando nervos cruciais em um espaço demasiadamente apertado. Era por isso que eu estava suportando toda aquela agonia desde que dera aquele salto fatídico. Com as provas dos danos progressivos sobre os nervos em mãos, o cirurgião estava pronto para operar, confiante na certeza de poder resolver o meu problema. Por meio de uma pequena incisão, ele removeu o disco responsável pela pressão, deixando os nervos livres para retornarem a seu estado natural. Após relativamente poucos meses, eu estava em condições de voltar — sem dor — aos declives da Sierra Nevada com minha *snowboard* e para o Pacífico

Sul com meu equipamento de mergulho. A neurotecnologia havia exercido um papel importante para a minha libertação. Eu tinha muito mais para aprender.

A primeira imagem de ressonância magnética do corpo inteiro de uma pessoa foi realizada no dia 28 de agosto de 1980, na Escócia. O desenvolvimento dessa técnica de imagem foi logo reconhecido como o maior avanço em termos de diagnóstico médico ocorrido desde a descoberta do raio X em 1895. Finalmente, Paul Lauterbur e *Sir* Peter Mansfield receberam o Prêmio Nobel de Medicina por suas descobertas que tornaram possível o diagnóstico por imagem de ressonância magnética.

No início da década de 1990, surgiu uma nova técnica de ressonância magnética chamada imagem funcional por ressonância magnética. Foi acrescida a palavra funcional porque, diferentemente da imagem comum por ressonância magnética, que é usada, por exemplo, para ver se a cartilagem do joelho de uma pessoa precisa de reparo, a imagem funcional por ressonância magnética captura uma sequência de atividade enquanto ela está ocorrendo. Com relação ao cérebro, essa técnica atua tirando uma série de instantâneos que revelam quais as regiões específicas do cérebro estão sendo ativadas. A região que está sendo ativada usa mais oxigênio e aparece mais iluminada numa imagem funcional por ressonância magnética. Isso nos informa que região começa a funcionar após a ocorrência de um estímulo, como olhar para a imagem de uma cédula de dinheiro ou pensar em determinado assunto, como amor ou beleza.

Em apenas alguns anos, os aparelhos de exploração do cérebro ganharam muito mais potência. Pesquisadores de quase todas as áreas começaram a olhar com entusiasmo para o cérebro humano e descobrir coisas que fizeram acelerar o progresso científico e reformular os estudos e as prioridades das pesquisas em importantes hospitais, clínicas, universidades e laboratórios de todo o mundo.

A neurotecnologia abarca tanto equipamentos de visualização do cérebro quanto drogas e artifícios médicos para tratar de quase dois bilhões de pessoas em todo o mundo, que sofrem de doenças neurológicas e psiquiátricas ou lesões no sistema nervoso. Mas o lado médico desses avanços para tratar de doenças como Alzheimer, esquizofrenia, dor crônica e dependência química é apenas uma parte, um dos muitos aspectos surpreendentes que definirão o futuro da revolução neurotecnológica. Read Montague, o incrível e memorável cientista de personalidade multifacetada que você conhecerá nas páginas seguintes, é apenas um dos muitos homens e mulheres brilhantes que anteveem profundas consequências sociais no horizonte: "A neurociência em maior escala mais do que nunca traz estampado o sinal de perigo. Se [a neurotecnologia] realmente funciona, então ela é como a energia nuclear. E essas tecnologias se desenvolverão mais rapidamente do que se imagina. Eu mesmo sou surpreendido ao ver quão bem conseguimos espreitar e tirar conclusões práticas do que se passa na cabeça das pessoas. Atualmente, podemos saber se você está pensando em si mesmo ou em outra pessoa. Embora isso possa parecer rudimentar, jamais tivemos algo parecido. Nem mesmo esta conversa seria possível dez anos atrás. Como o processo está se acelerando, teremos uma discussão sobre algo igualmente surpreendente em apenas alguns anos."

Coincidentemente, enquanto eu lia um livro de Montague e também considerava qual seria a melhor maneira de apresentar os capítulos a seguir, peguei a edição do dia do jornal *New York Times* e li: "Atraída pela amplitude de seus interesses, que abarcam desde a esquizofrenia até a música, a Columbia University nomeou o neurologista e escritor Oliver Sacks como seu primeiro Artista, uma designação recém-criada."[1]

O dr. Oliver Sacks escreveu dez livros, entre eles muitas obras populares sobre neurociência, todos brilhantemente elaborados. Provavelmente os mais conhecidos são *The Man Who Mistook His Wife for a Hat* [O homem que confundiu sua mulher com um chapéu] e *Awakenings* [Tempo de despertar], sendo que esse último virou um filme estrelado por Robert De Niro e Robin Williams. Ele também colabora com artigos para o *New Yorker*. Seu novo cargo lhe dará acesso livre aos diferentes departamentos da universidade. Lee C. Bollinger, reitor da Columbia University, comentou no artigo que a nomeação do dr. Sacks representava o esforço da universidade para forjar vínculos estreitos entre as ciências do cérebro e os cursos das faculdades de administração e direito e para incentivar os muitos cursos de ciências humanas a discutirem questões fundamentais para o entendimento da experiência humana.

Por trás da nomeação do dr. Sacks, havia vinte milhões de dólares adicionais para expandir o estudo da neurociência e garantir que ele abarcasse essa abordagem interdisciplinar. Essa infusão de dinheiro veio na esteira de uma doação de duzentos milhões de dólares no ano anterior para a construção de um novo centro com o propósito de abrigar a Mind, Brain and Behavior Initiative daquela universidade.

A Columbia percebeu claramente a nova onda de mudança que será produzida pelas novas tecnologias do cérebro. E ela não é, com certeza, a única força atuante nas áreas acadêmica, cultural, política e empresarial a estabelecer essa conexão.

"A neurociência pode ter um impacto tão dramático sobre o sistema jurídico quanto os testes de DNA", proclamou o presidente da Fundação Mac Arthur, Jonathan Fanton, acrescentando: "Os neurocientistas precisam conhecer as leis e os advogados precisam ter conhecimentos de neurociência." Investindo seu dinheiro onde é realmente importante, a fundação financiou uma iniciativa de dez milhões de dólares envolvendo várias universidades no final de 2007, para entender como a neurotecnologia está impactando os sistemas jurídicos do mundo. "Evidências neurocientíficas já foram usadas para persuadir os jurados em suas decisões condenatórias, e tribunais de justiça já aceitaram imagens do cérebro como evidências em julgamentos para sustentar argumentos de insanidade", explica Michael Gazzaniga, co-diretor do projeto da University California em Santa Barbara.

Não são apenas as universidades que estão recebendo milhões de dólares para projetos de neurotecnologia — embora o MIT [Instituto de Tecnologia de Massachusetts] tenha recebido recentemente uma doação de 350 milhões para construir o McGovern Institute for Brain Research —, mas também empresas do setor privado em busca de meios para trazer aplicações da tecnologia para a nossa vida cotidiana. O capital de risco privado investido em projetos de neurotecnologia teve um aumento de 300% na década passada, enquanto no mesmo período o orçamento anual, para o National Institutes of Health, direcionados para as doenças do cérebro e do sistema nervoso mais do que dobrou, chegando a quase sete bilhões de dólares. A maior parte desses investimentos é voltada para a pesquisa de doenças e o desenvolvimento de tratamentos mais direcionados, mas o conhecimento gerado por toda essa atividade, como você poderá ver nos capítulos seguintes, provavelmente irá acelerar toda uma gama de empreendimentos humanos, do mercado de ações a apreciação de obras de arte.

Passaram-se muitos anos desde que eu comecei a escrever este livro. Uma das principais razões para ele ter tomado tanto tempo está no fato de que acompanhar a crescente afluência de literatura neurocientífica é como tentar beber água de uma mangueira de incêndio. Como disse o notável neurobiólogo Steven Rose: "O esforço mundial investido na neurociência está produzindo uma massa indigerível de descobertas em todos os níveis."

Enquanto aprofundava meus conhecimentos de ciência e tecnologia, eu desenvolvi um olhar mais minucioso. Há um equilíbrio muito tênue entre fazer conjecturas sobre como as tecnologias podem avançar e entender as razões culturais de por que elas podem ou não avançar; ponto de equilíbrio esse no qual procurei me fixar para que você pudesse desfrutar esta jornada livre de todo lixo e poder ver os desenvolvimentos e possibilidades que realmente precisam ser vistos.

Assim como eu estive no alto daquele barranco contemplando a extensão de uma imensa floresta tropical vinte anos atrás, esta breve introdução colocou você numa plataforma que lhe permitirá contemplar um futuro absolutamente incrível, inacreditável e, no entanto, perfeitamente provável. O relato do dia em que estive no laboratório para o exame de ressonância magnética já lhe deu todo conhecimento científico necessário para começar a entender por que tantas mentes brilhantes estão tão entusiasmadas com as mudanças positivas que provavelmente ocorrerão, e um tanto cautelosas e amedrontadas com as possibilidades mais obscuras que teremos de evitar. Essa iminente transformação constitui, ao mesmo tempo, um cenário de promessa e de perigo. Essa é apenas uma das muitas razões que me levam a querer que mais pessoas entendam o tamanho e o alcance das mudanças que estão por vir. Elas serão monumentais e irão impulsionar o desenvolvimento de outras mudanças que virão em seu encalço.

Administrar esse passo em nossa própria evolução com inteligência e benevolência será uma das tarefas mais importantes que a humanidade já terá cumprido.

CAPÍTULO UM

O TELESCÓPIO DO TEMPO

D eslizando para dentro do túnel estreito do equipamento de ressonância magnética daquele laboratório de San Francisco, com o corpo espremido pelo que consistia na época na tecnologia mais avançada, eu era como uma lagarta entrando no casulo. Minha esperança era a de finalmente poder sair dali para uma vida melhor, sem a dor crônica que me afligia. Minha esperança de fato se concretizou, e eu continuo agradecendo todos os dias por isso. Mas uma transformação ainda maior teve início para mim naquele dia. Aos poucos, eu comecei a ver possibilidades muito maiores do que o impacto positivo dessa avançada tecnologia de diagnóstico por imagem sobre a medicina e a cirurgia.

Tratava-se de reconhecer uma gigantesca inevitabilidade histórica: mudanças incomensuráveis estão resultando dessa nova tecnologia, impulsionando a humanidade na direção de uma reestruturação de nossa vida, família, sociedades, culturas, governos, economias, artes, lazer, religião — absolutamente tudo o que é essencial para a nossa existência.

Essa gigantesca onda de transformação atingirá todos os cantos do planeta. Ela criará uma metamorfose tão completa quanto a de uma lagarta em borboleta.

Se um número suficiente de pessoas perceber o que está acontecendo e for capaz de insuflar essa onda emergente com inteligência prática e benevolente, mantendo as aspirações em nível elevado, ela nos permitirá criar um futuro no qual a vida de cada pessoa será intensamente melhorada, mais equilibrada e satisfatória numa sociedade amplamente transformada que construiremos por meio de uma capacidade tão grande como jamais vimos ou imaginamos: um controle cada vez mais preciso sobre a mais complexa entidade do universo, o fator mais importante a determinar a qualidade da vida que levamos — a nossa mente humana.

Os cientistas estão hoje acumulando uma quantidade fenomenal de conhecimentos, e num ritmo explosivo, sobre como e por que nosso cérebro responde da maneira como responde e como poderemos usar esses conhecimentos acumulados para alavancar inovações que causarão impacto em cada aspecto de nossa vida. Entender melhor o funcionamento de nosso cérebro possibilitará decisões mais sólidas e confiáveis, como indivíduos e como nações, criando uma felicidade mais duradoura. Teremos acesso a potenciais que a humanidade sonhou alcançar por todas as eras de sua história — viver confortavelmente, com prosperidade e em harmonia com nosso meio físico, uns com os outros e com as nossas próprias emoções. Conhecer literalmente a nossa própria mente criará novos modos de aprender, trabalhar, distribuir riquezas, valorizar as culturas e exercer a criatividade. Seremos capazes de aliviar a dor crônica em todos os níveis, do físico ao espiritual. A vida nessa emergente sociedade neurocientífica representa um avanço tão grande em relação à que levamos atualmente como o Renascimento representou para a Idade da Pedra. Veremos mudanças enormes em nossas relações pessoais, nas bases do poder político, nas expressões artísticas, nas experiências religiosas, nos modos de aprendizagem, na saúde física e mental, como também na competitividade empresarial.

Questões profundas surgirão ao longo de todo o processo, assim como grandes controvérsias, visto que tais transformações pessoais e sociais desafiam as crenças profundamente arraigadas sobre o que significa ser humano.

É provável que você tenha conhecimento de alguns aspectos da neurotecnologia e neurociência pela leitura de artigos publicados recentemente em revistas e jornais descrevendo como os pesquisadores conseguem hoje ver as atividades do cérebro humano em tempo real. A maioria desses primeiros relatos concentra-se nas possibilidades médicas. A medicina é tanto vital quanto fascinante, mas na verdade ela é apenas uma faceta da transformação iminente do mundo. A neurociência impulsiona hoje muitas áreas de estudos. As "paredes" que separam os departamentos dentro das universidades estão mudando de forma com as combinações totalmente novas e diversas que têm sido criadas em ritmo acelerado. Como exemplos, assistimos ao surgimento de disciplinas em que a neurociência é aplicada à teologia, ao direito, ao marketing, à estética e às finanças. Esses desdobramentos estão ocorrendo tão rapidamente que até mesmo as mentes científicas mais brilhantes em atividade hoje em geral têm apenas uma vaga consciência de que as mudanças impulsionadas pela neurociência estão revolucionando áreas fora de suas especialidades.

As matérias sobre neurociência divulgadas pela mídia popular que você pode ter lido constituem a sua prova de que a neurociência já começou a engatinhar. Nas páginas a seguir, você encontrará provas de que a neurociência está muito perto de começar a dar longos passos no sentido de se tornar tão inequívoca no horizonte de nosso tempo quanto as outras grandes transformações da história foram em suas respectivas épocas.

Em muitos dos últimos anos, estive numa posição vantajosa que me permitiu vislumbrar as atrações que iam surgindo e que agora são projetadas por algumas das mentes mais brilhantes do mundo. Meu trabalho consiste em rastrear os projetos neurocientíficos em andamento no âmbito das muitas empresas, universidades e laboratórios independentes empenhados em realizar descobertas revolucionárias. Minha missão é sintetizar todas as informações que afluem e apresentá-las da melhor maneira possível, revelando quais são os pontos mais importantes.

Os capítulos seguintes apresentarão revelações vitais do que eu tive o privilégio de observar dessa posição vantajosa e, com isso, suas próprias ideias de nossos possíveis amanhãs tomarão forma.

A mudança causa desorientação e, inevitavelmente, também inspira medo. Os desafios que temos pela frente são enormes. Surgirão profundos conflitos sociais e culturais que, apesar dos benefícios incríveis, poderão ter consequências terríveis.

Durante a investida dessa onda neurocientífica, poderá parecer às vezes — como acontece agora com frequência — que estamos nos encaminhando para um futuro catastrófico. Por que pessoas sensatas não deveriam temer esse futuro? Pessoas cruéis estão em nosso encalço neste exato momento. As notícias nos trazem uma sucessão de imagens horripilantes: contínuos ataques sangrentos de terroristas; mudanças climáticas em escala global;

escassez de alimentos por todo o planeta; evaporação da classe média; aumento assustador do número de suicídios; preços da energia altamente voláteis; desperdício de recursos humanos e financeiros em guerras travadas por todo o planeta; desvalorização de moedas; crianças que nascem diariamente em condições de pobreza absoluta; imagens de um mundo instável e multifacetado. Esse mal-estar de múltiplas cabeças faz com que as profecias de mortes, como também de possível extinção em massa, amplamente difundidas hoje sejam vistas como totalmente possíveis.

Mas graças à curiosidade e ao empenho de nossos ancestrais, e também aos bilhões de nós que trabalharão juntos num futuro próximo no âmbito da sociedade neurocientífica, conseguiremos construir uma ponte suficientemente vasta para todos nós sobrevivermos. Teremos também os meios para irmos além da mera sobrevivência. Dependendo de como lidarmos com a confusão, entraremos numa era de prosperidade, levados por uma onda caracterizada pelo acesso quase irrestrito aos aspectos de nossa humanidade que Abraham Lincoln resumiu como "os melhores anjos de nossa natureza".

Desde seu alvorecer, a civilização humana passou por três revoluções. Todas elas impulsionadas pela invenção de novas ferramentas. Cada um desses saltos tecnológicos permitiu que as pessoas controlassem o mundo ao seu redor num nível muito mais elevado do que podiam antes imaginar. Essas expansões do controle criaram três novas eras da humanidade.

Você está prestes a começar a entender a quarta.

Há aproximadamente dez mil anos, surgiu a sociedade baseada na agricultura. Arados puxados por bois substituíram os músculos humanos como principal fonte de energia para a produção de alimentos. Os nossos ancestrais não eram mais obrigados a viver caçando, coletando e migrando. Eles começaram a acumular excedentes. Assentamentos dispersos transformaram-se em cidades e cidades-estados com centenas de milhares de habitantes. As ocupações tornaram-se altamente especializadas, e a vida humana ganhou uma enorme complexidade.

Menos de dois séculos e meio atrás, as máquinas movidas a vapor tornaram-se realidade, prenunciando a sociedade industrial. O nosso controle sobre a geração de energia, bem como sobre a produção de bens e distribuição de recursos multiplicou-se muitas vezes. Ficou mais fácil vencer as distâncias. Novos mercados se abriram em todo o mundo. A interconexão da vida humana passou de novo para um grau muito mais elevado.

Em nosso tempo, o *microchip* deu origem à atual sociedade informatizada. Temos acesso instantâneo à troca global de conhecimentos. Essa comunicação rápida, juntamente com a expansão do acesso, criou, por sua vez, uma vastidão de novas eficiências em toda a indústria já existente, como também o surgimento de indústrias e ocupações que jamais haviam existido. A complexidade e a interconexão de todas as nossas vidas passaram para um nível surpreendentemente novo em muito pouco tempo.

Essas novas tecnologias não apenas nos trouxeram novas indústrias, mas também reformularam a competitividade entre elas, assim como a comunicação pessoal, a expressão artística e a arte da guerra, trazendo-nos transformações de tal magnitude que as vidas das futuras gerações foram completamente mudadas para sempre.

Hoje, estamos diante de uma nova e avassaladora transformação da sociedade, começando a perceber a formação de uma onda potencialmente mais dramática do que qualquer outra que já tenha vindo. É a emergência da sociedade neurocientífica. Você encontrará os primeiros sinais dessa onda nas páginas seguintes. Aos poucos, você irá perceber que essa onda nos proporcionará um controle jamais sonhado sobre duas grandes esferas da vida: o *mundo ao nosso redor* e o *universo dentro de nós*.

As forças que impulsionam o surgimento da sociedade neurocientífica se tornam evidentes. Sua chegada é tanto inevitável como já está a caminho. Mesmo aqueles que hoje estão situados mais perto da onda em movimento não conseguem imaginar exatamente a dimensão e o alcance do impacto que ela causa por onde passa. Será nada menos do que o nascimento de uma nova civilização.

Eis o que eu chamo de inevitável: a população global aumentou mais de vinte vezes nos últimos duzentos anos, chegando a ultrapassar 6,6 bilhões de pessoas. Durante esses mesmos dois últimos séculos, a média de longevidade mais do que duplicou, saltando para mais de 70 anos. De acordo com as projeções atuais, em 2040 os Estados Unidos terão 54 milhões de pessoas com 85 anos ou mais, contra os 4,2 milhões de hoje. Atualmente, as pessoas com mais de 85 anos representam apenas 2% da população. Em 2040, elas representarão quase 20%.

Uma população que é significativamente maior e mais velha, somada à recém-criada ampla conexão global, já gerou tanto oportunidades quanto novos problemas para os seres humanos modernos. E ao mesmo tempo intensificou os problemas já existentes. Nós levamos nossa vida em constante mudança com um cérebro que evoluiu muito pouco desde a Idade Paleolítica. Os mecanismos solucionadores de problemas do nosso cérebro são impressionantemente complexos, apesar de sobrecarregados e superestimulados diariamente. De maneira rápida e insidiosa, eles podem se tornar mecanismos causadores de problemas, sem que percebamos. Somos constantemente sobrecarregados com imagens de estilos de vida inalcançáveis, que provocam crises diárias de identidade quando buscamos sentido num mundo de verdades efêmeras. Muitos de nós ficamos horrorizados ante a atual distribuição de riquezas e poder. Enquanto outros, bem supridos tanto de riqueza quanto de poder, vivem desiludidos, e são incapazes de sentir a felicidade que tais bens deveriam supostamente trazer. Em todos os continentes e em todas as culturas, vemos a incerteza, a depressão, a raiva e o ressentimento vindo à tona em larga escala.

Entretanto, depois de termos passado milhares de anos aperfeiçoando nossos meios de controlar o mundo físico, estamos prestes a obter novas ferramentas que aumentarão nosso controle sobre o âmbito da mente. Essas ferramentas constituem o próximo passo lógico no sentido de nos ajudar a vencer as pressões que resultam de viver numa sociedade altamente interconectada, urbanizada e informatizada.

Com base nos avanços da ciência do cérebro, a neurotecnologia (o conjunto de ferramentas para entender e influenciar o cérebro humano) nos proporcionará a experiência de viver de maneira jamais antes considerada possível. A neurotecnologia permitirá que as pessoas aumentem conscientemente sua estabilidade emocional, melhorem sua clareza cognitiva e expandam suas experiências sensoriais mais satisfatórias.

A revolução neurotecnológica trará muito mais do que fantásticas novas ferramentas para que as pessoas possam viver menos coagidas pela química do cérebro determinada pela evolução. Ela trará a capacidade de refazer a própria estrutura, os mecanismos essenciais mais profundos, de cada indústria, organização e sistema político.

Gostaria agora de partilhar com você a minha visão do que está por vir.

Tomando os últimos 250 anos da história como nosso guia, podemos direcionar o Telescópio do Tempo para os próximos cinquenta anos e ver como os negócios, os governos e as relações pessoais moldarão e serão moldados pela quarta transformação memorável da humanidade.

Criei o Telescópio do Tempo como uma estrutura conceitual mais refinada do que a descrição geral das épocas para observar os desenvolvimentos da humanidade. Ele permite organizar a história recente da humanidade numa sucessão de ondas tecnológicas, que se desenvolvem a partir das que vieram antes. A seguir, explicarei o modelo de maneira mais detalhada, mas acredito que ele seja um meio confiável de arriscar a fazer previsões sociais de longo prazo. Por prever, eu entendo ver quais forças propulsoras estão em ação e que padrões elas seguirão no desenrolar de nosso futuro. Prever não significa fazer prognósticos altamente específicos de eventos finitos. Significa delinear a direção e a força da próxima onda à luz dos padrões que ocorreram em períodos anteriores de mudança.

Há boas razões para não se fazer afirmações altamente específicas sobre o que está por vir. É preferível acreditar nas lições que a história nos ensina. E a história demonstrou que até mesmo os mais bem-informados são em geral péssimos profetas do futuro.

Por exemplo, em 1895 o eminente físico irlandês Lord Kelvin declarou que máquinas voadoras mais pesadas que o ar eram "cientificamente impossíveis". Cinco anos depois, os irmãos Wright iniciaram seus primeiros voos experimentais sobre as praias ventosas de Kitty Hawk. Thomas Edison declarou em 1880 que o fonógrafo inventado por ele não tinha "nenhum valor comercial". Recentemente, ao assistir ao programa em que Herbie Hancock recebeu o Grammy por seu álbum do ano intitulado *River: The Joni Letters*, eu tive de me juntar aos milhões que respeitosamente discordam do *Wizard of Menlo Park* ("Mago do Menlo Park" é o apelido que Edison ganhou por suas frequentes demonstrações de genialidade). Em 1955, o diretor-presidente de uma importante fábrica de eletrodomésticos predisse que aspiradores de pó movidos a energia nuclear se tornariam realidade em 1965. Evidentemente, todos nós ficamos felizes pelo fato de a revolução dos aspiradores de pó atômicos jamais ter ocorrido. Em 1962, um executivo da gravadora Decca Recording Company rejeitou uma jovem banda promissora, dizendo: "Não gostamos de seu som. Os grupos tocando guitarra estão com os dias contados". E assim, os quatro cabeludos de Liverpool, que ficariam conhecidos como os Beatles, tiveram de continuar batendo em outras portas. Até provocarem uma revolução estrondosa na cultura pop e na música do mundo todo. No início da década de 1970, os especialistas disseram que a indústria eletrônica do Japão logo chegaria a um beco sem saída, porque o mercado de estéreos e transistores estava quase saturado. Exemplos como esses abundam em toda a história de previsões do futuro. Diante de todos esses erros estúpidos de previsões passadas, que hoje podemos ver como óbvios, que direção devemos seguir em busca de um entendimento claro quanto ao rumo que a sociedade tomará no futuro?

Por formação, minha tendência é buscá-lo na história. Evidentemente, a maioria de nós conhece o famoso comentário de Napoleão quanto à história ser "as mentiras sobre as quais os vencedores estão de acordo" e também entende que há modos de separar a história de maneira a servir de apoio para quase qualquer argumento. O Telescópio do Tempo é apenas um dos modos de ver a história, mas a perspectiva que ele oferece é atrativa.

Olhando para os 250 anos que se passaram desde a primeira faísca da Revolução Industrial, podemos ver que as tecnologias desenvolvidas recentemente constituíram o instrumento de transformação da sociedade em um padrão relativamente consistente de ondas de sessenta anos de mudança econômica e política. A cada vez, a cada nova onda, surgiu um novo conjunto de tecnologias para resolver problemas que antes acreditávamos insuperáveis.

Cada uma dessas cinco ondas foi impulsionada pelo desenvolvimento e uso generalizado de alguns novos produtos de baixo custo que possibilitaram o surgimento de indústrias inteiramente novas e, ao mesmo tempo, transformaram as antigas, criando com isso novas formas de organização social.

Quando observamos o papel dessas tecnologias cruciais ao longo do período de cada onda, podemos ver um padrão previsível de mudança. Esses padrões históricos foram amplamente pesquisados por grandes pensadores como Nikolai Kondratieff, Brian Arthur, Christopher Freeman e Carlota Perez. Eu acredito que o desenvolvimento da revolução neurotecnológica seguirá as linhas elucidadas por esses padrões comprovados. Eis por que o Telescópio do Tempo nos provê uma base sólida na empreitada vital, porém arriscada, de olhar para o futuro.

A primeira onda, a da mecanização da água, ocorreu entre 1770 e 1830. Ela nos proporcionou um tremendo salto em produtividade e poder ao substituir a produção artesanal pelo uso de maquinário movido pela força hidráulica. Essa primeira onda barateou os custos e, com isso, levou roupa de algodão e alimento para as massas.

A segunda onda, a da máquina a vapor, teve início por volta de 1820 e prosseguiu até aproximadamente 1880. O maquinário desenvolvido no final da primeira onda barateou o custo do ferro, resultando na construção maciça de estradas de ferro. Essas estradas aceleraram a possibilidade de levarmos bens e serviços para mercados distantes.

A terceira onda, a da eletrificação, começou em 1870 e continuou até 1930, barateando em muito a produção de aço. O acesso a esse metal superior transformou de novo os sistemas de vias férreas e também tornou possível a existência das cidades modernas. O aço, combinado com a recente infraestrutura de eletricidade, possibilitou o surgimento de arranha-céus, elevadores elétricos, lâmpadas incandescentes, telefones e metrôs.

A quarta onda, a da motorização, começou em 1910 e prosseguiu até mais ou menos 1970. O petróleo barato deu início à produção em série e à motorização da economia industrial. O transporte barato de bens e serviços tornou-se subitamente acessível às massas. Os automóveis, por vezes depreciados em seus primeiros anos de existência como "dormitórios sobre rodas", mudaram quase todos os aspectos de nossa vida econômica e social, levando a partir da década de 1950 à construção de vastas estradas interestaduais e ao rápido florescimento de bairros residenciais afastados.

A quinta onda, a da informática, teve início por volta de 1960. Inicialmente, os computadores eram limitados a um pequeno grupo de usuários, principalmente universidades, empresas, órgãos públicos e forças armadas. Mas aos poucos os computadores foram se tornando cada vez menores, mais eficientes e mais acessíveis. As pessoas começaram a perceber que havia bons motivos para tê-los em suas casas. E à medida que mais gente passava a fazer isso, mais força acumulava a onda da informática. Empreendedores e investidores se empenhavam em descobrir os *"killer applications"*, produtos e serviços que tirariam proveito do tremendo potencial dessa onda.

Os futuristas já haviam previsto e descrito o que eles chamaram de "sociedade informatizada" na década de 1950, mas foram necessárias a atual expansão econômica e a mudança social que a alta tecnologia proporcionou ao longo das décadas de 1980 e 1990 para que ela pudesse realmente acontecer. O tempo em que nos coube viver tem sido uma janela para tremendas mudanças geopolíticas, econômicas e sociais. Em menos de cinquenta anos, as tecnologias da informação reformularam o nosso mundo, tornando possíveis tais acontecimentos radicais como a queda da União Soviética, a ascensão das economias asiáticas, a existência das redes globais de capital em tempo real e de armas assimétricas portadas por pessoas, em que telefones celulares, abridores de portas de garagens e carregamentos baratos de munição — em mãos de pessoas visivelmente dispostas a morrer — têm infernizado os aparatos militares mais caros e tecnologicamente avançados da história mundial.

Cada onda consiste em quatro períodos de aproximadamente quinze anos, começando cada um deles com uma fase de irrupção tecnológica caracterizada por inovações explosivas em que surgem tipos totalmente novos de tecnologias. Esse é seguido rapidamente por um período de grande entusiasmo financeiro em torno das possibilidades de se obter lucros com essas novas tecnologias e com as muitas indústrias que elas criarão e reformularão. Um exame superficial das ondas anteriores mostra que as bolhas financeiras são comuns nessa fase. Em seguida, durante a fase de expansão, os produtos são desenvolvidos para seus mercados potenciais enquanto as margens de lucro diminuem substancialmente, tornando-os acessíveis a massas de consumidores. Por fim, o crescimento desacelera, o que leva à fase de irrupção do próximo conjunto de tecnologias inovadoras, quando os investidores procuram outros setores capazes de gerar altas margens de lucro em que apostar. Estamos atualmente nos aproximando do fim da fase de expansão da onda da informática. Ela está longe de ter perdido a força, mas a computação ficou tão barata e penetrou tão profundamente em nossa vida que está se tornando, em certo sentido, invisível.

Essas cinco primeiras ondas chegaram em ciclos de sessenta anos, com períodos sobrepostos de uma década no começo e final de cada uma delas.

Com o surgimento de cada avanço, elas se expandiram e se espalharam mais, criando as condições propícias que acabaram gerando o avanço de outra onda.

Nos capítulos seguintes, são apresentados alguns primeiros sinais extraordinários da sexta onda que está atualmente surgindo. Como apresentação prévia, eu gostaria de levar você a dar um salto no tempo para que possa ter alguns vislumbres do futuro em andamento.

Os avanços da neurociência já começaram a sacudir as bases de nosso sistema judiciário. A precisão das tecnologias de visualização do cérebro capazes de detectar a verdade em breve superará os atuais "detectores de mentira", alcançando um índice de precisão de 90 a 95%, provas suficientemente confiáveis para serem apresentadas ante o Supremo Tribunal. Ler a mente continuará sendo impossível, mas aparelhos que fornecem imagens do cérebro e tecnologias que funcionam como sensores de emoções para detectar mentiras serão usados durante os depoimentos e farão pender o prato da balança em favor da verdade e da justiça. Infelizmente, nos países em que não existe proteção das liberdades individuais, nunca se sabe como essas tecnologias poderão ser manipuladas para consolidar o monopólio do poder.

Além desses impactos diretos, a neurociência pode nos ajudar a abrandar o caminho no futuro e a ter uma justiça mais precisa, por nos possibilitar chegar às verdadeiras causas da criminalidade. A neurociência nos ajudará a encontrar as verdades essenciais em questões de vital importância como estas: Por que alguém se torna um criminoso violento? Existe uma base biológica para isso? A resposta é sim, o que me leva a acreditar que as pessoas serão condenadas a tratamentos com drogas que alteram a mente como alternativa ao encarceramento.

Nas ondas anteriores, o setor financeiro foi um dos primeiros a se adaptar às novas possibilidades. O mesmo acontecerá na onda da neurotecnologia. Pense nos bilhões de dólares que circulam na rede a cada instante de nossos mercados mundiais estreitamente interligados. As pressões econômicas para o melhor desempenho dos negócios, bem como para uma maior precisão em todas as decisões financeiras, são tremendas. As primeiras descobertas neurocientíficas já abalaram o dogma econômico de que as pessoas são atores econômicos racionais. Por exemplo, uma pesquisa recente mostrou que nós quase sempre superestimamos o grau de felicidade que um evento, como a aquisição de algo, nos trará. Podemos acreditar que um novo BMW tornará a nossa vida muito melhor, mas por mais espetacular que seja o carro, o fato de tê-lo será menos excitante do que a expectativa de comprá-lo, e a empolgação desaparecerá mais rapidamente do que imaginamos. A teoria econômica convencional será transformada de muitas maneiras pela neurociência. Além disso, surgirão novas ferramentas para ajudar os profissionais da área financeira a se sobressaírem. Os negociadores equipados com neurotecnologias terão pelo menos duas novas ferramentas à sua disposição. Uma delas será a visualização do cérebro em tempo real e softwares que ofereçam soluções baseadas em respostas neurológicas que correlacionam estados cerebrais anteriores com êxitos nos negócios, dando aos negociadores a capacidade de prever, com base em sua neurobiologia em constante mudança, suas possibilidades em dado momento para alcançar um novo sucesso. Outro conjunto de ferramentas que poderá ser usado será o dos estabilizadores emocionais sem efeitos colaterais para a pessoa manter-se calma enquanto executa transações financeiras complexas e altamente estressantes.

Avançando ainda mais no futuro, para além do que muitos considerariam hoje razoável, eu prevejo o surgimento de sistemas de interface cérebro-computador capazes de expandir a capacidade de um indivíduo para analisar fluxos de dados e, com isso, acelerar tomadas de decisão lucrativa. Essas novas tecnologias criarão um novo campo de atuação para aqueles que tiverem acesso a elas. Inovações autênticas como essas alterarão as estruturas de custo e transformarão a produtividade de todo o setor financeiro global, bem como de muitos outros setores competitivos baseados no conhecimento. A neurotecnologia transformará radicalmente a visão que vigora hoje sobre o bom senso administrativo para se alcançar o máximo de produtividade e lucratividade.

A expressão artística e as indústrias de entretenimento sofrerão mudanças igualmente surpreendentes no curso da revolução neurotecnológica. A eletricidade deu origem ao cinema, e a tecnologia da informação criou o *videogame*. A neurotecnologia engendrará novas formas tanto de criação artística como de apreciação das artes. Por exemplo, as experiências com a realidade virtual, que ainda estão em sua infância, atingirão um grau inacreditável. Elas incluirão não apenas paisagens visionárias e trilhas sonoras para provocar os sentidos, como também tecnologias que, sendo capazes de captar as emoções, adaptarão a experiência do entretenimento aos desejos da pessoa. Em outra forma de arte impulsionada pela neurotecnologia, um conhecimento mais profundo sobre por que consideramos certas representações assustadoras ou engraçadas levará ao desenvolvimento de dispositivos que serão usados durante toda a representação ou jogo virtual. Esses dispositivos ampliarão estados emocionais específicos, por meio de uma estimulação magnética não invasiva do couro cabeludo. Será fascinante ver como seres humanos criativos de todo o planeta usarão essas novas ferramentas capazes de provocar emoções para realizar nossos desejos de novas experiências.

A ciência do cérebro está também elucidando as relações entre religião e a mente humana. Certos teólogos, fazendo uso dos conhecimentos neurocientíficos, esperam poder finalmente provar cientificamente a existência de Deus. Outros esperam poder dar ao ateísmo plena legitimidade científica. Mas mesmo que nunca se chegue a uma resposta para uma questão de tal magnitude, é razoável supor que, desvendadas as bases neurobiológicas das crenças e experiências espirituais, nós teremos novas respostas e percepções estimulantes de domínios que sempre pareceram estar além do entendimento humano. Esse novo conhecimento abalará os fundamentos sobre os quais muitas das religiões atuais foram erigidas. Já se sabe que implantes cirúrgicos para epilepsia, eletrodos colocados numa área profunda do cérebro, conhecida como giro angular, podem despertar experiências fora do corpo. A revolução neurotecnológica produzirá também tecnologias não invasivas que serão capazes de estimular experiências espirituais a distância, dando novo sentido ao "sermão inspirador". A teologia progressista que faz uso da neurociência poderá talvez ajudar as pessoas que não dedicaram anos de suas vidas a meditar e orar a alcançarem estados místicos e de serenidade. Além das próprias experiências místicas, haveria efeitos subsequentes significativos e possivelmente duradouros, como saída da depressão, melhora da função imunológica, mais contato com outras pessoas e uma visão mais positiva da vida.

Passando do aspecto religioso para o destrutivo, o desenvolvimento de sofisticadas armas neurotecnológicas criará um estado de tensão permanente entre a esperança e o perigo. No desenvolvimento desses armamentos, nós teremos de enfrentar muitas preocupações, debates e conjecturas quanto a quais serão seus efeitos últimos. Haverá dispositivos de detecção emocional espalhados pelo espaço público enquanto redes globais de vigilância perseguirão terroristas e criminosos. Aumentar a força, a resistência e a percepção será a nova maneira de preparar os "atletas guerreiros" do futuro para o combate. Esses futuros guerreiros terão seu corpo rastreado com propósitos de melhorar seu desempenho com produtos avançados que farão os esteroides e outros recursos controversos de hoje parecer melhoral infantil. E serão equipados com tecnologias para, por exemplo, silenciar suas lembranças.

Novos armamentos neurotecnológicos serão criados rapidamente quando a demanda global por sofisticados sistemas de entretenimento e plataformas de negociação financeira tornar a neurotecnologia difundida e, com isso, impulsionar o seu rápido desenvolvimento.

É evidente que alguns desses aprimoramentos poderão não ocorrer exatamente como estou descrevendo. Nesse estágio da revolução neurotecnológica, não é tão importante que os detalhes sejam prognosticados com exatidão, e sim que estejamos certos quanto à extensão da mudança que afeta cada uma dessas áreas vitais de nossa vida.

Como ponto de partida, um primeiro aspecto excelente para ver como a neurociência já está transformando o nosso mundo é o domínio do livre-arbítrio e do sistema de justiça criminal. Foi seu cérebro que o levou a cometer o crime?

CAPÍTULO DOIS

A TESTEMUNHA QUE TEMOS SOBRE OS OMBROS

A primeira recompensa da justiça é a consciência de que estamos sendo justos.

— Jean-Jacques Rousseau

Na primeira vez, foi o diabo que me instigou a fazê-lo; na segunda, eu fiz por vontade própria.

— Billy Joe Shaver

A cidade de Las Vegas gastou milhões com a promoção persistente de seu *slogan*: "Tudo o que acontece em Vegas permanece em Vegas." A ideia é persuadi-lo de que, ao visitá-la, você tem permissão para fazer o que lhe der na telha e depois voltar para casa sem que absolutamente ninguém tome conhecimento de suas travessuras. Essa propaganda, como comentou o comediante Bill Maher, é como se a prefeitura tivesse mandado imprimir em seus papéis timbrados "Faça bom proveito de sua garota de programa". E de fato, no momento em que estou escrevendo isto, o atual prefeito de Las Vegas proclama com entusiasmo suas expectativas de que elegantes bordéis venham a se tornar outra atração para ancorar a economia local.

Mas o sigilo que sua cidade alardeia é totalmente falso, uma promessa irrealizável. O que acontece em Las Vegas, como em qualquer outro lugar, volta para casa com quem participou do acontecimento — impresso em muitas áreas diferentes da estrutura de seu cérebro. As lembranças dos atos sujeitos a penalidades chegam mais prontamente do que as músicas que você tenta baixar da Internet para seu computador, e são praticamente impossíveis de apagar.

Detectar quando as pessoas estão dizendo a verdade é uma questão extremamente polêmica. Ela tem impacto sobre o nosso sistema judiciário e sobre a sociedade como um todo. Empresas e governos já estão gastando milhões para descobrir se a neurociência irá aumentar radicalmente a nossa capacidade de separar o que é real do que é falso, um terrorista de um espectador curioso, um escroque de um cidadão inocente, e com que rapidez seremos capazes de fazer essa mágica acontecer. O que acontece em Las Vegas é apenas uma parte minúscula, alguns poucos *pixels* na composição da imagem do quadro mundial. Essa recente expansão de nossa capacidade de visualizar o cérebro realizando todas as diversas atividades de processamento de dados está nos aproximando do dia em que mentir num tribunal de justiça, ou em qualquer outro lugar em que saber a verdade é de importância vital, poderá ser impossível.

A neurociência aplicada ao direito fez surgir um novo campo de estudos, o do "neurodireito", que procura explorar os efeitos das descobertas da neurociência sobre a lei e as normas legais. Há atualmente tanta atividade e empolgação envolvendo a questão do que essa nova área pode fazer em favor da detecção da verdade, que seria fácil desconsiderar o fato de que a neurociência também irá causar um tremendo impacto sobre o nosso sistema jurídico de muitas outras maneiras. A detecção da verdade é apenas uma delas. Pesquisas intensas estão em andamento em muitas outras áreas do direito que fazem uso da neurociência e elas podem provocar mudanças igualmente dramáticas no âmbito de questões profundamente perturbadoras e controversas.

Mas a detecção da verdade é, por muitas razões, um ponto de partida perfeito para este capítulo.

Em primeiro lugar, os nossos tribunais se mostram cada vez mais dispostos a considerar outras evidências fornecidas pela neurociência em alguns dos casos mais sérios. Neste momento, os especialistas estimam haver mais de novecentos casos em andamento nos Estados Unidos em que a neurociência tem participação. Neuroimagens têm sido usadas como evidências válidas em processos por lesão corporal, para provar vários tipos de danos e suas causas, incluindo erros médicos e exposição a substâncias tóxicas. Além disso, elas têm sido usadas para rescindir contratos quando as evidências indicam que uma das partes não dispunha de suficiente capacidade mental para assinar um contrato. Em Illinois, um tribunal distrital federal aceitou recentemente neuroimagens como evidências apresentadas pelo Estado para demonstrar a relação entre o hábito de jogar *videogames* violentos e os comportamentos extremamente agressivos na vida real de crianças.

Em segundo lugar, a CIA e outras agências de inteligência vêm já há alguns anos investindo milhões em pesquisas neurocientíficas, com a expectativa de em breve poderem desenvolver e disponibilizar ferramentas extremamente avançadas para proteger a segurança nacional.

A Segurança Nacional submeteu muito recentemente a teste o equipamento portátil Malintent capaz de rapidamente visualizar o cérebro das pessoas como, por exemplo, os passageiros que se dirigem para o embarque de um avião, ao passarem por uma série de sensores capazes de detectar na mente delas qualquer intenção de causar dano. Os sensores são capazes de detectar nuances extremamente sutis nos movimentos involuntários dos músculos faciais, revelando esforços para ocultar os pensamentos. Espera-se que muito em breve esses sensores sejam capazes de detectar os feromônios do stress.

Em terceiro, os empresários da neurociência estão construindo e lançando modelos comerciais baseados na emergente tecnologia de detecção da verdade, intuindo os bilhões que poderão ganhar no setor privado. Afinal, os especialistas estimam que os negócios privados pagam anualmente por aproximadamente quatrocentos testes de detectores de mentira, apesar do fato de a tecnologia ser muito pouco mais confiável do que a probabilidade de arremesso de uma moeda dar cara ou coroa. O próprio governo realiza anualmente uma quantidade estimada de quarenta mil testes de detectores de mentira. Assim, alguns pesos pesados dos negócios estão apostando que provavelmente, com testes realmente eficazes e confiáveis, e a altos custos, sua demanda aumentaria enormemente. Eles nem precisam ser perfeitos: o Supremo Tribunal está disposto a aceitar um índice de precisão de 95%.

A detecção da verdade por meios neurocientíficos é um fenômeno recente que tem demonstrado um nível surpreendente de precisão. Pesquisadores demonstraram que existe um potencial notável para aprender como acessar nossos programas mentais e fazer com que nosso cérebro deixe escapar certos tipos de segredo. Eles fazem isso, atualmente, observando se as áreas do cérebro relacionadas com a memória se acendem diante de situações extremamente específicas — como ver uma evidência que teria efeito apenas na mente de alguém que conhecesse os detalhes íntimos de um determinado crime.

Certos pesquisadores afirmam ter chegado a resultados com 95% de precisão. Outros esperam alcançar 100% dentro de cinco anos. Se isso acontecer, acessar a verdade com respeito ao álibi de um réu será um processo rápido e barato de comprovação quase absoluta. O sistema jurídico ficará muito menos congestionado. As rodas da justiça nem sempre terão de girar lentamente. Por vezes, elas poderão parecer girar tão rapidamente quanto um esmeril.

Ou pelo menos é esse o cenário que muitos pesquisadores descrevem, um sonho inspirado no progresso real e grandemente significativo. Enquanto eles seguem esse curso com determinação, uma importante verdade nesta área é que muito mais progresso terá de ser alcançado antes de esse cenário se tornar realidade. Outra verdade é que a pressão sentida, a intensidade do desejo que impulsiona esse sonho, é tão forte que temos de ser extremamente cautelosos. O critério para provar que uma detecção da verdade é confiável terá de ser muito elevado, e historicamente nós já mostramos que muitas vezes nos satisfazemos com baixos critérios.

Conta-se que especuladores de terras tenham abordado o presidente Abraham Lincoln para perguntar qual dos territórios do Oeste seria o próximo a se tornar Estado. As terras de um território recém-tornado Estado teriam seu valor altamente elevado. Em retribuição a tal informação confidencial, eles lhe ofereceram uma recompensa. A resposta de Lincoln foi negativa. Eles estavam preparados para essa resposta. Rapidamente, aumentaram a oferta em mais mil dólares. Ele recusou a segunda oferta e eles a elevaram para uma soma astronômica. Lincoln chamou então um guarda que estava por perto, dizendo: "Por favor, mostre a esses senhores a porta de saída. Eles estão se aproximando de meu preço."

A moral da história é esta: se Lincoln era capaz de sentir a força da tentação, o mesmo acontece com qualquer um na pele humana. O progresso da neurociência apresenta possibilidades extremamente atrativas tanto para o nosso sistema de jurisprudência quanto para o sistema capitalista. Muitos dentre nós têm preços muito mais baixos do que o de Abraham Lincoln. Em que momento de seu progresso, nós deveríamos começar a confiar na detecção de mentiras da neurociência?

Além disso, quem são os pesquisadores, empresários e funcionários do governo nos quais podemos confiar que dizem a verdade quanto à precisão com que a verdade é detectada?

A mentira sempre foi uma prática social tremendamente útil. Todos nós aprendemos a mentir na infância e mentimos com frequência pelo resto da vida. Os seres humanos praticam a fraude desde o tempo das cavernas e ainda a usam às vezes com a esperança de possuir cavernas maiores e melhores. Estamos, portanto, tratando de um fenômeno profundamente arraigado.

Além disso, mesmo que os testes da neurociência tenham 95% de chances de acertarem, restariam ainda 5% de chances de errarem — uma porcentagem extremamente alta para quem é injustamente acusado.

O fato de as imagens neurocientíficas do cérebro não serem suficientemente efetivas para uso rotineiro pode ser algo bom. A sociedade precisa de algum tempo para entender o que essa nova tecnologia implica, pode implicar ou deveria implicar para o futuro da jurisprudência. Além de um especialista prever que a detecção de mentiras com base nas imagens funcionais de ressonância magnética constituirá dentro de cinco anos prova eficiente o bastante para ser apresentada numa audiência do Supremo Tribunal, outro especialista diz que em dez anos os exames cerebrais serão também capazes de distinguir a pessoa que cometeu um ato de outra que tenha sido uma mera testemunha. Portanto, vamos precisar, e muito rapidamente, de boas respostas para uma enorme quantidade de perguntas.

Em junho de 2008, um tribunal na Índia julgou uma mulher de 24 anos culpada de assassinato, com base numa tomografia do cérebro que o juiz acolheu como prova de que ela sabia detalhes condenatórios do crime. O método usado por eles, e que também foi empregado em aproximadamente 75 outros casos até hoje, baseia-se na leitura das ondas cerebrais com eletrodos, com o intuito de detectar atividade nas áreas relacionadas com a memória. Após o julgamento, o juiz escreveu um longo parecer baseado em sua crença na precisão do teste, apesar de ele ainda não ter sido validado por estudo independente nem publicado em alguma importante revista científica. A maioria dos neurocientistas norte-americanos considera esse procedimento prematuro, alarmante e até incrível. Mas eles também sabem de toda pressão existente para que se agarrem a algum método neurocientífico de detecção de mentira.

Entre as muitas pessoas que gostariam que a tecnologia fosse à prova de bala existem juízes, advogados, membros da polícia, agentes da segurança nacional, pais, professores e todos os que se veem enredados no sistema judiciário. De acordo com o Ministério da Justiça, a população carcerária dos Estados Unidos passou de 1,1 milhão em 1990 para 2,1 milhões em 2006. No início de 2008, aproximadamente um americano entre cada grupo de cem estava na prisão.[1] Esse índice extremamente alto de encarceramento demonstra a gravidade do problema criminal nos Estados Unidos e até aonde estamos dispostos a ir para tê-lo sob controle. A ênfase da sociedade vem nos últimos anos pendendo mais para a retaliação do que para a reabilitação. A "lei dos três golpes" da Califórnia, que foi aprovada em votação secreta em 1994, foi um importante momento de revelação dessa tendência. Depois veio o fervor pós-11 de setembro para identificar espiões, traidores e terroristas. É fácil ver por que a CIA e outras agências de inteligência endossam tantas pesquisas neurocientíficas em busca de métodos de detecção da verdade.

Muitos pesquisadores esperam que, com o desenvolvimento do direito baseado na neurociência, a ênfase será retirada da punição. Eles acreditam que nós evoluiremos para uma "justiça terapêutica" quando entendermos melhor como os transtornos do cérebro podem levar as pessoas a cometerem atos criminosos e tivermos meios mais eficientes de prever e prevenir a criminalidade.

Os progressos da neurociência terão de se adequar a três precedentes legais famosos. Um deles, o chamado critério *Daubert*, define as exigências que muitos tribunais norte-americanos usam para determinar se provas científicas podem ser aceitas em determinado caso. O Supremo Tribunal fez do critério *Daubert* um exemplo num julgamento em 1993 que envolvia emoções extremamente violentas e circunstâncias comoventes, mas que foi baseado num critério técnico.

A essência do critério *Daubert* é que a opinião científica especializada deve se basear em descobertas que tenham sido publicadas em revistas científicas e submetidas à crítica de outros cientistas.

Jason Daubert nasceu em 1974 sem um dos ossos da parte inferior de seu braço direito. Havia apenas dois dedos em sua mão direita. A mãe de Daubert havia tomado Bendectin, um remédio contra enjoo para mulheres grávidas, enquanto o esperava. Esse medicamento foi introduzido no mercado em 1957 pelo laboratório farmacêutico Merrell Dow, uma subsidiária da Dow Chemical, e foi usado por aproximadamente 33 milhões de mulheres durante os 25 anos seguintes. Ele continuou sendo usado, apesar do fato de o Merrell Dow ser alvo de centenas de processos judiciais por nascimentos de bebês com deformações no mesmo ano em que a droga foi lançada.

Jason Daubert pode muito bem ter sido uma vítima do Bendectin. Essa foi a opinião defendida por alguns cientistas altamente respeitados que testemunharam em seu favor. Mas, por ironia do destino, Daubert perdeu a causa ao mesmo tempo em que seu nome passou a intitular um critério legal.

O que deu errado foi um detalhe técnico. Ninguém havia publicado até então qualquer estudo documentando inteiramente os problemas associados ao Bendectin. Os especialistas que testemunharam a favor de Daubert tiveram de examinar dados de vários estudos, cada um deles publicado em revistas conceituadas e sujeitos à crítica dos colegas. Eles tiveram então de compilar os achados desses vários estudos e recalcular seus dados para fazer uma apresentação. Embora todos os dados fossem coletados de fontes que preenchiam o critério, que a partir de então passou a levar o nome de Daubert, eles foram reunidos num documento totalmente novo. Esse documento não havia sido publicado em nenhuma revista científica. Era cientificamente válido, mas não justificava.

O precedente estabelecido por esse caso dispõe que os avanços neurocientíficos não serão aceitáveis nos supremos tribunais sem a legitimação pelo processo convencional de publicação científica e revisão crítica. Essa parte, pelo menos, da história de Daubert é tranquilizadora.

O segundo precedente legal a neurociência terá de negociar com o estabelecido pelo caso *Frye versus United States* em 1923 e tornado mais claro em 1975 pela Lei 702.

James Alfonso Frye estava sendo julgado por assassinato. A acusação queria fazer valer provas baseadas na obra de um psicólogo formado em Harvard chamado William Moulton Marston. Uma dissertação que Marston havia publicado seis anos antes assegurava que se podia detectar mentiras pelo rastreamento das flutuações na pressão sanguínea sistólica. Em uma matéria publicada em 1911 sobre o trabalho de Marston, o *New York Times* demonstrou o mesmo tipo de entusiasmo que a detecção neurocientífica da mentira colocou no ambiente legal de hoje. A matéria previa que no futuro "não haverá jurados, hordas de detetives e de testemunhas, acusações ou contra-acusações (...) O Estado simplesmente submeterá todos os suspeitos a testes de instrumentos científicos".

O que Marston inventara era uma nova forma de tecnologia para detecção de mentira que continua sendo até hoje considerada a regra de ouro, mesmo que tenha errado tantas vezes a ponto de seu ouro ser o dos tolos.

O teste Frye diz simplesmente que a prova científica deve se basear numa teoria aceita pela comunidade científica em geral. Três décadas e meia antes de Rod Serling ter feito o famoso seriado de TV *Além da Imaginação*, os juízes do caso escreveram o seguinte: "É difícil definir exatamente quando um princípio científico ou descoberta ultrapassa a linha entre o estágio experimental e o demonstrável. Em algum ponto dessa zona limite (...) o objeto a partir do qual a dedução é feita deve estar suficientemente estabelecido para obter aceitação geral". Na opinião deles, o detector de mentiras ainda não havia alcançado a categoria de aceitação geral.

A Lei 702 foi adotada para permitir a aceitação de testemunhos científicos — mesmo que não tenham base em teorias em geral aceitas — em casos em que poderão ajudar os juízes e os membros do júri a entender melhor as provas ou tirar conclusões. Sob a Lei 702, a testemunha terá simplesmente de ser um especialista qualificado e considerado relevante.

O terceiro critério legalista, e de longe o mais antigo, data da decisão de um tribunal inglês em 1843. Daniel M'Naughten (por vezes escrito "McNaughton") havia sido processado em 1812 pelo assassinato de Robert Peel, o então primeiro-ministro britânico. Por engano, ele matou outro homem.

A essência do veredito de M'Naughten era que o assassino era louco. Mais tarde, no entanto, as evidências demonstraram que M'Naughten podia ter sido simplesmente um excelente ator. O que torna esse caso um clássico da jurisprudência é uma questão que continua a perseguir os juízes e jurados: quando podemos afirmar corretamente que uma pessoa não é responsável por seus atos?

Pelo que consta nos relatos, M'Naughten apresentava uma série de traços paranoicos, incluindo a crença em que tanto o papa quanto o governo britânico estivessem conspirando contra ele. Ele era carpinteiro de profissão, mas anteriormente havia sido ator e estudante de medicina. De acordo com registros da biblioteca de Glasweg, ele estivera ali lendo sobre loucura um pouco antes da tentativa de assassinato. Parece possível que ele tenha representado para evitar a pena de morte, mas M'Naughten passou o resto de sua vida encarcerado num hospital para doentes mentais. Desde sua condenação em 1843, o nome dele vem sendo associado ao conceito de loucura como defesa.

Uma sessão da Câmara dos Lordes reviu posteriormente seu caso a pedido da Rainha Vitória. Doze juízes de tribunais de justiça comum prestaram testemunho e contribuíram para que a Câmara dos Lordes refinasse o conceito M'Naughten, estabelecendo que a insanidade pudesse apenas ser usada como defesa se o acusado fosse mentalmente incompetente a ponto de não saber o que fazia ou não entender o seu ato como errado.

Essa foi a primeira codificação legal de uma defesa por insanidade. A ideia por si mesma tem raízes profundas, retrocedendo ao Império Romano e à mitologia clássica grega. Hércules livrou-se de uma situação difícil por ter matado sua própria família, como também a população de toda uma aldeia, porque Hera, a rainha dos deuses, o havia enfeitiçado. Essa defesa por insanidade acarretou-lhe, no entanto, um preço. Hércules teve de se purificar realizando doze grandes trabalhos. É por isso que as pessoas costumam dizer que uma tarefa excepcionalmente difícil exige "um esforço hercúleo". O que nós hoje chamamos de mitologia era então um sistema de crenças. Tanto a legislação grega como romana da Antiguidade levava em conta a incapacidade mental no julgamento de atos criminosos.

Enquanto aguardamos que a neurociência nos dê algo melhor em que nos basear, o uso do detector de mentira continua disseminado. Desde a época de Marston, um fato tem sido cientificamente mensurado: o nível de nervosismo sentido pela pessoa submetida ao teste.

Se a pessoa fica perturbada ao mentir, diz a teoria por trás do detector de mentira, agulhas com pontas finas movendo-se sobre uma folha de papel registram aumentos em vários fenômenos físicos que a máquina consegue medir sobre sua pele, como pressão sanguínea e condutância elétrica. É possível que alguém que tenha passado por alguma experiência negativa ou intimidadora com figuras de autoridade seja um forte candidato a ser um falso positivo, por mais ímprobo que seja seu caráter. E quem não tem muito problema para mentir, ou quem simplesmente acredita que está falando a verdade mesmo quando não está, provavelmente se sairá bem no teste. Caso você tenha de se submeter a um teste de mentira e não é um mentiroso refinado, simplesmente dê uma olhada na Internet. Mais de 17 mil fontes de informações estão disponíveis para lhe dar orientações sobre como enganar o detector de mentiras.

De acordo com o relatório de 2003 da National Academy of Sciences, quase a metade das pesquisas que foram apresentadas para apoiar o uso dos detectores é de baixa qualidade científica, e o máximo que se deveria esperar desses amplamente usados "detectores de mentiras" é que acertem um pouco mais da metade das vezes.[2] O que eles realmente revelam é um par de verdades nas quais nunca deveríamos deixar de acreditar. Uma delas é que o nosso desejo de ter um meio confiável de saber se estamos ou não sendo enganados é tão intenso que pode nos levar a decisões questionáveis. A outra é o perigo de nos enganar depositando a confiança numa tecnologia que não é confiável.

Em 1988, o Congresso aprovou a Lei de Proteção ao Uso do Detector de Mentiras (EPPA). Ela determina que os empregadores não podem fazer testes com detector de mentiras nem antes nem depois de contratar um empregado, a não ser em certos casos específicos. Eles tampouco podem "demitir, disciplinar ou discriminar" alguém que se recuse a fazer o teste. Além disso, os empregadores são obrigados a expor visivelmente um cartaz com a referida lei no local de trabalho. Um incentivo à aprovação da lei foi uma ação judicial movida em 1987 pela União das Liberdades Civis dos Estados Unidos a favor dos funcionários do Estado da Carolina do Norte. Antes da aprovação dessa lei, eles eram rotineiramente submetidos a testes com perguntas como "Qual foi a última criança a excitá-lo?" e "Quando foi a última vez que você se expôs intencionalmente depois de beber?"

Perguntas ardilosas como essas podem incriminar qualquer um que tenha uma tendência normal a se encolher de repugnância, impelido por um senso inato de decência.

No extremo oposto, as personalidades sociopatas não se deixam afetar pelas tensões de quem mente. Elas podem chegar a se sentir espantosamente convictas do que fizeram. Um homem que praticou atos criminosos por muitos anos no Estado de Washington, por exemplo, fazia visitas de porta em porta para sua igreja pentecostal, ao mesmo tempo em que perseguia prostitutas, muitas das quais ele estrangulou.

Gary Ridgway comparou sua relação com as prostitutas com a de um viciado em drogas. Ele era há muito tempo suspeito de ser o Matador de Green River, assassino em série com uma carreira de quase duas décadas, que aterrorizava toda a região nos arredores de Seattle e Tacoma. Na maioria, suas vítimas eram ou prostitutas ou garotas adolescentes fugidas de casa que ele acolhia quando pediam carona. Ridgway foi detido como suspeito e submetido ao teste do detector de mentiras. Ele se saiu bem e foi solto.

Finalmente, uma evidência de DNA o levou a ser preso de novo no final de novembro de 2001, dezessete anos depois de ter enganado o detector de mentiras. Ele foi condenado pela morte de sete mulheres e depois confessou outros 41 assassinatos. Para muitos, o número real era bem maior.

A história recente é repleta de erros igualmente espantosos do detector de mentiras.

Em 1995, quando era diretor da CIA, William Casey fez a seguinte declaração: "Eu lamento não poder expor publicamente mais detalhes sobre o dano real causado por Aldrich Ames. Fazer isso aumentaria o dano, confirmando para os russos a extensão da injúria e lhes permitindo avaliar o sucesso e os fracassos de suas atividades. Isso eu não posso fazer."[3]

Ames havia sido o chefe do serviço de contraespionagem da CIA. Nesse cargo, ele efetivamente prestou suficientes serviços à Rússia para alicerçar sua carreira como um dos piores espiões da história dos Estados Unidos. Em 1985, por exemplo, ele divulgou os nomes de muitos agentes norte-americanos. Pelo menos nove foram executados logo depois. Em apenas uma de suas muitas missões como agente da KGB, entregou documentos suficientes para formar uma pilha de seis metros de altura. Em seu alto posto de comando, ele tinha acesso a todos os procedimentos. Ames foi por um tempo suspeito de ser um agente duplo, mas se saiu bem num teste do detector de mentiras e continuou seu trabalho insidioso por muitos anos.

Duas diferentes maneiras de abordar a detecção de mentiras com bases neurocientíficas são hoje as principais concorrentes para obter verbas para pesquisas e aplicação prática dentro e fora dos tribunais. Ambas dependem da constatação de atividade em regiões do cérebro que guardam as lembranças e ambas trabalham essencialmente da seguinte maneira: suponhamos que uma pessoa tenha matado alguém e ninguém, além de ela mesma, testemunhou o crime. Uma foto ou descrição verbal de algo que apenas o culpado reconheceria, digamos que uma foto da vítima após o crime, quase certamente faria as regiões de seu cérebro responsáveis pela memória piscar como as placas luminosas de um cassino.

Um desses métodos para detectar reações culpadas é chamado de "impressão digital do cérebro". O nome foi cunhado pelo inventor da técnica, o Dr. Lawrence Farwell, que continuou dedicando uma tremenda quantidade de energia para descobrir suas aplicações práticas, pela empresa de Seattle que ele fundou, conhecida como Brain Fingerprinting Laboratories. Ele não é o único a acreditar que seus potenciais sejam enormes. Seu trabalho de pesquisa tem sido amplamente financiado pela CIA e testado pelo FBI e pela Marinha dos Estados Unidos.

Seu método faz uso de eletrodos presos à cabeça por uma faixa, na expectativa de que o escalpo da pessoa detecte certa elevação nos sinais eletroencefalográficos do cérebro. O resultado particular dessa atividade elétrica é conhecido como P300 MERMER, forma abreviada de Memory and Encoding Related Multifaceted Electroencephalographic Response. O estímulo pode ser algo tão inocente como um rosto familiar, ou algo tão sinistro como a cena de um crime.

Até hoje, ninguém demonstrou ter controle consciente de sua reação P300 MERMER. Entretanto, isso não torna a impressão digital do cérebro infalível, apesar da recente adoção pelo sistema jurídico da Índia de um método amplamente baseado no trabalho de Farwell.

J. Peter Rosenfeld, psicólogo clínico e professor de neurobiologia da Northwestern University, publicou em 2004 um ensaio no qual detalhou como uma pessoa submetida ao teste pode usar truques mentais facilmente aprendidos para acabar com a precisão do método de impressão digital do cérebro do teste de Farwell. Rosenfeld está elaborando um método que combina vários indicadores, inclusive o tamanho das pupilas, a pulsação e as variações na temperatura do corpo, além dos dados eletroencefalográficos detectados pelo método de Farwell. Até agora, ele testou o método apenas com voluntários, não com suspeitos de crime ou espiões. Para Rosenfeld, sua precisão vai de 90 a 100%.

A outra abordagem, que faz uso da ressonância magnética funcional, baseia-se em algo chamado Teste do Conhecimento Culpado. Daniel Langleben, da Pennsylvania University, publicou seu primeiro trabalho com o teste em 2001. Os anos que passou estudando os processos mentais de viciados em heroína supriram Langleben com uma imensa quantidade de questões intrigantes sobre controle de impulsos e dizer a verdade. Os viciados em drogas são comumente muito hábeis e experientes em mentir.

Em termos simples, o Teste do Conhecimento Culpado implica fazer ao sujeito muitas perguntas. Algumas delas são fortuitas e inócuas. Outras podem ser respondidas apenas por quem tenha um conhecimento altamente específico. Independentemente do que o sujeito diz como resposta à pergunta, o fato de ele ver-se obrigado a confrontar o "conhecimento culpado" supostamente provocaria vívidas ativações em seu cérebro.

Existem algumas boas razões para se acreditar que Langleben trabalhe sobre bases científicas sólidas, mesmo que tenhamos que esperar para termos certeza a respeito de sua teoria. Mentir dá mais trabalho do que dizer a verdade. Mais áreas do cérebro são ativadas. De acordo com um estudo recente, sete partes de nosso cérebro contribuem com seus esforços quando dizemos a verdade. Quando mentimos, quatorze áreas são ativadas. O lobo frontal é o que mais se esforça, mantendo a verdade sob controle enquanto trama a "realidade" que tomará seu lugar.[4]

O relatório de Langleben publicado em 2001 despertou um enorme interesse por revelar que áreas do cérebro entram em ação, de acordo com as imagens mostradas pela ressonância magnética funcional, sempre que empreendemos a tarefa de suprimir a verdade e inventar mentiras. Diferentemente de Farwell, Langleben continuou focado em novas pesquisas, publicando uma série de importantes ensaios nos últimos anos. Entre eles,

"True Lies: Delusions and Lie-Detection Technology", um artigo publicado em 2006 no *Journal of Psychiatry and Law*, no qual ele examinou os avanços na tecnologia de detecção de mentiras e sugeriu conhecimentos adicionais que os cientistas terão de adquirir para torná-la confiável.

Apesar de Langleben não estar voltado para as possibilidades comerciais de suas descobertas, muitos empreendedores estão, e com altas expectativas. Alguns já estão vendendo serviços caros; outros estão aguardando alcançar índices de precisão da ordem de 95% ou mais elevados.

Farwell promove com entusiasmo os resultados de seu laboratório. Às vezes, ele chega a atribuir aos seus serviços uma importância crucial que de fato eles não têm, para os procedimentos legais, sendo apenas um elemento menor, embora importante.

Isso não refuta o julgamento científico de Farwell, mas lança uma sombra. Obviamente, todo negócio tem o direito e até mesmo a necessidade de se promover. Mas, quando o objetivo do negócio é decretar inocência ou culpa, quer envolva o destino de uma única ou de centenas de pessoas, os critérios têm de ser humanamente os mais elevados possível. Bilhões de dólares estão à espera de serem ganhos por uma detecção neurocientífica da verdade que seja confiável. Exatamente como o que ocorreu com Abraham Lincoln, quando mandou um guarda retirar seus possíveis corruptores da Casa Branca, a tensão nos círculos da neurociência para descobrir métodos de detecção de mentiras, com seus avanços e recuos entre escrúpulos e potenciais de mercado, pode ter sido muito mais forte do que a maioria das pessoas consegue suportar.

O eletroencefalograma é usado em alguns estudos muito sérios, mas diversos pesquisadores preferem a nova tecnologia de ressonância magnética funcional. Brian Knutson, de Stanford, o iniciador de um novo campo de estudo no âmbito da economia, a neuroeconomia (que vamos conhecer melhor mais adiante), diz que tentar julgar o que alguém está pensando pela leitura de um eletroencefalograma pode ser comparado ao ato de se ficar postado do lado de fora de um estádio de beisebol durante uma partida, tentando entender o que está acontecendo com os jogadores apenas pela gritaria ou pelo silêncio da multidão.

Nos primeiros testes de impressão digital do cérebro, Farwell mostrou aos participantes uma sequência numérica de sete dígitos. Por fim, eles viram, distribuídos aleatoriamente na sequência, os números de seus próprios telefones. Apenas a visão do próprio número fez disparar sua reação P300. "O índice de precisão tem sido até agora de 100%", Farwell disse a um repórter do jornal de sua cidade natal, o *Fairfield Ledger* de Fairfield, Iowa, acrescentando: "Todos os cientistas sabem que nada jamais é 100%, portanto, eu não a proclamo como uma tecnologia 100%, mas tenho um elevado nível de confiança estatística nela".

As evidências da impressão digital do cérebro não são consideradas suficientemente conclusivas, até agora, para condenar alguém por um crime nos Estados Unidos. Mas podem ser apresentadas como provas em tribunais e já fizeram parte de alguns julgamentos dramáticos envolvendo questões de vida ou morte.

Um deles envolveu um suspeito de assassinato em Guthrie, Oklahoma, com o malfadado apelido de Carniceiro. O crime, cometido em 1991, foi excepcionalmente hediondo. De acordo com os advogados de acusação, a namorada de Jimmy Ray, o Carniceiro, Melodie Wuertz, 29 anos, foi esfaqueada no peito, depois baleada. Ela sobreviveu, mas ficou paralítica, enquanto Jessica Rae Wuertz, a menina de 11 meses de quem o Carniceiro era pai, foi morta com um tiro na cabeça. O assassino tratou então de concluir seu trabalho com Melodie Wuertz, mutilando-a com uma faca, possivelmente na tentativa de entalhar em sua pele a letra R.

Farwell submeteu o Carniceiro ao teste de impressão digital do cérebro em 1994. Segundo ele, o teste indicou com segurança que Jimmy Ray, o Carniceiro, não tinha conhecimento da cena do crime. O advogado assistente do Ministério Público Seth Branham chamou a tecnologia de "lixo científico", e o Carniceiro conseguiu a suspensão da execução para que um recurso fosse julgado. Foi apenas um adiamento. O que aconteceu nesse lapso de tempo deixa claro o quanto a justiça poderia ser mais eficiente — e talvez venha ser — se a neurociência contar com uma detecção confiável da verdade.

Por fim, um juiz do Tribunal de Apelações Criminais decidiu que o Carniceiro "não tinha direito a reivindicar a sucessiva revisão da pena que a nova evidência da impressão digital do cérebro demonstraria em favor de sua inocência". De maneira que o teste de impressão digital do cérebro não foi contestado, mas simplesmente ignorado. Os critérios processuais fizeram dele uma vítima da escolha do momento inoportuno. Ao mesmo tempo, a defesa foi impedida de apresentar novas provas de DNA que poderiam ter apoiado a alegação de inocência do Carniceiro.

Enquanto isso, de acordo com uma reportagem noticiada, o homem que havia inicialmente conduzido as investigações disse ter sido afastado do caso por acreditar que elas não estavam sendo conduzidas de maneira apropriada. Verificou-se que havia um outro homem, alguém que também tivera um relacionamento sexual com Wuertz e que havia desaparecido alguns dias após o crime. Apesar de o álibi dele ter-se provado falso, sua investigação como suspeito foi descartada.

No dia 15 de março de 2005, o Carniceiro fez sua última refeição. Ao ser conduzido à sala de execução, ele disse a todos os presentes: "Eu fui acusado de assassinato e isso não é verdade. É tudo mentira. Que Deus tenha misericórdia de suas almas." Em seguida, ele recebeu uma injeção letal.

Em 1999, Farwell foi chamado para outro caso espinhoso. Ele testou James B. Grinder, um suspeito que havia confessado anteriormente o estupro e assassinato de Julie Helton, ocorrido em Macon, no Missouri, em 1984. Grinder já estava preso por outro crime e devia ser julgado por três outros assassinatos. Ele havia confessado, mas também obscurecido sua confissão apresentando versões contraditórias em diferentes momentos.

Os resultados do teste de Farwell revelaram que Grinder tinha familiaridade com a cena do crime. Quando Grinder foi informado sobre o que o seu eletroencefalograma havia confirmado, ele firmou um pacto com os promotores: prisão perpétua sem possibilidade de liberdade condicional.

De acordo com a [empresa] Brain Fingerprinting Laboratories, "O teste de impressão digital do cérebro não mede culpa nem inocência e tampouco a participação ou não participação em algum crime. Ele simplesmente detecta a presença ou ausência de informações registradas no cérebro".

Farwell participou de programas, como *60 Minutes*, Fox News, *48 Hours*, *World News* do ABC, no *Evening News* do CBS, no Headline News da CNN e esteve no Discovery Channel. O *New York Times* e o *U.S. News and World Report* publicaram matérias sobre casos de impressões digitais do cérebro. Ele participou do *60 Minutes* em dezembro de 2001. Nele, Mike Wallace discutiu o caso perturbador de Terry Harrington, um adolescente de Iowa considerado culpado pela morte de um policial aposentado em 1978.

Farwell submeteu Harrington a um teste de impressões digitais do cérebro em abril de 2000. Ele provou que o cérebro de Harrington não guardava lembranças da cena do crime, mas sim lembranças dos eventos que ele havia descrito em seu álibi.

Os critérios Daubert não são exigidos nos tribunais distritais de Iowa, mas o juiz de um tribunal distrital chamado Tim O'Grady, numa audiência para decidir se o caso de Terry Harrington deveria ser julgado novamente, determinou que o teste de impressão digital do cérebro seguisse os critérios Daubert e fosse aceito como prova. Posteriormente, outro tribunal distrital de Iowa negou o pedido de Harrington para ser julgado novamente. O Supremo Tribunal de Iowa revogou então aquela decisão com base na Constituição. Quando os promotores perderam aquela batalha processual, eles desistiram e mandaram libertar Harrington.

A possível testemunha de Farwell não foi o único fator a convencer os promotores a cederem. Outras justificativas surgiram mais ou menos na mesma época. Constatou-se que havia oito diferentes relatórios policiais que poderiam ter ajudado no caso de Harrington, mas eles haviam sido sonegados aos advogados de defesa. Além disso, uma testemunha contra Harrington retirou seu depoimento anterior, dizendo que o havia prestado por meio de intimidação.

Embora houvesse muitos fatores forçando os promotores a ceder, o caso Harrington despertou enorme interesse pelo trabalho de Farwell.

Langleben também apareceu na mídia popular. Em um estudo publicado em novembro de 2001 e noticiado no *New York Times* um mês depois, Langleben e sua equipe deram a cada um dos 18 participantes do teste uma carta retirada ao acaso de um baralho. Os participantes foram instruídos a mentir sobre a carta que tinham nas mãos e, em seguida, foram colocados num aparelho de ressonância magnética e lhes foi mostrada uma série de cartas. Toda vez que uma carta era mostrada, perguntava-se a um dos participantes se ela era igual a que ele havia recebido. Por isso, em algum momento ele teria de mentir. E quando ele mentia, uma região do cérebro particularmente importante (chamada de cíngulo anterior) tornava-se mais ativa nas imagens funcionais de ressonância magnética. Essa região é conhecida por exercer um papel naquelas que são consideradas "funções executivas" do cérebro, chegando inclusive a bloquear uma possível resposta em favor de outra.

Esses primeiros testes distinguiram as mentiras da verdade com um índice de precisão de 77%. Esse índice não bastou para angariar a aceitação do presidente do Supremo Tribunal, mas foi o suficiente para inspirar ideias comerciais sérias.

O empresário Joel Huizenga estima que o mercado de detectores de mentira possa movimentar 36 bilhões anualmente. Ele fundou a empresa de nome chamativo "No Lie MRI" para satisfazer essa demanda e, esperançosamente, embolsar todos os valores resultantes da aplicação comercial do Teste do Conhecimento Culpado. Um dos maiores investidores de Huizenga é Alex Hart, antigo diretor-presidente da MasterCard International e hoje consultor da No Lie MRI. Terrence Sejnowski, diretor do Cricks-Jacobs Center de biologia teórica e computacional do Stalk Institute de San Diego, é um dos quatro assessores científicos de Huizenga.

Sejnowski é mais conhecido pelo trabalho de investigar as alterações elétricas e químicas que ocorrem no cérebro durante o processo de aprendizagem. Supercomputadores processam os dados de seus estudos, procurando provar como as células nervosas do cérebro executam suas funções. Sejnowski está mais interessado em aplicações como para o tratamento da doença de Alzheimer do que na detecção de mentiras, mas ele afirma — e a maioria dos especialistas concordaria — que os métodos usados pela No Lie MRI funcionam melhor do que o detector de mentiras convencional.

Tudo isso explica por que Huizenga vê com tanto otimismo o futuro da No Lie MRI. "Nós estamos no começo de uma tecnologia que irá se tornar cada vez mais desenvolvida", Huizenga disse a um repórter do jornal *USA Today*. "Mas neste exato momento, podemos oferecer [aos clientes] a chance de mostrar que eles estão dizendo a verdade com uma base científica e um alto grau de precisão. Isso é algo que eles nunca antes tiveram."[5]

Conheci Huizenga em 2007 numa conferência de investidores em San Francisco. Ele tem formação científica, com bacharelado e mestrado em biologia molecular, além de mestrado em administração de empresas. Huizenga dedicou a maior parte de sua carreira à busca de oportunidades de negócios que pudessem advir dos avanços científicos. Ele continua sendo diretor-presidente da ISCHEM, a primeira empresa que fundou e que usa a tecnologia de ressonância magnética para detectar no sistema circulatório placas que poderiam resultar em doenças cardíacas.

Huizenga me disse que o plano empresarial da No Lie MRI está fundado sobre dois pilares. O primeiro consiste em um grande número de hospitais, universidades e laboratórios particulares ter equipamentos caros de ressonância magnética. Quando ele diz a eles que alugar seus equipamentos no tempo ocioso poderia ser uma ótima fonte de renda, a resposta é um largo sorriso. O segundo está no fato de o preço de 10 mil dólares por sessão do teste da No Lie MRI poder simplesmente parecer uma tremenda pechincha para alguém que esteja a fim de evitar os custos financeiros esmagadores de uma batalha judicial dispendiosa.

A No Lie MRI tem na Cephos, uma empresa de detectores de mentira de Massachusetts liderada por Steven Laken, sua concorrente. O site da Cephos na internet diz que a empresa "faz uso dos avanços mais recentes em diagnóstico por imagem para sondar as atividades secretas do cérebro da pessoa que está mentindo". Laken diz que a empresa está em fase de resolver pequenos problemas e ainda não estabeleceu preços. Sua posição atual é que as ferramentas ainda estão sendo desenvolvidas, mas Laken acredita que os aperfeiçoamentos que eles estão prestes a testar irão em breve elevar seu índice de precisão, hoje em 90%, para até 95%. Laken espera para muito em breve poder oferecer testes, mas adverte os possíveis clientes: mais testes terão de ser realizados antes de qualquer empresa poder dizer que está oferecendo testes válidos de detecção da verdade.

Seu plano empresarial tem as bases erigidas sobre patentes que foram requeridas pela Faculdade de Medicina da Carolina do Sul em 2002 e posteriormente concedidas a Cephos. Seu mercado alvo é o imenso número de casos anuais que se baseiam em situações de "diz que me diz", nas quais provar a veracidade de alguém pode significar uma grande conquista.

Laken acredita que os advogados e seus clientes serão os primeiros compradores que a Cephos irá atrair, mas ele também conta com a demanda dos setores de defesa e segurança nacional. Certamente, o uso de detectores de mentira baseados em imagens funcionais de ressonância magnética, que não envolvem afogamento, eletrochoque, privação do sono nem qualquer outra ameaça física, irá melhorar a imagem de um governo que recentemente fez gato e sapato da Convenção de Genebra.

Laken é tanto cientista quanto empresário. Suas credenciais incluem um doutorado em medicina celular e molecular pelo hospital Johns Hopkins. Mas nem mesmo um currículo acadêmico tão refinado basta para acalmar as preocupações de céticos como Hank Greely, uma das principais autoridades em neuroética e professor de direito de Stanford. "Eu quero provas antes que esta geringonça seja usada", Greely disse. "E provas não são três estudos com quarenta estudantes universitários dizendo mentiras sobre se a carta que têm em mãos é o ou não é um três de espadas."[6]

Greely chama atenção para um ponto importante: precisamos saber, por exemplo, se diferentes mecanismos do cérebro podem estar em atividade quando as bases do jogo são alteradas. Talvez as possíveis consequências da mentira façam uma diferença. John Gabrieli, do MIT (Instituto de Tecnologia de Massachusetts), falou-me sobre essa preocupação quando o visitei em seu *campus* uma tarde. "O maior problema é relacionar um experimento a situações reais, nas quais a mentira realmente faz diferença. E também", ele reconheceu, "uma maior precisão pode se revelar útil."

Enquanto os índices de precisão não se aproximarem de 100%, nem a tecnologia da Cephos nem a da No Lie MRI serão adotadas pela maioria dos neurocientistas.

Entretanto, apesar da cautela e mesmo da resistência explícita, parece provável que a neurociência venha contribuir para atualizar o precedente M'Naughten de 1843.

Consideremos o fato de que há mais ou menos um século havia apenas dois diferentes diagnósticos para a doença mental: oligofrenia (ou imbecilidade) e demência. Com o surgimento de novas terapias, houve também uma boa razão para especificar melhor as doenças mentais. De maneira similar, nós hoje temos ferramentas para visualizar o interior de um cérebro em pleno funcionamento e essas ferramentas estão começando a contribuir para o desenvolvimento de ideias mais precisas sobre quando uma pessoa é capaz ou não de controlar seu próprio comportamento. A mesma dinâmica que nos proporcionou tantos diferentes rótulos para designar toda uma variedade de doenças mentais irá provavelmente impulsionar a evolução de melhores e mais refinadas distinções legais dos graus apropriados de causa e responsabilidade por atos antissociais.

Se o precedente M'Naughten conseguir evoluir, grande parte do crédito — ou da culpa — poderá ser atribuída a Adrian Raine, um inglês que se tornou californiano.

Depois de ter obtido seu doutorado em psicologia pela York University, Raine passou a trabalhar como psicólogo prisional para duas instituições de segurança máxima, ao mesmo tempo em que ensinava ciências comportamentais na Nottingham University. Em 1986, ele se tornou o diretor e pesquisador chefe do Mauritius Child Health Project.

O comportamento antissocial ocorre tipicamente em famílias. O projeto Mauritius é um estudo extremamente ambicioso envolvendo diferentes gerações com o objetivo de entender como o comportamento é passado de uma geração para outra. O projeto começou testando 1.795 meninos e meninas de três anos de idade no país que fica na ilha tropical de Maurício, no sudoeste do Oceano Índico, próximo da costa da África e a aproximadamente 900 quilômetros de Madagascar. Quando visitou a ilha Maurício, Mark Twain concluiu que ela era o primeiro esboço do céu, o original do qual o paraíso havia sido copiado.

Depois de testar amplamente tanto as crianças como seus pais, uma centena de crianças foi selecionada para um programa de dois anos, envolvendo nutrição melhorada, prática de exercícios e extensão escolar, que elas receberiam entre 3 e 5 anos de idade. Aquelas crianças estão hoje com mais de 30 anos. Aos 11 anos, elas se mostraram mais interessadas e atentas para a sua fisiologia do que as crianças que não foram submetidas a nenhuma intervenção. Aos 17, elas apresentaram menos conduta imprópria do que as outras da mesma idade. O estudo continua testando os hoje adultos, bem como seus cônjuges e filhos. Os pesquisadores esperam descobrir que a melhor socialização possa ajudar a mudar os comportamentos antissociais dentro de uma geração.

As preocupações que o levaram a iniciar o projeto Mauritius continuam impulsionando o trabalho de Raine, mas hoje ele faz uso da neurociência para buscar respostas. Raine começou a trabalhar na University of Southern California em 1987 e desde então recebeu diversos prêmios do National Institute of Mental Health e, em 2003, também um da própria universidade por suas pesquisas criativas.

A neurobiologia da violência constitui o tema central de suas pesquisas, como também o comportamento antissocial, o alcoolismo e a esquizofrenia, tanto da perspectiva genética quanto comportamental. Ele dedica-se a estudar a fundo tudo o que tenha a ver com "mente criminosa" e procura entender como são acionados os diversos tipos de pensamentos e comportamentos antissociais. Assim como com o projeto Mauritius, ele tem a ambição de demonstrar algumas verdades fundamentais que possam ser usadas para ajudar a corrigir problemas sociais e as pessoas que os causam. Os recantos mais obscuros da neurociência são tão importantes de ser observados quanto as experiências de detecção da verdade que ocupam mais facilmente a mídia popular. O trabalho silencioso de Raine e de muitos outros neurocientistas pode fazer que os avanços mais dramáticos do neurodireito ocorram fora dos tribunais e das salas de interrogatório.

Por exemplo, Raine usou neuroimagens para observar os padrões de ativação mental mostrados por pessoas culpadas de espancar o cônjuge. Ele constatou que os espancadores eram impelidos por um tipo muito específico de sofrimento emocional, o medo do abandono.

Quando foram mostradas às pessoas que batiam em seus cônjuges cenas de situações de abandono, nas quais as vítimas davam um basta, declaravam sua independência e iam embora, as áreas do cérebro associadas com a ansiedade e a raiva eram fortemente estimuladas. Isso tem enormes implicações no tratamento e prevenção por toda a vida por meio de um processo mais rico de socialização.

Essa pesquisa realizada pela University of Southern California é apenas uma parte do conjunto crescente de provas que irá nos obrigar a rever nossas ideias sobre crime e castigo. De um ponto de vista, ela pode ser considerada uma comprovação científica de que necessitamos de uma sociedade que tenha mais compaixão e cuide melhor das pessoas e que os investimentos aplicados na melhoria da socialização serão altamente recompensados, quebrando a cadeia de causa e efeito e tornando todos nós mais seguros. De outra perspectiva, ela dá aos criminosos mais oportunidades para aparar as arestas. Podemos esperar para o futuro que pelo menos duas coisas importantes aconteçam. A comprovação científica de que o comportamento criminoso está muito frequentemente relacionado a anormalidades e deficiências do cérebro irá inspirar mais defensores a procurar variantes de base científica para a postura de defesa do tipo "o diabo me incitou a fazê-lo". Isso, por sua vez, irá pressionar o sistema judiciário a estabelecer um critério definido e praticável para decidir quando os indivíduos merecem ou não realmente ser punidos.

O cérebro é a cabine de controle da tomada de decisão. Agora que estamos descobrindo mais sobre os estados que afetam a capacidade de tomar decisões de uma pessoa, e que podemos de fato ver nas imagens funcionais de ressonância magnética quando uma pessoa está realmente sendo impelida para a direção errada por um defeito neurológico, podemos nos sentir mais propensos a ajudá-la a sair desse estado de aflição. Por exemplo, entre as pessoas presas por delitos em nossas grandes cidades, 55 a 90% delas apresentam resultados positivos nos testes de consumo de álcool e substâncias controladas. Trinta por cento da população dos presídios estaduais e 40% dos presídios federais estão detidos por envolvimento com drogas. Consideremos, por exemplo, um sujeito tomando por conta própria, e indevidamente, alguma droga para combater o tumulto interno provocado por uma doença mental. Isso pressupõe, é claro, que os viciados não sabem necessariamente o que estão fazendo. O mais provável é que eles saibam apenas que não estão se sentindo bem e procuram alívio para seus sentimentos dolorosos.

Enquanto isso, os especialistas estimam que mais ou menos um entre cada quatro criminosos violentos encarcerados sofra alguma forma de prejuízo da função cerebral, seja ela causada por retardo mental ou por lesão física. É muito comum aparecer na autópsia de um criminoso condenado a presença marcante de lesão no lobo frontal, causada por concussão. Os jornais têm publicado nos últimos anos em suas páginas esportivas muitos relatos trágicos de ex-jogadores de futebol que tiveram morte violenta ou ficaram incapacitados por danos cerebrais prolongados depois de passarem anos chocando-se com seus adversários com toda a força que sua intenção é capaz de gerar.

Imaginemos o que poderia acontecer se soubéssemos como atualizar apropriadamente o precedente M'Naughten. E se combinássemos essa ideia com outra. Se os neurocientistas da área médica, por exemplo, também inventassem terapias mais eficientes para as pessoas com tendências violentas ou antissociais? A combinação dos conhecimentos da neurociência com os da área jurídica poderia inspirar uma crença no perdão e na compaixão baseada em fatos, juntamente com um interesse maior na recuperação e menor na penalidade severa. Essa pode parecer uma ideia estapafúrdia, mas o fato é que estamos atualmente empilhando cada vez mais pessoas num sistema prisional que continua superlotado por mais que novos presídios sejam construídos. Em lugar de financiar um sistema que serve como curso de pós-graduação para criminosos de carreira, poderíamos encontrar meios de a neurociência contribuir para o desenvolvimento de soluções mais eficientes para a criminalidade e a recuperação.

É claro que ninguém pode realmente prever o futuro e, talvez, sejamos surpreendidos pelos desenvolvimentos que venham a resultar da aplicação da neurociência à esfera da lei. Entretanto, no presente, é para isso que deveríamos nos voltar. A neurociência e a psicologia fizeram enormes progressos nos últimos anos. Mas essas duas disciplinas ainda não interagem de maneira satisfatória. Há uma lacuna enorme a ser preenchida. Não dispomos ainda de uma tecnologia que nos permita de maneira concreta ler as mentes, detectar mentiras ou determinar a culpa ou a inocência por meio de imagens do cérebro. A literatura experimental compõe-se apenas de 16 estudos, com resultados que continuam inconsistentes e não confiáveis. As iniciativas comerciais que oferecem métodos de visualização do cérebro enquanto processo de detecção de mentiras são, na melhor das hipóteses, prematuras e seu insucesso é provável por razões puramente científicas. Enquanto essa tecnologia não for realmente confiável, essas iniciativas continuarão promovendo o mesmo tipo de pseudociência que colocou o detector de mentiras à margem de nosso sistema judiciário no século passado.

Erradicar a ideia atraente e popular de que podemos ler a mente por meio da visualização do cérebro é tão difícil quanto matar vampiros, mas precisamos insistir na possibilidade da melhor averiguação científica possível. Teremos por um tempo um período de incerteza e confusão com respeito à neurociência aplicada ao sistema judiciário, pelo menos até que surjam técnicas precisas, comprovadas e validadas.

Mas ainda assim podemos ter muitas esperanças.

Em primeiro lugar, porque as tecnologias podem se desenvolver de maneiras imprevisíveis e os obstáculos, às vezes, caem por si mesmos, não de acordo com as previsões dos especialistas. Em seu excelente livro, *Being Di-*

gital, lançado em 1995, Nicholas Negroponte observa que depois de a nossa capacidade de compressão e descompressão de dados computadorizados ter se desenvolvido muito mais rapidamente do que esperávamos, a era digital começou séculos antes do que acreditavam alguns especialistas. Pequenos avanços numa área podem ter efeitos multiplicados em muitas outras. Há tantas mentes excepcionais trabalhando na neurociência que é ridículo excluir a possibilidade de sermos tomados de surpresa.

Por outro lado, há também tantas mentes incríveis trabalhando no momento no sentido de mostrar à neurociência e às engrenagens do sistema judiciário como elas poderiam trabalhar juntas para melhorar os procedimentos do sistema judiciário.

Uma das mulheres mais incríveis que eu já conheci, Margaret Gruter, é alguém a quem devemos agradecer por isso. Ela morreu em 2003 com 84 anos de idade. Conheci a dra. Gruter apenas alguns meses antes, numa das conferências mais importantes de que já participei.

Quando Hitler estava fundando seu regime, Margaret Gruter era uma jovem alemã que as autoridades nazistas classificaram como "não confiável". Ela testemunhou diretamente e em larga escala comportamentos sociopatas, perseguições e destruições de vidas, sancionadas e executadas por aquelas mesmas autoridades. Ver como a sociedade podia deformar vidas levou-a a se perguntar se aqueles mecanismos podiam ser revertidos. E esse se tornou o tema central da obra de sua vida. A formação e as experiências pessoais de Margaret Gruter a impeliram para conceitos de integridade, justiça e ética e a acreditar que a ciência e o direito deveriam trabalhar juntos. Após uma extensa formação em humanidades, Margaret Gruter estudou direito na Universidade de Heidelberg, onde fez doutorado em jurisprudência.

Ela imigrou para os Estados Unidos em 1951, onde primeiro ajudou seu marido em sua prática médica na região rural de Ohio e depois administrou uma instituição médica para pessoas com problemas de desenvolvimento. Vendo como aqueles pacientes lutavam contra as limitações impostas pela neurobiologia, mesmo no ambiente mais favorável que podia ser oferecido, ela quis ver o que havia de melhor na ciência disponível ser usado para o entendimento de suas condições.

Margaret Gruter mudou-se com seu marido para a Califórnia em 1969, onde começou a estudar direito na faculdade de Stanford. Seu interesse em saber como se formavam os valores sociais a levaram a manter diálogos profundos com a dra. Jane Goodall e, em 1972, a encontrar o dr. Konrad Lorenz, laureado com o Prêmio Nobel por seus estudos das sociedades animais. Ele a incentivou a continuar buscando meios de estabelecer relações entre a ciência e a lei.

Em 1981, ela fundou o Instituto Gruter para promover a ideia de que os sistemas jurídicos devem trabalhar para ajudar as pessoas a mudarem suas vidas e que uma maneira de fazer isso acontecer era pelo entendimento científico de como a lei influencia o comportamento dos profissionais do sistema jurídico.

As conferências anuais promovidas pelo Instituto Gruter sempre foram famosas como convergências surpreendentes de poder intelectual e valores humanistas, onde eram trocados conhecimentos entre biólogos, inclusive neurocientistas, e profissionais da área jurídica. Participei pela primeira vez de uma daquelas conferências em 2003.

Como eu estava no processo de escrever este livro, procurava tomar conhecimento do maior número possível de ensaios científicos que eram publicados. Mas na conferência, realizada em PlumpJack, uma estação de esqui no Squaw Valley, entre as montanhas de Sierra Nevada, na Califórnia, eu me vi de repente diante dos mais brilhantes pesquisadores de seus respectivos campos. Lembro-me particularmente de um jantar incrível, em que foi servido um delicioso pato assado ao qual eu mal dei atenção, quando o tema do livre-arbítrio entrou em debate à mesa entre Paul Zak, Paul Glimcher, Howard Fields, Oliver Goodenough, Margaret Gruter, Kevin McCabe e Morris Hoffman. Muitos desses nomes marcarão sua presença significativa em vários dos próximos capítulos. É difícil dizer o quanto eu me senti inspirado naquela noite, absorto em suas conversas extremamente francas sobre todas as maneiras pelas quais as pesquisas do cérebro poderiam transformar nossa vida futura. Eu me senti como um músico, cujos conhecimentos eram antes de tudo autodidatas, que subitamente e inesperadamente fora convidado para uma sessão de improviso com Alicia Keys, Eric Clapton, Bono e Bruce Springsteen. Conversamos sobre assuntos triviais, setas do tempo, arremesso de moedas, conversão de mapas, tendências seletivas da evolução, neurônios de dopamina, motivação, ocitocina, sinestesia e baleias. Tudo com uma intensidade incrível, mas ainda assim acadêmico. Ninguém se comportou como se tivesse todas as respostas, mesmo no âmbito de sua própria área de atuação, e muito menos nos campos de estudos onde a neurociência está expandindo seus conhecimentos e horizontes. Mas as questões levantadas por todos foram as mais inteligentes e provocativas.

Foi lá em PlumJack que eu comecei a perceber algo que, desde então, passou a ocorrer também em outras conferências. Por mais brilhantes que fossem aquelas pessoas, elas estavam tão ocupadas com sua própria área de estudos que não tinham tempo para tomar conhecimento do que estava acontecendo em outras disciplinas. Enquanto isso, eu estava absorvendo tudo o que podia e me perguntando como poderia sintetizar tudo o que estava descobrindo para projetar no futuro distante e vislumbrar como isso seria visto através do Telescópio do Tempo.

Em 2007, quatro anos após a morte de Gruter, a fundação que leva seu nome se tornou o agente principal das atividades de educação e expansão favorecidas por um subsídio de dez milhões de dólares concedido pela Fundação John D. e Catherine T. MacArthur, com o propósito de ajudar o sistema judiciário dos Estados Unidos a entender e integrar os atuais desenvolvimentos da neurociência. O projeto Law and Neuroscience é o nome coletivo da entidade, que prosseguirá por três anos e — se as autoridades da MacArthur considerarem os resultados promissores — provavelmente por muitos anos mais. Ao anunciar a concessão, Jonathon Fanton, presidente da Fundação MacArthur, disse: "Os neurocientistas precisam conhecer as leis e os advogados precisam conhecer a neurociência. Isso pode ter um impacto sobre o sistema judiciário tão dramático quanto o causado pelos testes de DNA".

Creio que isso seja dizer o mínimo.

O projeto está centralizado no *campus* de Santa Barbara da California University e é dirigido pelo professor de psicologia Michael S. Gazzaniga, que é também seu principal pesquisador. O cargo de presidente honorário é ocupado pela ex-presidente do Supremo Tribunal de Justiça Sandra Day O'Connor.

Gazzaniga é o autor do livro *The Ethical Brain: The Science of Our Moral Dilemmas*, lançado em 2005, além de ter sido membro do Conselho de Bioética do presidente Bush. Ele conta atualmente com cientistas e juristas de diversas universidades de todo o país trabalhando em diferentes aspectos do projeto. Eles estão divididos em três principais redes, cada uma delas investigando uma única área.

Gazzaniga, juntamente com Hank Greely, de Stanford, irá conduzir a pesquisa que envolve cérebros deficitários, ou seja, cérebros que por acidente de nascimento ou por lesão têm significativamente menos capacidade para distinguir o certo do errado ou para controlar os impulsos comportamentais.

A segunda rede irá pesquisar as dependências e os comportamentos antissociais. A terceira irá se concentrar na neurobiologia da tomada de decisão. Os membros de cada uma das redes se encontrarão pelo menos três vezes por ano e as três juntas terão pelo menos um encontro anual, numa conferência para apresentação dos resultados de suas pesquisas.

O primeiro passo mais importante do projeto é situar as lacunas de nosso atual conhecimento científico para poder acelerar o momento de pressionar as questões legais com base neurocientífica. As diferentes respostas formuladas pelas redes com respeito a essas questões determinarão rumos específicos para as ações do projeto, as quais terão acesso às melhores mentes científicas, cujas pesquisas possam cobrir essas lacunas.

Gazzaniga e os colaboradores de seu projeto começaram com uma longa lista de questões vitais competindo para ganhar o foco. O que faz com que alguém se torne um criminoso? Existe uma base biológica para isso? O que existe de diferente no cérebro de pessoas com tendências autodestrutivas, como dependentes químicos e jogadores compulsivos, em comparação com os de pessoas que gozam de boas condições financeiras que se arriscam a serem presas para ganharem um pouco mais de dinheiro? Quais são os efeitos neurológicos de uma infância pobre ou em comunidades dominadas pela criminalidade? Por que uma pessoa reage a tal situação com bom senso e atitude construtiva enquanto outra criada exatamente na mesma situação se torna violenta? O que ocorre em nosso cérebro quando estamos tentando tomar decisões cruciais dentro de um grupo, como o de um corpo de jurados? E, a questão mais importante, pode a neurociência finalmente nos oferecer meios altamente confiáveis de detecção da verdade?

Os líderes do projeto decidiram que, entre todas as áreas possíveis, seu foco principal deveria ser o tema da responsabilidade criminal, juntamente com um tema estreitamente relacionado, a responsabilidade da sociedade para com os criminosos.

Responsabilidade criminal é uma base sólida para começar. Como é uma área jurídica razoavelmente bem definida, ela oferece uma estrutura adequada para se trabalhar e algumas importantes linhas de debate já existem. Por exemplo, em que setores exatamente a sociedade deveria definir normas dizendo o que constitui uma condição fora do controle individual? Essas decisões têm de ser extremamente bem tomadas, uma vez que o sistema jurídico necessita das melhores bases possíveis.

Há pouco mais de quarenta anos, ocorreu uma tragédia no *campus* da University of Texas, em Austin. Ela atraiu a atenção de todo o país por um longo tempo. Infelizmente, é um evento que desde então tem se repetido muitas vezes e que ilustra quão profundas são as complexidades inerentes ao tema do livre-arbítrio e da escolha individual.

No dia 2 de agosto de 1966, um ex-fuzileiro naval e ex-estudante chamado Charles Whitman transportou um grande arsenal para o terraço do prédio de 32 andares onde funcionava a administração da universidade. Ele já havia assassinado a esposa e a mãe. Seu arsenal era constituído de uma espingarda de cano curto, um rifle de caça equipado com telescópio, outro rifle, uma carabina M1 e três revólveres. O local era o paraíso para um franco atirador. Levou horas para a polícia conseguir tê-lo em mira. A essa altura, ele já havia matado quatorze pessoas e ferido outras 31.

Whitman fora dispensado do Corpo de Fuzileiros Navais por má conduta. Um médico do *campus* havia prescrito Valium para ele. E o mesmo médico o havia encaminhado para um psiquiatra, que julgou seu estado como "enfurecido". Esse não foi nenhum julgamento surpreendente, uma vez que o próprio Whitman havia confessado seu forte ímpeto de subir até o alto do prédio da universidade e "começar a atirar nas pessoas com uma espingarda de caça".

Na noite anterior à subida ao terraço e à matança aleatória, ele começou a escrever uma carta suicida: "Não sei bem o que me compele a escrever este tipo de carta. Talvez seja para deixar algum motivo vago para os atos que pratiquei recentemente. Não estou entendendo a mim mesmo nesses dias... Entretanto, ultimamente (não consigo lembrar quando começou) eu tenho sido vítima de muitos pensamentos incomuns e irracionais".

Depois de matar a mãe e a esposa, Whitman acrescentou o seguinte: "Eu imagino que a impressão seja de que eu matei brutalmente ambas as pessoas que amo. Eu estava apenas tentando acabar rapidamente um serviço... Se meu seguro de vida valer, peço que paguem minhas dívidas... e o que sobrar seja doado anonimamente para alguma fundação de saúde mental. Quem sabe a pesquisa não possa prevenir outras tragédias desse tipo".

Quando o médico-legista fez a autópsia, encontrou um tumor cancerígeno no cérebro de Whitman, pressionando uma região chamada de amídala. Essa parte minúscula do cérebro, que mede menos de dois centímetros, é um centro importante de processamento das emoções.

Essa foi uma incrível sequência de eventos que causou consternação. Como Whitman conseguiu se manter entrincheirado por tanto tempo, a sequência de mortes passou a ser noticiada nacionalmente. A cada novo acontecimento, a questão penetrava mais profundamente na mente do público: Como alguém podia fazer aquilo?

Atualmente, se um psiquiatra atendesse a um paciente cujo estado mental apresentasse qualquer semelhança ao exibido por Charles Whitman, ele deveria solicitar imediatamente um exame de ressonância magnética, que poderia revelar a presença de um tumor. Caso houvesse um tumor e fosse possível operá-lo, a cirurgia deveria ser feita o mais rapidamente possível.

De acordo com os objetivos das pesquisas do projeto Law and Neuroscience, os cientistas já constataram que um tumor do mesmo tamanho e no mesmo lugar poderia afetar outra pessoa de maneira muito diferente da que o tumor de Whitman o afetou.

Whitman tinha um QI extremamente elevado e fora escoteiro do nível mais elevado (Escoteiro Águia) e até chefe voluntário de um grupo de escoteiros. Mas ele também havia abusado fisicamente da mulher, exatamente como o pai abusou fisicamente de sua mãe. Ele cresceu entre armas e caçadas e havia recebido amplo treinamento em armas no Corpo de Fuzileiros Navais. Será que suas experiências de vida serviram para agravar o efeito de ter um tumor pressionando uma área tão importante de seu cérebro? O que exatamente aconteceu com os impulsos de seu cérebro em decorrência do tumor?

Simplificando algumas questões extremamente complexas numa única pergunta: Quando o sistema jurídico deveria aceitar o argumento "Meu cérebro me levou a fazer isso" como uma defesa válida e quando não?

Um argumento frequentemente usado é o de que não são as armas que matam, mas as pessoas. (O comediante Eddie Izzard diz que concorda, mas acha que a arma exerce um papel muito importante.) Por isso, deveríamos estabelecer diferentes graus de punição, dependendo de a pessoa ter tido ou não a intenção de cometer um ato criminoso.

Entretanto, os estudos de neuroimagens indicam que o nosso cérebro começa a produzir reações antes de tomarmos consciência de nossas intenções. O livre-arbítrio tem sido tema de debate das religiões e filosofias desde que essas áreas de estudos existem, mas a psicologia e a neurociência indicam hoje que ele existe mais em nossa imaginação. Essa é uma novidade perturbadora e difícil de ser assimilada, mas pode levar o debate para questões que realmente possam ser respondidas, graças à tecnologia de visualização do cérebro. Tais respostas poderiam se tornar peças fundamentais para a prática jurídica e ajudar a enfrentar outras questões sociais.

Somando-se às dificuldades que enfrentamos para dar conta da intencionalidade, estudos recentes demonstraram que o cérebro dos adolescentes não é plenamente desenvolvido em certas áreas, particularmente as dos lobos frontais, que são cruciais para a capacidade de raciocínio, como para avaliar o risco dos atos e o controle dos impulsos. Esse foi o aspecto determinante do desafio enfrentado pelo Supremo Tribunal em 2005, no caso *Roper versus Simmons*. Tanto a American Psychological Association como a American Medical Association apresentaram defesas com base em estudos de neuroimagens para provar que o cérebro dos adolescentes tem, em comparação com os dos adultos, capacidade reduzida e, portanto, eles não deveriam ser submetidos à pena de morte.

Entretanto, antes de a sociedade poder decidir se deve ou não levar em conta as evidências do cérebro, todos nós devemos ter plena clareza do que a neurociência pode e não pode fazer, ao identificar as causas de um comportamento criminoso. Gazzaniga e todos os seus colaboradores têm, portanto, em suas mãos a vida de muitas pessoas.

"Temos de rever o nosso conceito de responsabilidade social", Gazzaniga disse à audiência de uma palestra que deu em outubro de 2007 em Washington, D.C., intitulada "Brains, Minds and Social Process", na Carnegie Institution for Science.

Embora usemos o cérebro para tomar decisões, Gazzaniga enfatizou em sua palestra que, na verdade, não controlamos as decisões que o nosso cérebro toma, pelo menos não na medida que a maioria das pessoas acredita e não no grau que a lei supõe. Ele apresentou uma longa lista de problemas legais que a neurociência poderia nos ajudar a resolver, como saber se alguém pode realmente não ser considerado culpado por razões de insanidade; como diagnosticar com precisão estados de consciência reduzida; e como as provas processuais podem ser diretamente influenciadas por desvios comportamentais. Essas questões têm uma longa história de controvérsias no âmbito do sistema judiciário, mas ele acrescentou que estamos começando a encontrar respostas científicas. "Todas elas são questões extremamente difíceis", Gazzaniga disse, apresentando sua conclusão: "Não estamos nem perto de conseguir responder a todas".

Suponhamos por um instante que a neurotecnologia avance em ritmo acelerado nas próximas duas décadas, oferecendo-nos tecnologias de visualização do cérebro extremamente precisas e a baixo custo. Quando o *microchip* fez essas mesmas melhorias — aumentando a capacidade e reduzindo o custo —, nós tivemos computadores com a capacidade necessária para decifrar o DNA como prova de culpa ou de inocência. Quando alcançarmos um nível similar de capacidade de visualização do cérebro, e consenso suficiente quanto ao significado das evidências encontradas nas neuroimagens, a neurotecnologia irá provar sua capacidade para transformar o modo de operar dos sistemas jurídicos.

Devemos esperar que as transformações venham com muitos diferentes sabores, alguns amargos e outros doces. Com o aumento acelerado da capacidade de decifrar o cérebro, as mudanças rápidas em cada sociedade ocorrerão de maneira um pouco diferente. Nas sociedades mais abertas e democráticas, os sistemas de detecção da verdade servirão para proteger e libertar os inocentes, um avanço fenomenal para os felizardos capazes de provar sua inocência com as novas ferramentas tecnológicas. Mas podemos esperar que os regimes fechados e autocráticos usem as mesmas tecnologias para silenciar os dissidentes e impor a lealdade às lideranças vigentes.

Quando entendermos claramente como a deficiência do cérebro — seja ela por defeito de nascença, lesão ou doença — afeta o comportamento individual, seremos capazes de criar novas e potentes terapias. Essas intervenções não apenas transformarão nossos modos de tratar a doença mental, mas também transformarão as decisões judiciais. Em vez de períodos árduos atrás das grades, os condenados pela justiça do futuro poderão receber penas mais brandas, sendo submetidos a períodos sob a influência de tratamentos que eliminam a dependência, controlam a raiva e aumentam a empatia. Mas esse mesmo conhecimento sobre como influenciar ou controlar o cérebro humano, se em mãos de pessoas inescrupulosas, será usado para apagar memórias, incitar a raiva e instigar a violência.

Quando a neurotecnologia nos possibilitar prever uma inclinação para a criminalidade, alguns países submeterão o cérebro de suas populações a tomografias com o intuito de afastar o perigo antes que ele se torne realidade. E aqueles que manifestarem tendências a cair na armadilha das dependências serão eventualmente vacinados. Alguns pesquisadores já estão desenvolvendo vacinas para o tratamento das dependências de nicotina e cocaína. Eles acreditam que essas novas drogas impedirão que substâncias que causam dependência passem da corrente sanguínea para o cérebro.

A privacidade do cérebro se tornará o tema dos direitos civis do século XXI. Em muitos países, serão criadas bases jurídicas e políticas para proteger os indivíduos de terem seu cérebro discriminado. Nos Estados Unidos, a recentemente promulgada lei contra a discriminação com base em informações genéticas, que ficou conhecida como GINA, levou quase uma década para ser aprovada, mas hoje impede que empregadores e empresas de seguro-saúde discriminem as pessoas com base em seus dados genéticos. Essa lei é uma prova de que as tecnologias revolucionárias — como o teste de DNA — produzem mudanças jurídicas radicais. Com a GINA em vigor, os norte-americanos podem hoje tirar proveito do tremendo potencial da pesquisa genética para promover a saúde sem temer que as informações genéticas individuais sejam usadas contra eles. Seguindo esse mesmo padrão, os avanços da neurotecnologia despertarão na sociedade um profundo desejo de proteger a liberdade cognitiva dos indivíduos. Isso poderá resultar numa lei que proíba a discriminação com base em informações sobre o cérebro dos indivíduos, cuja proteção poderá, por sua vez, acelerar o uso da neurotecnologia para finalidades úteis e positivas.

A neurotecnologia será amplamente usada com muitos propósitos nos tribunais. Entre eles, para determinar tendências, obter a verdade e mostrar se alguém apresenta risco de cometer crimes no futuro. Podemos esperar que a questão da detecção da verdade continue sendo um tema polêmico de extrema importância, mas também podemos ter a certeza de que a justiça baseada na neurociência se estenderá em muitas direções num futuro não muito distante e nos incitará a atualizar não apenas o velho precedente M'Naughten, mas literalmente centenas de leis que regem a nossa vida.

CAPÍTULO TRÊS

MARKETING PARA A MENTE

Estudamos teoria não por estudar, mas para aplicá-la.

— Ho Chi Minh

Grande parte das crenças de um homem é propaganda de seus próprios desejos.

— Eric Hoffer

Uma breve observação sobre seu cérebro: em geral, ele é constituído de três partes. Os tecidos de seu cérebro que evoluíram mais recentemente envolvem a parte externa. Mais abaixo da superfície estão as duas estruturas clássicas, o sistema límbico e o cérebro reptiliano. Essas duas partes mais antigas são em geral as relacionadas com as funções básicas — respiração, circulação do sangue, digestão de alimentos, etc. Elas também operam sem a percepção do pensamento consciente; estão constantemente fazendo escolhas rápidas por você com base em suas impressões sensoriais imediatas, como nas feições e expressões faciais das pessoas. As partes mais recentes do cérebro, situadas mais próximo da superfície, baseiam-se nas informações de todas as diferentes regiões do cérebro, para então agirem como um lento comitê deliberativo. As regiões mais antigas agem como um ditador impulsivo, despachando ordens, desimpedidas pela necessidade de buscar o equilíbrio.

Quase todo o tempo, as partes mais recentes e judiciosas de seu cérebro não percebem que estão sendo controladas pelas mais antigas. Para mim, talvez a melhor maneira de perceber isso seja por meio da letra de uma música *country* que ouvi por acaso um dia. Ela falava da tentação de entrar em águas revoltas e girava em torno de uma frase que todos nós podemos reconhecer: "Eu sei o que estava sentindo, mas *o que estava pensando*?"

É assim que nós seres humanos somos. Frequentemente criaturas um tanto quanto misteriosas, até para nós mesmos. Ora temos pensamentos sutis com sentimentos intensos e ora pensamentos intensos com sentimentos sutis, em geral, sem saber o que fazer com eles. Muitas vezes, não sabemos nem o que os incitou. Não apenas fazemos escolhas sem saber o que estamos pensando, mas também rejeitamos as opções que obviamente seriam melhores para nós.

Se nos sentimos desorientados, lançamos as pessoas que tentam influenciar nossas escolhas de bens, serviços ou políticas numa profunda confusão. A economia norte-americana inspira compras anuais de produtos anunciados no valor de 120 bilhões de dólares. Mais de 8 bilhões são gastos anualmente com pesquisas de mercado publicitárias, sendo 1 bilhão com grupos de foco (discussões em grupo).

As pessoas por trás desses milhões e bilhões têm grandes esperanças de que as neuroimagens possam vir ajudá-las a conduzir suas escolhas para as direções que elas decidirem. Esteja certo de que elas estão trabalhando para isso. "Em vez de hipóteses sobre o que as pessoas pensam e sentem", disse um executivo de marketing da Virgin Mobile USA sobre a tecnologia de neuroimagem ao *New York Times* em março de 2008, "você realmente *vê* o que elas pensam e sentem."[1]

Aquele milhão gasto anualmente com grupos de foco ilustra o centro misterioso no qual os marqueteiros querem penetrar. É possível reunir as pessoas e pedir a elas que comparem produtos, classificados por marcas, características ou sabores, para elas indicarem os de suas preferências. Mas na maioria das vezes, as pessoas são exatamente como aquele sujeito que eu ouvi cantando no rádio: elas realmente não conhecem a própria mente. O que as pessoas elogiam na discussão de grupo talvez não seja exatamente no que elas depois se disponham a investir seu precioso dinheiro.

As neuroimagens podem mostrar o que está se passando em nossa mente quando fazemos escolhas, mesmo que nós próprios não saibamos. Mas a indústria do marketing não está financiando a maior parte dos estudos amplos e genéricos, do tipo que tenta estabelecer verdades fundamentais.

Os marqueteiros estão atrás de aplicações específicas, segredos que possam fazer com que suas marcas vendam antes que os concorrentes percebam o jogo.

É bom tomar cautela com estudos que venham diretamente dos marqueteiros ou quaisquer outros que tenham interesse direto em suas descobertas. Muitos estudos psicológicos provaram o quanto é fácil deixar que algum desvio se introduza em nossos pensamentos e distorça a precisão das conclusões que tiramos. (Por exemplo, um cientista cujos experimentos laboratoriais são financiados pela Hilda's Tastee Soups Inc., mesmo que se entregue de corpo e alma a buscar apenas a verdade, mais cedo ou mais tarde poderá produzir estudos provando que as sopas dessa indústria são insuperáveis.)

Os estudos fundamentais e inovadores são em geral financiados por órgãos do governo, como os National Institutes of Health (NIH), mas pode ser extremamente difícil arranjar verbas para pesquisas inovadoras. Os estudos envolvendo neurotecnologia tendem a ser interdisciplinares e as fontes tradicionais como os NIH seguem categorias e diretrizes muito específicas que foram estabelecidas em outra época. Isso quer dizer que os pesquisadores precisam ser no mínimo tão empreendedores para obter esses fundos quanto são inventivos para formular suas ideias científicas.

Um dos pioneiros nas pesquisas envolvendo a tecnologia da neuroimagem nas decisões financeiras, Brian Knutson, com quem você teve um contato rápido no capítulo anterior, obteve recentemente recursos de duas fontes menos conhecidas: a National Association of Securities Dealers e a eBay Foundation.

Outro pesquisador de alto prestígio, Read Montague, que você conhecerá melhor nas páginas adiante, realiza um trabalho que fascinaria as mentes militares, mas não procura financiamento da Agência de Pesquisas Avançadas de Projetos de Defesa (DARPA) nem de qualquer outra organização militar. Ele acha que receber dinheiro deles poderia acarretar pressões que distorceriam seus estudos. No entanto, ele convenceu sua universidade a adquirir três novos aparelhos de ressonância magnética, ao custo de 3 milhões de dólares cada, para juntar aos dois já instalados. Esse conjunto sem precedentes de cinco aparelhos de ressonância magnética possibilitará testar como o cérebro das pessoas reage em situações grupais, como a formação de uma equipe e a criação de consenso.

Os recursos vindos de fontes governamentais e de instituições privadas são responsáveis pelos estudos fundamentais em neuromarketing. Empresas privadas também estão usando a neurociência, mas para estudos de aspectos altamente específicos, tais como: de que maneira produzir acusticamente um som que assegure, quando a porta do carro se fecha, uma experiência auditiva que possa convencer os compradores de que o carro todo é de excelente qualidade.

Já existem muitas empresas emergentes de neuromarketing que oferecem aos clientes corporativos meios de acender uma luz neurocientífica na mente do consumidor, com expectativas de entender como e por que as pessoas escolhem produtos específicos. Entre elas, a San Francisco's EmSense, que mede a atividade do cérebro "para uma análise de momento a momento de como as audiências respondem aos anúncios publicitários"; as empresas NeuroCo e NeuroSense de Londres; a NeuroFocus de Berkeley, que está "aplicando os últimos avanços da neurociência ao mundo da publicidade e da comunicação"; a BrightHouse de Atlanta; a FKF Applied Research de Los Angeles, que se autoproclama "Líder em Neuromarketing"; e as empresas Arnold Worldwide e Digitas sediadas em Boston.

No momento, o que essas empresas de neuromarketing mais fazem é testar ideias publicitárias para que as empresas possam decidir quais versões de seus lançamentos têm mais probabilidade de conquistar o público almejado. Essencialmente, elas estão fazendo o tipo de trabalho normalmente feito nos grupos de foco, mas de uma maneira mais simplificada e possivelmente mais econômica. Aposto que podemos esperar para breve o surgimento de usos muito mais sofisticados da tecnologia de neuroimagens. Por exemplo, no futuro próximo, os diretores de comerciais irão provavelmente dar a eles seu retoque final depois de terem consultado os resultados apresentados pelas neuroimagens.

Gerry Zaltman, professor emérito de administração de empresas da Harvard Business School, é considerado o primeiro pesquisador a ter usado neuroimagens funcionais em estudos de marketing, por volta de 1999. Zaltman acredita que 95% de nossos pensamentos ocorrem no nível subconsciente. Por isso, o marketing é mais bem-sucedido quando estabelece uma ligação psicológica com as áreas cerebrais profundas. Se as partes antigas de nosso cérebro decidem que um determinado produto nos permitirá sentir que fazemos parte de um grupo maior ou nos ajudará a encontrar o parceiro ideal, nós vamos querer comprá-lo. Esse tipo de ligação psicológica é, portanto, em muitos segmentos do mercado, mais importante para a estratégia de marketing de uma empresa do que fazer um produto de qualidade realmente superior. Em outras palavras, ser o mais desejado compensa mais do que ser o melhor.

Embora seja atribuído a Zaltman o primeiro trabalho nesse campo, a palavra "neuromarketing" foi cunhada em 2002 por Ale Smidts, diretor do Centre for Neuroeconomics da Erasmus University, de Roterdã, na Holanda. Smidts começou a estudar publicidade por ser uma fonte rica de material para entender como as pessoas são persuadidas. Estudar as técnicas e estratégias publicitárias, ele acredita, irá aumentar o nosso entendimento da mente humana.

Um de seus primeiros estudos examinou o endosso, um velho truque publicitário de usar um especialista ou uma celebridade (ou alguém que seja ambas as coisas) para convencer as pessoas de que o produto que está sendo endossado é o desejado por alguma personalidade brilhante. Numa apresentação na University of Michigan em 2006, Smidts expôs material visual para provar que uma *única* exposição a uma imagem que combina produto e especialista "leva a uma mudança duradoura na memória em favor de uma atitude propensa ao produto".

Smidts espera que as pessoas entendam que existe uma diferença entre neuromarketing enquanto campo de pesquisa e neuromarketing enquanto conjunto de ferramentas de persuasão. Por toda uma série de razões, algumas delas totalmente válidas, muitas pessoas veem a indústria publicitária com muita apreensão. Um exemplo perfeito aparece no filme de 2005, *Obrigado por Fumar*. O personagem de Aaron Eckhart, Nick Naylor, é tão charmoso quanto um *golden retriever*, mas tão amoral quanto um tubarão-martelo.

Para pelo menos algumas pessoas que vivem de sua capacidade de persuasão, o engano e a falta de escrúpulos são atitudes corriqueiras. Nós temos receio de suas táticas porque sabemos que somos vulneráveis, mesmo os mais inteligentes entre nós. Saber que esses persuasores têm hoje a neurociência a seu lado pode intensificar esse receio.

Ralph Nader fundou em 1999 uma organização chamada Commercial Alert como um grupo de vigilantes para combater as práticas mercantilistas. Em 2003, a Commercial Alert enviou uma carta à agência federal Office for Human Research Protection (OHRP), dizendo que o uso de uma tecnologia médica como a neuroimagem no marketing é um erro. A carta exigia uma investigação da Emory University, que na época estava permitindo à empresa de neuromarketing BrightHouse de Atlanta usar seu equipamento de neuroimagens para pesquisas de marketing. A Commercial Alert queria saber se as normas quanto ao uso de sujeitos humanos em experimentos estavam sendo violadas. De seu ponto de vista, permitir o aumento de consumo iria promover doenças e sofrimento. Se a OHRP tivesse decidido investigar, e a investigação tivesse concluído em favor da posição da Commercial Alert, uma das mais importantes universidades dos Estados Unidos a realizar pesquisas científicas teria ficado sem verbas federais para suas pesquisas.

Um resultado como esse pode parecer forçado, mas o manual de segurança do carro de Nader lançado em 1965, *Unsafe at Any Speed*, teve um tremendo efeito sobre a regulamentação federal da indústria automobilística e suas anticampanhas presidenciais de 2000 e 2004 tiveram o impacto profundamente irônico de levar ao poder as forças contrárias à regulamentação.

Os profissionais da persuasão estão em busca de ajuda da ciência desde muito antes do tempo de Nader. Em 1898, E. W. Scripture descreveu uma técnica em seu livro *The New Psychology*. Ele chamou-a de "mensagem subliminar", que consistia em apresentar uma imagem ou um conjunto de palavras tão rapidamente que não pudesse ser registrado pela mente consciente, mas apenas pela mente subconsciente.

Em 1957, um publicitário chamado James Vicary anunciou que havia descoberto o poder da mensagem subliminar e, com isso, provocou uma controvérsia pública que prosseguiu por anos. Vicary disse que durante as exibições do filme *Férias de Amor*, ele havia enviado para a audiência mensagens rápidas a intervalos de cinco segundos. As mensagens diziam "Tome Coca-Cola" e "Com fome? Coma pipoca" e duravam apenas de um a três centésimos de segundo. Segundo Vicary, sua técnica levou as pessoas para o saguão, onde compraram quantidades significativamente maiores de pipoca e outros petiscos.

Vicary acabou se revelando ser para o marketing o que o vigarista Frank Abingale — representado por Leonardo DiCaprio no filme *Prenda-me se For Capaz*, de 2002 — era para os bancos e as companhias aéreas que ele fraudava. Alguns cientistas tentaram reproduzir em laboratórios os experimentos que Vicary disse ter feito, mas jamais chegaram a resultados semelhantes. Finalmente, Vicary admitiu que os resultados que havia declarado com respeito à exibição do filme *Férias de Amor* e de outros pretensos estudos eram falsos. Mas por muito tempo, a técnica que Vicary chamou de "publicidade subliminar" continuou com vida própria, insultando o público e fazendo vibrar a comunidade dos marqueteiros. Vicary gozou da posição de seu guru, fundando a Subliminal Projection Company. Enquanto isso, suas pesquisas espúrias motivaram as vendas de um livro popular intitulado *The Hidden Persuaders* escrito por Vance Packard e lançado em 1957, uma extensa advertência sobre como o público estava sendo ludibriado pelo marketing e pela publicidade.

Em 1958, a publicidade subliminar foi proibida na Austrália e no Reino Unido, pelas redes de televisão e pela National Association of Broadcasters nos Estados Unidos.

No final de 1969, um pesquisador chamado Herbert Krugman começou a testar o que acontece na mente de uma pessoa quando ela vê televisão. Seu teste envolvia fixar um único eletrodo na parte posterior da cabeça do espectador. Krugman concluiu que as pessoas que viam televisão tendiam a passar para um estado mais passivo e receptivo, caracterizado pela emanação de ondas alfa no cérebro.

Krugman também foi o pioneiro no uso de pupilômetros, dispositivos que medem as mudanças no tamanho das pupilas. Quando acreditamos que algo merece a nossa atenção, nossas pupilas naturalmente se dilatam. Uma tecnologia similar, a *eye tracking* [rastreamento do olhar], também tem sido usada com o objetivo de criar anúncios mais atraentes. Essa tecnologia registra o trajeto seguido pelo olhar de uma pessoa ao assimilar uma mensagem visual. Alguns cientistas franceses, que começaram a observar o *eye tracking* na década de 1980, concluíram que os olhos costumam saltar de um lugar a outro, saltando e parando, ziguezagueando como se o cérebro quisesse encontrar a maneira mais rápida de desvendar a informação. As pesquisas sobre o *eye tracking* passaram para a Rússia, onde um psicólogo chamado Alfred Yarbus estudou o fenômeno e escreveu o livro *Eye Movements and Vision*, lançado em 1965 e traduzido e publicado dois anos depois nos Estados Unidos. Atualmente, o *eye tracking* cavou seu próprio nicho, pequeno, porém importante, na criação publicitária, ajudando os pesquisadores a entender onde o consumidor foca, o que atrai primeiro a sua atenção e como ele decompõe ou lê um anúncio, um jornal ou a embalagem de um produto.

A resposta galvânica da pele é outro método de medição científica que incitou as expectativas dos publicitários, particularmente durante a década de 1960. É uma forma de medir as mudanças de condutividade elétrica na superfície da pele provocadas por reações emocionais. Alguns pesquisadores fizeram uso desse método para identificar as reações emocionais aos nomes de determinadas marcas, música de fundo e anúncios publicitários. A mesma tecnologia está por trás do detector de mentiras convencional, um aparelho que não é nada confiável.

Outra colisão tripla do mercado editorial com a publicidade e a ciência ocorreu em 1973 com o lançamento do livro *Subliminal Seduction*, de Wilson Bryan Key, que aludia a coisas como a palavra "sexo" num anúncio impresso, formada vagamente pelo arranjo de cubos de gelo num copo de substância líquida. Num livro posterior, Key conta ter encontrado em um restaurante um descanso para prato que provocava os clientes com imagens de uma orgia encoberta em uma foto de um prato cheio de mariscos fritos. Segundo seu relato, essas e outras imagens eróticas subliminares ou ocultas que se imiscuíam sob o radar do pensamento consciente só podiam ser vistas claramente com um "anamorfoscópio", um cilindro espelhado. No entanto, segundo Key, elas ficavam impressas na mente subconsciente.

Algumas pessoas continuam achando que Key fez uma importante descoberta. Outras acreditam que seu cérebro sofresse de algum desvio sexual sério. O consenso, no entanto, é que ele queria promover um mito. Mas mesmo um mito pode continuar alimentando crenças, e também acionar as agências reguladoras. Depois que a Federal Communications Commission se viu obrigada a responder a um imenso clamor público, ela convocou audiências em 1974 que resultaram numa instrução programática: "A publicidade subliminar tem a intenção de ser enganosa e é contrária ao interesse público".

O que torna o neuromarketing diferente dessas primeiras tentativas de combinar marketing e tecnologia — além dos equipamentos muito mais sofisticados e dispendiosos que ele requer — é o fato de as evidências apresentadas pelos estudos de neuroimagens funcionais terem criado uma mudança fundamental na comunidade científica. Elas convenceram um número cada vez maior de autoridades decisivas — tanto aquelas que têm poder para contratar professores como aquelas que concedem verbas para pesquisas — que o estudo das emoções humanas tornou-se agora eminentemente factível.

Brian Knutson, hoje uma celebridade científica de Stanford, é um pioneiro no estudo científico das emoções. Ele realmente precisou penar por um tempo no mercado de trabalho acadêmico até que suas ideias fossem aceitas. Knutson concluiu seu doutorado em Stanford em 1993 e prosseguiu seus estudos pós-doutorado pelos sete anos seguintes, enquanto tentava obter um cargo acadêmico. De repente, no ano 2000, ele recebeu oito convites para entrevistas, juntamente com quatro propostas de trabalho.

"Oh meu Deus", Knutson me disse em sua sala em Stanford, fingindo ser alguém que tinha acabado de descobrir sua pesquisa de neuroimagens, "podemos *ver* essas regiões. E, inclusive, vejo coisas nessas regiões que têm relação com o *processamento de estímulos*".

O processamento de estímulos é o aspecto do estudo do cérebro que irá enfim nos dar respostas à pergunta: "O que eu estava pensando?" Ele observa o que o seu cérebro faz quando está tentando determinar se uma escolha disponível irá resultar em algo positivo — comida na mesa, prazer sexual, dinheiro no banco — ou em algo negativo. Os publicitários com certeza adorariam entender o processamento de estímulos e também saber usá-lo para tornar seus produtos mais desejáveis.

Logo no início de seu trabalho, Knutson e seus colaboradores perceberam algo que os donos de cassinos e vendedores de bilhetes de loteria sabem há muito tempo: que dinheiro é realmente um ótimo estimulante para o cérebro das pessoas. Grande parte do trabalho deles no laboratório de Stanford envolve observar como nosso cérebro reage aos atos de gastar, perder ou ganhar dinheiro e até mesmo de simplesmente olhar para ele.

Empresas privadas também estão investigando esse poder transformador do dinheiro, mas estão sendo conduzidas por incentivos que colocam em ação uma dinâmica totalmente diferente. Pesquisas universitárias são publicadas e examinadas por colegas acadêmicos. As vozes dissonantes têm amplo direito de discussão. Isso aumenta grandemente a probabilidade de as descobertas publicadas se tornarem conhecimentos sólidos sobre os quais as pesquisas futuras poderão avançar. As pesquisas privadas são realizadas em busca de margens competitivas, e toda empresa que tenha alguma vantagem irá mantê-la bem escondida. As pesquisas encomendadas pelo setor privado quase nunca são publicadas ou inspecionadas por algum concorrente — a não ser que o concorrente tenha um espião corporativo bem-sucedido em sua folha de pagamento.

As poucas empresas de consultoria em neuromarketing em geral relutam em revelar os nomes de seus clientes, embora se disponham a dizer que em suas listas constam nomes de grande peso. Como as universidades em geral precisam de ajuda para pagar os equipamentos neurocientíficos multibilionários de seus laboratórios, elas costumam arrendá-los por hora para essas empresas privadas. Essa é a nossa principal fonte de evidência de que amplas pesquisas de base comercial estão em andamento.

A agência publicitária de Boston, Arnold Worldwide, oferece um exemplo raro de estudo de pequeno porte que foi publicado. Recentemente, ela usou o equipamento de ressonância magnética do Hospital McLean de Harvard para ver o que ocorreria no cérebro de seis homens com idades entre 25 e 34 anos, todos consumidores de uísque, quando olhassem para as imagens que estavam sendo propostas para uma campanha publicitária de 2007 de seu cliente, a Brown-Forman, fabricante do uísque Jack Daniel's. (Outros clientes da Arnold são as redes McDonald's e Fidelity.)

Jack Daniel's é um uísque de malte, centeio e milho, cujos aromas e sabores incluem uma forte nota de carvão vegetal. Durante décadas, a publicidade da marca buscou passar uma imagem interiorana, mostrando homens maduros do campo usando macacões e parecendo ter sido criados em choupanas do Tennessee, homens do tipo que sabiam intuitivamente o que era um bom uísque. Entretanto, como o Jack Daniel's tem sido o preferido de muitas sucessivas bandas de rock — muitos o chamam simplesmente de "Jack" — ele é tremendamente popular entre os jovens que não se importam em gastar seu dinheiro e neurônios em busca de experiências sociais intensas. Como esse grupo demográfico é intensamente cortejado pelos fabricantes de cerveja e bebidas alcoólicas, como mostram os anúncios que aparecem na TV e em cartazes impressos, a Brown-Forman pretende naturalmente aumentar a sua participação nesse mercado.

Baysie Wightman, chefe de uma nova força-tarefa da Arnold chamada de Departamento da Natureza Humana, diz que as neuroimagens irão "ajudar a nos fornecer evidências empíricas da emoção causada pelo ato de tomar decisões".[2] Ela observa que embora os participantes das provas de Jack Daniel's tenham dito que suas cenas preferidas eram as mais rústicas ao ar livre, seus cérebros mostraram-se de fato muito mais ativados por cenas de jovens se divertindo em atos de transgressão. Nesse caso, portanto, as neuroimagens funcionais não apenas demonstraram uma lacuna entre o que os consumidores *achavam* que pensavam e o que eles *realmente* pensavam, mas também provaram quais imagens preencheriam essa lacuna e seriam mais bem-sucedidas no mercado.

Preencher a lacuna entre as opiniões declaradas e o comportamento real do mercado é um dos sonhos mais acalentados pelos agentes de publicidade e marketing.

Num exemplo clássico de como confiar nas opiniões declaradas pode ser desastroso, a Chrysler Corporation realizou uma pesquisa com compradores de carros logo após a Segunda Guerra Mundial, quando a produção de automóveis foi retomada. Ela fazia perguntas aos potenciais compradores visando entender quais eram seus critérios ao escolher um veículo zero quilômetro. As respostas repetiram muitas e muitas vezes que preço e confiabilidade eram os principais fatores levados em consideração e, com base nisso, a Chrysler continuou a produzir seus carros como sempre, pelos anos seguintes. Em particular, os Plymouths daquele tempo eram mecanicamente quase à prova de bala, mas esteticamente tão excitantes quanto um tijolo. Os Cadillacs daquele período pós-guerra vieram com um detalhe estilístico: uma pequena curvatura na lataria que ia até a lanterna traseira, sugerindo um rabo de peixe. As pessoas gostaram dele. Os anos de guerra fizeram delas grandes fãs de economia e confiabilidade, mas algo em suas respostas ao rabo de peixe do Cadillac lhes deu um indício do que elas realmente estavam desejando. Elas estavam prontas para a experiência de maior prazer e de um *design* mais arrojado. Por volta da metade da década de 1950, tanto a Ford Motor Company como a General Motors, depois de terem interpretado corretamente a tendência, passaram a lançar modelos pintados com duas e três cores e rabos de peixe cada vez maiores. Os modelos da Chrysler de repente se tornaram as meninas simplórias do baile, e a empresa perdeu sua importante parcela do mercado.

Muito mais está em jogo no neuromarketing do que carros, refrigerantes e uísque. Técnicas que testam a lealdade a marcas também estão sendo usadas para se descobrir como são feitas as escolhas políticas e como formar a persuasão política de modo mais efetivo. Testes recentes demonstraram — e isso instantaneamente dará sentido a toda discussão política frustrante de que você já participou — que muitas áreas do cérebro são ativadas quando se discute política, mas nem tanto as áreas responsáveis pelo pensamento racional.

As emoções prevalecem quando a questão é decidir a quem dar o nosso voto. O prazer de sentir uma ligação emocional com alguém que esteja do lado "certo" de uma questão (ou seja, do lado em que estamos) é uma importante razão que explica por que em política sempre se faz estranhas alianças. O desgosto e o medo que surgem quando nos sentimos contrariados explicam por que os debates políticos podem se tornar rancorosos com uma rapidez assombrosa.

Os pesquisadores da UCLA estão hoje estudando de que maneira as pessoas que seguem os maiores partidos políticos diferem em suas respostas a campanhas publicitárias específicas. A filiação político-partidária é tipicamente herdada, embrulhada no pacote de atitudes que recebemos de nossos pais. Mas os traços genéticos também são herdados e é possível que haja diferenças estruturais ou funcionais entre as pessoas com filosofias políticas divergentes. Já foram constatadas diferenças nas estruturas do cérebro de homens homossexuais e heterossexuais. Talvez algum dia, encontremos um corolário com respeito às escolhas políticas.

A FKF Applied Research serve de intermediária entre hospitais e universidades interessados em arrendar equipamentos de ressonância magnética por hora e também a clientes que buscam provas altamente tecnológicas de que suas campanhas irão funcionar. Essa é uma parte do plano empresarial que a empresa define como provisão de serviços a "clientes que estão buscando uma transformação radical em sua maneira de ver a publicidade". Apesar de não revelar os nomes de seus clientes, a FKF diz trabalhar para "empresas que fazem parte da lista das 500 mais da revista *Fortune*" que "entendem a importância de focar um grupo específico de clientes e envolvê-los visual e emocionalmente".

O médico Joshua Freedman, um dos fundadores da FKF, ressalta o fator custo-eficiência de sua empresa. "Quem está disposto a investir 50 milhões numa campanha publicitária", ele argumenta, "quer saber se ela vai conseguir deslanchar." A FKF monta sessões a 3 mil dólares que permitem aos clientes testar um anúncio com dez sujeitos. Esse é aproximadamente um quarto do custo do teste com uma típica discussão de grupo.

Em antecipação à campanha para as eleições presidenciais de 2008, os pesquisadores da FKF juntamente com muitos neurocientistas da UCLA levaram as implicações das pesquisas de neuromarketing longe e rápido demais. No final de novembro de 2007, numa matéria especial no *New York Times*, eles afirmaram que seu estudo de neuroimagens, no qual observaram o cérebro de vinte eleitores indecisos, podia oferecer conclusões a respeito da disposição do eleitorado norte-americano naquele momento. Mais especificamente, eles disseram que era possível ler diretamente a mente dos potenciais eleitores pelo estudo de como seu cérebro era ativado quando viam os candidatos a presidente.[3]

Mais de uma dezena dos mais importantes especialistas em neuroimagem do mundo manifestaram uma ampla reprovação do estudo, apontando suas falhas e também reprovando o *New York Times* pela decisão de publicá-lo. Eles concordavam que a possibilidade de usar técnicas de neuroimagem para entender melhor a psicologia das decisões políticas era algo estimulante. Mas também insistiram em que não podemos afirmar conclusivamente que uma pessoa está ansiosa ou se sentindo envolvida simplesmente por apresentar atividade em alguma região particular do cérebro. Isso ocorre porque as regiões do cérebro se envolvem tipicamente em muitos estados mentais. Estabelecer uma correspondência direta entre cada região do cérebro e um determinado estado mental é impossível. Por exemplo, o artigo da FKF/UCLA mencionava a ativação de uma área do cérebro que é fortemente associada às emoções. Mas supunhamos que as ativações fossem sinais de altos níveis de ansiedade. Entretanto, a mesma área é também ativada por emoções positivas. É necessário que o experimento seja realizado com muito cuidado para evitar uma interpretação equivocada das neuroimagens. E os cientistas acrescentaram: "como acontece com todos os dados científicos, o processo de revisão por outros cientistas é crucial para se saber se os dados são corretos ou baseados numa metodologia equivocada".

Knutson tem em alta consideração a cautela num projeto experimental, liderando uma pesquisa em Stanford chamada SPAN, Symbiotic Project on Affective Neuroscience (o termo "Affective" refere-se a emoções). Esse projeto foi concebido para ampliar o entendimento da base física das emoções e da expressão emocional no cérebro.

Naquela tarde quente de agosto de 2007, ao entrar no prédio do *campus* de Palo Alto onde Knutson trabalha, passei por duas estátuas na entrada: Alexander von Humboldt e Louis Agassiz — duas das mentes interdisciplinares mais importantes da história da ciência. O trabalho quantitativo de Humboldt sobre geografia botânica foi fundamental para o campo da biogeografia. Agassiz expandiu grandemente a ictiologia, a parte da zoologia que estuda os peixes, apesar de ser mais lembrado como a primeira pessoa a apresentar cientificamente a ideia de que houve no passado um período glacial na Terra.

Esses dois consagrados cientistas considerariam a visualização do cérebro algo extremamente excitante, pelas mesmas razões que ela empolga Knutson e tantos outros cientistas contemporâneos. Muitos diferentes campos de estudos estão sendo entrelaçados, criando novos híbridos e, como resultado, o surgimento de muitas descobertas impressionantes.

Knutson diz a respeito dos anos de sua juventude em Kansas City, no Kansas, "Basicamente, eu tive uma formação tipicamente Beaver Cleaver*". Após um momento de reflexão, ele acrescenta: "Mas, pensando bem, eu nunca me senti ajustado às condições em que fui criado. Muitos adolescentes sentem a mesma coisa. Mas eu sentia isso com muita intensidade. Eu tinha muitos amigos, mas nunca cheguei de fato a pertencer a algum grupo".

---

* Beaver Cleaver é um personagem do antigo seriado televisivo *Leave It to Beaver* (N. E.).

Apesar de estar seguro quanto à veracidade de suas lembranças, ninguém as imaginaria numa pessoa que se mostrou tão à vontade e disposta a me conceder duas horas de sua agenda lotada, fazendo comentários esclarecedores sobre tudo, desde sua última pesquisa até o par minúsculo de estatuetas de divindades hindus (Shiva e Ganesha), que do alto de uma estante de livros contempla sua sala de trabalho.

Quando estudante da Trinity University, uma pequena faculdade liberal de artes de San Antonio, no Texas, Knutson buscou respostas para o que ele percebia como ausência de conexão com as próprias emoções. Ele migrou para o campo da psicologia e realizou trabalhos experimentais com Dan Wagner, que mais tarde faria parte da faculdade de Harvard. Knutson também passou um tempo no Nepal, estudando as comunidades budistas. "O contato com outras religiões simplesmente fundiu meus miolos", Knutson reconhece. "Especialmente o budismo, por sua visão de mundo, foi realmente interessante e possivelmente útil."

Wagner estava realizando estudos sobre como lidar com pensamentos, mental e emocionalmente, indesejados, o chamado processo de supressão de pensamentos. "O que as nossas descobertas nos mostraram", Knutson diz, "é que era possível prever enormes diferenças individuais, dependendo do estado mental geral da pessoa." Especificamente, as pessoas com depressão tinham muita dificuldade para cumprir uma ordem do tipo "Suprima o pensamento de um urso branco".

"Foi assim", Knutson prossegue, "que eu comecei a considerar a importância das emoções." Essa ideia teve uma relação profunda com seus estudos religiosos. "O centro do universo psicológico dos budistas é o apego", ele diz. "Quando os budistas usam essa palavra, eles estão se referindo ao modo como a pessoa *reage* às coisas. Grande parte das práticas budistas tem como propósito mudar a forma de reagir, desenvolver hábitos mentais e emocionais que são, a longo prazo, melhores para a pessoa, mais tranquilos e construtivos."

A formação interdisciplinar de Knutson — ele se formou tanto em psicologia experimental como em religiões comparadas — ajudou-o a conseguir uma bolsa para estudar em Stanford, onde conquistou o título de doutor em psicologia em 1993. "Os dados continuavam martelando em minha cabeça e sugerindo que as emoções eram importantes e que eu devia estudá-las", ele diz. "Mas o problema é que era sempre muito difícil mensurá-las. Eu percebi que, se quisesse entender realmente as emoções, eu teria de conhecer o cérebro."

Para satisfazer essa curiosidade, Knutson se inscreveu em cursos de medicina. Um de seus professores recomendou que ele trabalhasse com Jaak Panksepp, uma das raríssimas pessoas na época a estudar o modo como as emoções atuam no cérebro.

Panksepp lecionava na universidade estadual de Bowling Green, Ohio, alguns quilômetros ao sul das margens do Lago Erie. Ele nasceu na Estônia, mas cresceu nos Estados Unidos, e nos anos de 1960 começou a estudar o cérebro dos ratos. Em 1998, Panksepp escreveu o livro pioneiro *Affective Neuroscience*.

"Aquilo foi radicalmente novo para mim naquele momento", lembra Knutson. "Mas foi ótimo. Da perspectiva de minha carreira, foi um momento decisivo. Administrávamos drogas a ratos e observávamos seu cérebro e seus comportamentos."

Totalmente por acidente, Knutson descobriu algo surpreendente durante aqueles experimentos. "Eu me deparei com o fato de que os ratos emitiam alguns sons enquanto brincavam", ele diz. "Os ratos brincam exatamente como os seres humanos. Mas a questão é que os sons que eu descobri por acaso se revelaram essencialmente relacionados com as emoções."

"Panksepp sempre argumentara que os ratos são dotados de emoções, mas é muito difícil saber exatamente o que eles estão sentindo. Bem, o que ficou evidente foi que suas vocalizações ultrassônicas têm relação com as emoções, mas numa faixa de frequência que as pessoas não vinham dando atenção."

Os ratos faziam suas vocalizações quando achavam que algo bom estava para acontecer, como receber comida ou alguma outra recompensa. Em outras palavras, o que eles faziam era o processamento de estímulo. Panksepp e Knutson injetaram dopamina — um hormônio e neurotransmissor que estimula o sistema de prazer do cérebro — numa área específica do cérebro dos ratos testados. Toda vez que eles faziam isso, os sons relacionados com a recompensa surgiam, em forma de guinchos estridentes de satisfação em frequências extremamente altas.

Knutson também decidiu realizar um experimento consigo mesmo enquanto trabalhava na universidade de Bowling Green. Ele estava colaborando com psiquiatras da University of California, em San Francisco, num estudo sobre inibidores de recaptação de serotonina, drogas da família da fluoxetina e da sertralina, que são frequentemente prescritas para o tratamento da depressão. Como essas drogas atuam no sentido de restaurar o equilíbrio químico do cérebro, elas podem ser eficazes para o tratamento de muitos outros problemas além da depressão. Os pesquisadores se colocaram estas perguntas: "O que aconteceria se déssemos inibidores de recaptação de serotonina a pessoas normais? Mudaria algo em sua vida emocional?"

"E", diz Knutson, "nós constatamos que de fato muda. Como eu estava ministrando aquela droga a outras pessoas", ele acrescenta, "achei que eu mesmo devia tomá-la." E foi o que ele fez. "Um dia eu estava descendo a rua e fazia muito frio. O vento que sopra do Lago Erie no inverno realmente assola Bowling Green; essa era uma das razões para eu não gostar de viver lá. Quando vi duas pessoas passando por mim, de repente pensei: 'Nossa, elas parecem tão felizes. Poderia ser agradável viver aqui o resto de minha vida'.

"Aquele pensamento realmente me surpreendeu. Nunca antes ele passara pela minha cabeça. Mas tinha tudo a ver com os resultados de nosso estudo. Eu já era uma pessoa bastante feliz, uma vez que um pouco da angústia existencial havia desaparecido. Eu havia parado de brigar com aquele sentimento de que 'a vida precisa ser algo mais do que isso'."

A importância da descoberta dos experimentos com ratos e dopamina, juntamente com a decisão de que precisava prosseguir se quisesse avançar em sua carreira, ajudou Knutson a obter um título de pós-doutorado no National Institutes of Health. Num dia de 1997, um consultor de lá disse a ele que havia algum tempo disponível para ele usar o novo equipamento de neuroimagens do laboratório.

"Foi assim que eu entrei em contato com imagens funcionais por ressonância magnética e simplesmente pirei", Knutson diz. "Imediatamente, eu quis *ver* aquelas áreas profundas do cérebro que podiam ser estimuladas a fazer aquelas vocalizações. Não foi fácil naquela época, mas a longo prazo valeu a pena." Ele descobriu que os sinais emitidos pelas áreas daquelas partes mais profundas e primitivas do cérebro tendem a aumentar quando as pessoas pensam que coisas boas vão acontecer, descoberta esta que ele já esperava. Mas Knutson também descobriu que os sinais *predizem* coisas importantes, porque eles ocorriam quando os sujeitos estavam prestes a assumir riscos financeiros ou a comprar algo.

"Esses são comportamentos abstratos bastante sofisticados", diz Knutson. "Tradicionalmente, a ciência não associava tais tipos de comportamento às estruturas límbicas profundas."

Em outras palavras, a atividade nas partes mais antigas de nosso cérebro pode estimular a atividade nas partes evoluídas há menos tempo. Sem saber, as regiões mais sofisticadas e evoluídas de nosso cérebro aceitam muitas ordens das partes do cérebro que não mudaram muito desde que eram as unidades centrais de processamento dos nossos primos que viviam em árvores em todas as nossas árvores genealógicas.

Pouco antes de eu tê-lo visitado em seu trabalho, Knutson havia publicado um estudo envolvendo prognósticos da disposição para comprar, trabalho que havia consumido todo seu ano sabático. "Comprar é uma decisão que todos nós tomamos o tempo todo", ele comenta. "E mesmo assim, havia muito pouco sobre o assunto relacionando a neurociência com a economia. A economia tem ideias muito sofisticadas, às vezes também muito bonitas, sobre as coisas. A neurociência baseia-se em estruturas muito concretas. Por isso, eu estava tentando estabelecer uma ponte entre as duas." O resultado foi o primeiro estudo a fazer prognósticos de compras sobre bases experimentais.

A revista *Scientific American* publicou uma matéria sobre o estudo, que envolveu 26 participantes num experimento chamado SHOP, acrônimo de "save holdings or purchase".[4] Deitado num aparelho de ressonância magnética, cada participante olhava para uma tela em que aparecia um produto típico e, após um intervalo de quatro segundos, o preço do produto. Depois de outros quatro segundos, surgiam dois quadradinhos. Num lado da imagem do produto, o participante podia escolher o quadradinho marcado com um SIM. Do outro lado, havia o quadradinho marcado com um NÃO. Quando os quadradinhos apareciam, o participante, cujo cérebro estava sendo visualizado, tinha de escolher se fazia ou não a compra. Os quadradinhos apareciam aleatoriamente ora num lado, ora noutro da imagem do produto. Na maioria dos experimentos, a compra e a rejeição eram imaginárias, mas em dois deles, os participantes recebiam vinte dólares adiantados e podiam realmente efetuar suas compras.

A razão de Knutson ter investido o que poderia ter sido um ano de férias na montagem e realização daquele experimento foi sua ambição de descobrir se podia prever a disposição a comprar de uma pessoa, o santo graal buscado por todos os marqueteiros.

As neuroimagens mostraram que uma determinada região do cérebro era ativada quando surgiam as imagens dos produtos, uma área central do cérebro que parece ser parte de nossos centros mentais responsáveis pela recompensa. Quando o preço era revelado, entrava em ação uma área do cérebro de evolução mais recente, uma estrutura que participa do processo de pesar a decisão. Outra área ativada, em outra região, parece ser um mecanismo que separa os estímulos negativos. Ele era mais intensamente ativado quando os participantes escolhiam clicar no quadradinho do NÃO.

Em resumo, pela observação de quais regiões eram ativadas, a equipe de pesquisadores podia prever se os participantes iam decidir comprar cada produto apresentado.

As implicações para os marqueteiros podiam ser diversas, incluindo a possibilidade de avaliar anúncios e preços com base nas neuroimagens funcionais. Por exemplo, um estudo recente realizado por Knutson e seu colega do Instituto de Tecnologia da Califórnia Antonio Rangel demonstrou que as pessoas percebem que apreciarão mais o vinho com preço mais alto. "Nós constatamos que, quanto mais caro é o vinho, maior é a atividade no córtex orbitofrontal medial do cérebro", disse Rangel, professor-adjunto de economia. "Eu posso mudar a atividade na parte do cérebro responsável pela satisfação subjetiva, alterando o preço que você acha ser o de venda do produto, sem mudar o produto", ele acrescentou.[5] (É importante observar que alguns neurocientistas discordaram dessas conclusões.)

Knutson não está interessado em apressar o consumo, mas antes em entender o processo de tomada de decisão, como também os meios que possam ajudar as pessoas a tomarem decisões mais inteligentes.

Por exemplo, as compras pagas com cartão de crédito levam muitas vezes a erros de julgamento. Em uma compra a crédito, nós não consideramos inteiramente a dimensão com que a despesa reduz as nossas reservas financeiras. O processo é meio abstrato e, por isso, nos leva a gastar mais e a reduzir nossas economias. Um índice de poupança saudável é, por maior que seja a resistência que opomos, a chave para a independência financeira — tanto no nível pessoal *como* no nacional. Sabendo das ativações do cérebro envolvidas, Knutson espera que encontremos maneiras mais eficientes de impedir que a compra acabe em remorso. Embora você possa escolher entoar um mantra afirmativo ou simplesmente dizer a seu córtex pré-frontal medial que seja mais assertivo, provavelmente seria uma atitude muito mais eficiente fazer no futuro próximo um curso para treinar e ensinar o cérebro a acalmar a área que está exigindo gratificação instantânea.

Quaisquer que sejam as técnicas de prevenção utilizadas, a neurociência não apenas confirmou o senso comum com respeito ao comportamento consumista, mas também mostrou exatamente quais as áreas do cérebro que podem nos levar a ter duas opiniões divergentes sobre decisões financeiras, e nos fez entender que as compras por impulso são ditadas por uma região relativamente primitiva do cérebro que é muito capaz de se fazer ouvir.

O elemento comum em toda a carreira de Knutson é um conjunto de questões filosóficas profundas em busca de respostas científicas: o que leva as pessoas a fazer o que fazem? Se o comportamento tem raiz na estrutura e química do cérebro, como lidar com ele? Você simplesmente faz o que seu sistema nervoso manda ou pode fazer algo diferente? Como mudar os processos cerebrais para melhor? Como funciona a engrenagem?

Para ilustrar seu argumento, Knutson envolve seu crânio com ambas as mãos. "Este é o mecanismo", ele diz. "Não sei onde toda essa pesquisa vai dar, especificamente, mas tudo o que posso dizer é que entender o mecanismo irá resultar em melhores intervenções." E essas intervenções irão melhorar radicalmente a vida em todo o mundo, não apenas em termos financeiros, mas de todo um espectro de interesses, incluindo a doença mental.

Anteriormente, considerando o possível impacto a longo prazo dos avanços da neurociência, Knutson havia dito: "Tudo está num estágio muito inicial. Historicamente, a neuroimagem funcional por ressonância magnética existe há pouco mais de dez anos e, especificamente aplicada à tomada de decisões, há apenas quatro ou cinco anos. Os avanços são, portanto, notáveis. E, obviamente, o engodo irá suplantar os avanços. As pessoas terão expectativas não realistas. Mas eu não apostaria meu tempo, dinheiro e carreira nisso se não achasse que tem algum fundamento promissor".

Read Montague, da Baylor, é outro pesquisador intensamente envolvido. Como Knutson, ele escreveu alguns dos ensaios mais citados em sua área de estudos e sua obra já causou tremendo impacto tanto entre os acadêmicos como entre os homens de negócios. Ambos os grupos começaram a realmente dar atenção depois de Montague ter publicado um estudo surpreendente em 2004 sobre a guerra corporativa, especificamente a eterna concorrência pelo domínio entre a Coca-Cola e a Pepsi-Cola.

Antes de comprometer-se com a carreira científica, Montague foi atleta de quatro modalidades esportivas na escola secundária, fez a faculdade com uma bolsa de estudos para esportistas e competiu com êxito suficiente como decatleta para considerar uma prova olímpica. Ele sabe que a competição esportiva traz grandes recompensas a respostas rápidas e entende por que alguns treinadores instruem seus atletas: "Não pare para pensar: Você pode não voltar!" Um instinto aguçado, talvez até assassino, com respeito a onde a bola está prestes a ir ou a que fraqueza o adversário irá revelar, pode virar um jogo numa fração de segundo. Parar para pensar o que fazer a seguir pode afundá-lo de vez.

Como a própria vida é uma competição, conhecida como a sobrevivência dos mais aptos, nosso cérebro quer que sejamos eficientes atletas-guerreiros em defesa da autopreservação. Ele quer que tomemos decisões rápidas que nos tirem do perigo e nos coloquem em situações que nos mantenham vivos e o nosso DNA em circulação.

O estudo de Montague sobre a concorrência entre a Coca e a Pepsi teve como objetivo entender em detalhes como funcionam os mecanismos de resposta rápida de nosso cérebro e como poderíamos neutralizar os modos de eles às vezes agirem contra nós. "Estamos atrás da vontade", ele diz. "Estamos atrás da escolha voluntária. Acontece que isso simplesmente tem muitas implicações práticas."

Muitos marqueteiros se precipitaram a tirar conclusões altamente específicas com base no que o estudo revelou. Ele não tinha a intenção de demonstrar que uma marca era melhor do que a outra. Montague queria saber algo básico sobre como nosso cérebro faz escolhas. A evolução dotou o nosso cérebro com a capacidade de dar respostas rápidas instintivas por algumas boas razões. Precisamos agora entender como essa capacidade atua na vida moderna.

"Quando comemos um fruto", ele explica, "se a casca é vermelha reluzente e sua polpa parece madura e suculenta, iremos degustá-lo de determinada maneira. Mas se a aparência exterior do fruto for mudada, iremos degustá-lo de outra maneira — mesmo que sua polpa seja exatamente igual."

"Há uma razão para isso", ele acrescenta. "Uma árvore está tentando 'vender' algo. Ela precisa atrair os passarinhos e outras criaturas para comerem seus frutos e, com isso, as sementes serão levadas para outros lugares. Bem, a árvore não tem como fazer um cartaz para anunciá-los. Em vez disso, no sentido evolutivo, ela descobre como excitar o sistema nervoso do passarinho de maneira a fazê-lo *querer* comer o fruto. Ela envolve o fruto numa casca de carboidrato que atrai o passarinho e, como acabamento, dá a ele uma cor, que é basicamente uma marca. Assim que a árvore deixa o fruto pronto para ser comido, faz que ele fique vermelho."

Em outras palavras, o marketing não é uma invenção do capitalismo nem de qualquer outro sistema econômico. Ele vem diretamente da natureza.

Como os passarinhos, as abelhas, os camelos e praticamente todos os tipos de organismos, os seres humanos são dotados de circuitos que nos alertam para valores ocultos. A cor do fruto, como o desenho da embalagem exposta nos supermercados, é um substituto. Algo que representa satisfação e diz: "Esta é uma ótima escolha para satisfazer a necessidade de alimento".

Nas áreas mais profundas e primitivas do cérebro, sinais como a forma e a cor vermelha do fruto assumem o comando. Em seguida, eles assumem o comando de seu comportamento. Exatamente como o passarinho prende em seu bico um fruto maduro, nós colocamos um produto de embalagem atraente em nosso carrinho de compras ou no carrinho virtual de um site comercial. Ou fazemos a nossa oferta num leilão on-line.

Até mesmo o dinheiro e os cartões de crédito que usamos são substitutos. Eles representam o nosso poder para possuir as muitas coisas que existem, tentando seduzir nossa mente a comprá-las. A sedução vai ainda mais longe. Os cartões de crédito são substitutos de dinheiro. Eles atuam como "capacitadores". Toda vez que compramos algo a crédito, a área de nosso cérebro que registra a antecipação da dor é ativada apenas pela metade, com relação ao que ocorre quando pagamos à vista.

Quando planejou o estudo sobre a concorrência entre a Coca e a Pepsi, Montague queria solucionar uma questão que vinha perturbando-o: "Como esses comandos ou ordens entram em nosso sistema nervoso? Eles se insinuam e governam nosso comportamento. Eles têm de dominar os circuitos e comandar as redes de conhecimentos".

A filha de Montague estava na época nos anos intermediários entre a escola fundamental e a secundária e disposta a fazer durante o verão trabalhos de laboratório para seu pai. A maioria dos experimentos montados por ele envolve modelos computadorizados criados em torno de conhecimentos complexos de matemática, engenharia e física. Ele queria dessa vez fazer algo bem menos complicado para que sua filha pudesse participar sem necessitar de conhecimentos avançados.

Do ponto de vista químico, a Pepsi-Cola e a Coca-Cola são tão diferentes quanto os gêmeos idênticos Tweedledee e Tweedledum*. Mas, mesmo assim, muitas pessoas dizem gostar de uma e não gostar da outra. Montague queria saber por quê. Ele e seus colaboradores montaram equipamentos com tubos de plástico para esguichar provas dos refrigerantes diretamente na boca dos sujeitos cujo cérebro estava sendo visualizado. Em alguns experimentos, os nomes das marcas eram identificados. Em outros, eram mantidos em segredo.

Na primeira rodada, os pesquisadores simplesmente observaram as evidências mostradas pelo cérebro das pessoas quando um dos dois refrigerantes tocava suas papilas gustativas. As respostas — chamadas de respostas cegas porque os participantes não sabiam qual refrigerante estavam provando — foram quase iguais. As partes do cérebro que respondem a recompensas foram ativadas imediatamente por cada uma das duas marcas, em medidas quase idênticas.

Em seguida, os pesquisadores repetiram o procedimento, apenas com uma diferença crucial. Dessa vez, informaram aos participantes o nome da marca que eles provariam *antes* de o refrigerante tocar suas papilas gustativas.

---

* Tweedledee e Tweedledum são os personagens gêmeos do livro de Lewis Carroll *Alice Através do Espelho* (N. E.).

Surpreendentemente, as respostas mostradas por 75% dos cérebros dos participantes indicaram uma preferência pela Coca-Cola.

Como as respostas à prova do sabor haviam mostrado números praticamente iguais, por que o fato de saber qual era a marca mudou literalmente a opinião das pessoas?

Montague tem a explicação: "As pessoas não compram o conteúdo da lata. Elas compram basicamente a marca ou a *sensação* que a marca lhes proporciona".

Em outras palavras, o conhecimento de que marca estava tocando suas papilas gustativas acrescentou uma informação. Como o cérebro deles achou essa informação importante, os participantes tiveram ativada uma sinfonia de recompensas. Muitas das áreas do cérebro estimuladas tinham muito a ver com a memória.

O estudo não provou que uma marca tinha realmente sabor melhor do que a outra. Ele simplesmente demonstrou que as campanhas publicitárias da Coca-Cola têm tido mais sucesso do que as da Pepsi-Cola. A Coca conseguiu criar um "proxy effect" mais intenso. Ela teve mais êxito em seu esforço para associar seu produto à crença de que ele irá proporcionar uma experiência de satisfação.

Coca-Cola *versus* Pepsi-Cola é uma guerra de mercado que vem se estendendo por mais de um século, desde que os dois refrigerantes foram inventados, separadamente, em laboratórios do sul: a Coca em Atlanta e a Pepsi em New Bern, Carolina do Norte.

Em 1940, a Pepsi foi a primeira a levar ao ar nacionalmente, por rádio, seu *jingle* comercial. A extensa publicidade da Coca ao longo dos anos padronizou a imagem popular do Papai Noel como um sujeito jovial que, por coincidência, sempre aparece usando vermelho, a cor que caracteriza a marca. *Slogans* são bombardeados constantemente para nos dizer que a Pepsi é "a escolha da nova geração" ou "a escolha certa", enquanto a Coca alardeia ser "uma explosão de alegria".

O maior sucesso da Coca-Cola pode vir de algo tão elementar quanto a cor escolhida para a sua embalagem. Ao dr. John Stith Pemberton, o farmacêutico que inventou a Coca-Cola, ocorreu de escolher um tom de vermelho. A cor pode evocar associações com maçãs ou ameixas, ou ainda com excitação sexual. Existem fortes razões para a maioria dos batons ser de um tom de vermelho intenso, a mesma cor de quando coramos ou nos sentimos sexualmente excitados. É a cor do sangue vindo à superfície da pele humana e que indica excitação.

O "proxy effect" criado é obviamente poderoso. É a base de uma estratégia natural de sobrevivência chamada mimetismo. Em 1852, o cientista britânico Henry Walter Bates estava estudando borboletas numa floresta do Brasil quando encontrou duas muito parecidas, mas depois de examiná-las mais atentamente, ele percebeu que não eram nem mesmo da mesma família.

Uma das borboletas era veneno mortal para qualquer passarinho que a comesse; a outra não era venenosa. Essa segunda borboleta, embora pudesse ser comida, havia desenvolvido um "proxy effect". Por imitar a aparência da borboleta venenosa, ela enviava aos passarinhos uma mensagem enganosa. Algo como "Lembra de mim? Sou a malvada que pode te *matar*".

Não é de surpreender que os seres humanos tenham adotado o mimetismo. O nosso sistema nervoso evoluiu dos mesmos tipos de sistema nervoso dos passarinhos e de outros animais. O fato é que nós descobrimos maneiras de fazer os mesmos tipos de truque. Por exemplo, nas feiras de lançamentos de automóveis é comum os carros serem mostrados por mulheres jovens e bonitas. Por que isso? Bem, sua sensualidade obviamente ajuda a fechar negócios. Alguns compradores em potencial, nas estruturas primitivas e profundas do cérebro, veem o carro ou caminhão como representação do sucesso reprodutivo. Alguma agregação de células que evoluíram nos tempos em que a grande concorrência não era entre a Coca-Cola e a Pepsi-Cola, mas entre o homem de Neandertal e o de Cro-Magnon, proclama: "Olhe esta mulher! Se comprar o Corvette, você a terá *também*!".

Talvez nunca cheguemos a saber exatamente por que Pemberton escolheu a cor vermelha para a Coca-Cola. Mas, no futuro próximo, tais escolhas serão provavelmente feitas com base no exame de neuroimagens. Os publicitários tiraram duas lições cruciais do estudo de Montague.

A primeira é que, se trabalhar longa e arduamente e usar de inteligência suficiente para criar a identidade de uma marca, você poderá inculcar essa marca nos circuitos do cérebro que respondem pela felicidade. E feito isso, os concorrentes estarão impedidos de entrar naquela ambicionada propriedade neural.

A segunda é que a neurotecnologia pode produzir respostas sobre o nível de eficiência de seu trabalho para criar um "proxy effect". Com isso, você saberá se precisa ou não aperfeiçoar suas campanhas de marketing.

Nos últimos quatro anos, Montague e sua equipe realizaram experimentos para lançar luz sobre uma questão simples, porém profunda: depois de ter recebido um favor de alguém, como, por exemplo, o financiamento do estudo do qual você está prestes a participar, é possível que seu julgamento continue sendo independente? Existe alguma esperança de que o pesquisador imaginário do início deste capítulo, que estudou as sopas de Hilda, possa superar a parcialidade para declarar qual creme de tomate é realmente mais saboroso?

Os experimentos de Montague foram conduzidos de maneira tão astuciosa (embora totalmente ética) que seus participantes não faziam a mínima ideia do tipo de resultados que os pesquisadores estavam de fato buscando. Para começar, os criadores dos experimentos reuniram imagens da arte ocidental, de quadros amplamente reconhecidos para estar entre as mais importantes, incluindo tanto imagens realistas como abstratas. Em seguida, os cientistas inventaram algumas empresas fictícias, para as quais criaram logotipos de aparência profissional, sites na internet e até mesmo contas bancárias ativas, para que parecessem reais. Os participantes eram acomodados cada um num equipamento de tomografia, em que viam surgir numa tela por cinco segundos, uma após outra, em ordem aleatória, as obras de arte e deviam avaliar cada uma, de acordo com uma escala de nove pontos, que ia de quatro negativo a quatro positivo, dependendo do quanto gostavam de cada uma.

Quando os participantes já estavam devidamente acomodados, a primeira tela que eles viam anunciava que uma determinada empresa estava patrocinando a sessão e pagaria a cada um trinta dólares pela participação. O logotipo da empresa era mostrado ao lado das palavras do anúncio, exatamente como era de se esperar. De vez em quando durante todo o experimento, o logotipo da empresa patrocinadora voltava a aparecer, como também o logotipo de outra empresa, que não "estava pagando" o teste em questão. Os participantes eram instruídos a avaliarem as obras de arte, exatamente como no experimento anterior. Nenhuma instrução adicional era dada.

Os pesquisadores queriam saber se a avaliação das obras de arte pelos participantes seria mais favorável se elas fossem mostradas acompanhadas do logotipo de seu "patrocinador". E, de fato, foi isso o que aconteceu. A associação visual com o patrocinador resultou em avaliações mais favoráveis. Prestar favores é, portanto, compensador. Patrocínio e imparcialidade de fato não andam juntos. As pessoas se lembram de que lado da fatia do pão foi passada a manteiga.

As implicações são óbvias. "Como estou numa faculdade de medicina", Montague questiona: "o que acontece quando um grande laboratório farmacêutico paga por um estudo científico? O que acontece quando ele me dá qualquer quantia de dinheiro? É possível interpretar objetivamente um estudo financiado por ele? A resposta é não. Uma pessoa não pode simplesmente achar que está livre de ser influenciada. Portanto, a grande pergunta em discussão é como fazer a ciência avançar? É possível manter os interesses comerciais totalmente fora da ciência? Bem, não há como fazer isso. Mas pretender que o dinheiro não afete absolutamente sua tendência é ingênuo, se não totalmente desonesto."

A aplicabilidade dessa pesquisa, Montague sugere, é atentar para como as estruturas de incentivo são instituídas e utilizar métodos científicos como "cegar" o pesquisador para eliminar a parcialidade sempre que possível. O sistema deveria fazer o conhecimento avançar por si mesmo, não de acordo com os interesses de corporações ou governos. Em longo prazo, os experimentos tendenciosos simplesmente resultam em dados inúteis.

"Existem lugares-chave onde sua vontade é arrancada de você", Montague diz. "Nós não temos completa liberdade de escolha. Não temos uma vontade totalmente independente."

A carreira de Montague ajudou a convencer a Baylor a levantar fundos para a aquisição de três outros aparelhos de neuroimagens funcionais 3T, os mais potentes que existem atualmente. O 3T significa três teslas, unidade de medida de potência magnética. A posse de um conjunto de cinco aparelhos de tomografia permitirá a Montague montar um centro social para essa finalidade, recurso de que jamais se ouviu falar, especialmente no estado atual de arrocho financeiro para a ciência.

Montague quer saber como o cérebro processa estímulos e informações no contexto grupal. Ele acredita que uma grande constelação de doenças mentais, desde a ansiedade branda até a depressão severa, poderá ser mais bem entendida pelas imagens dos cérebros quando em interação. Se ele está certo, os próximos estudos terão enorme utilidade entre a comunidade médica e a sociedade em geral. "Nós teremos o lugar", ele diz, "e o equipamento para buscar esse tipo de conhecimento. Esperamos dessa maneira pagar pelo equipamento. Se não, provavelmente serei despedido. Mas antes disso..." Ele deixa sua piada suspensa no ar.

Antes de ser despedido (algo totalmente improvável), Montague aproveitará para colocar uma série de questões provocativas, como: no contexto de um grupo, como você reage à presença de uma figura de autoridade ou à presença de pessoas de outras raças? Quem no grupo se torna o dominador e quem se torna dominado? Como reagimos quando somos rotulados pelos outros? O que nos leva a *querer* rotular alguém? Em que medida a nossa vontade é influenciada por nossa necessidade de nos sentirmos parte de algo?

É desnecessário dizer que os marqueteiros se empolgarão tanto quanto os profissionais da medicina, órgãos do governo e outras áreas diante da possibilidade de obterem respostas a questões fundamentais como essas relativas ao cérebro.

A pressão social pode às vezes nos levar a dizer algo que não esperávamos. Podemos nos perguntar: "Por que fiz isso? Detesto fazer isso! Por que disse isso? Por que deixei isso escapar? Por que falei?" É uma sensação estranha, mas provavelmente universal.

A resposta, segundo Montague, está no fato de que seu comportamento pode ser ditado por mecanismos de seu cérebro, independentes de sua vontade, que assumem o comando. Quanto mais pudermos entender como isso ocorre, mais seremos capazes de neutralizar os efeitos desses mecanismos e sermos verdadeiros com nós mesmos.

"Investigarei o que afeta a nossa capacidade de fazer uma escolha independente no contexto de um grupo", diz Montague. "A única maneira de fazer isso é colocar grupos em interação e então estudar o que acontece no cérebro de seus membros."

"Nem todos podem ser chefes", ele acrescenta. "Num grupo grande, tem de haver hierarquia entre as pessoas. Alguém tem de obedecer. O que acontece quando alguém assume o comando? Melhor ainda, como alguém consegue 'vender' alguma ideia estapafúrdia para o grupo? 'Ei, por que não negamos qualquer instinto biológico de sobrevivência que possamos ter e nos matemos num ataque terrorista?'"

Montague chama os terroristas de "empreendedores de ideias" porque, em certo sentido, eles são os mais incríveis vendedores do mundo. Eles convencem as pessoas a abraçarem a própria morte.

O tema do terrorismo levanta algumas questões profundas. Os neurocientistas estão fixando alguns pontos importantes sobre como alguém é persuadido. À medida que o conhecimento do cérebro avançar, veremos a tecnologia, e o conhecimento avançado que ela produz, ser usada para propósitos assassinos e movidos pela ganância e pelo ódio?

É uma questão simples, mas extremamente importante. Ela paira sobre a cabeça de todo cientista que trabalha hoje pelo progresso de sua área. Afinal, a neurotecnologia irá cumprir sua grande promessa ou nos expor a perigos extremos? Ou ambas as coisas, mas numa combinação variável?

"Eu creio", Montague diz com respeito à transformação que está ocorrendo na base de nosso conhecimento, "que isso é análogo às técnicas de fertilização. Se você procurar em livros de cem anos atrás, verá desenhos de espermatozóides com bebezinhos enrolados na cauda. Hoje, com o conhecimento que temos sobre DNA e reprodução, podemos literalmente, a partir de uma célula-tronco embrionária, desenvolver em mais ou menos três semanas organismos completos. Podemos manipular genes que servem para todo tipo de coisas, muitas e muitas vezes. Isso não mudou em absoluto a visão que temos de nós mesmos. Muitas coisas que eram entregues a 'Deus', ou aos mistérios do Grande Desconhecido, estão hoje sob nosso controle. E isso é um tanto quanto assustador. Nem sempre sabemos o que fazer, o que seria moral ou imoral. Eu acho que os problemas enfrentados pela pesquisa genética são pequenos comparados aos que surgirão com o amadurecimento da neurotecnologia. E ela amadurecerá mais rapidamente do que as pessoas imaginam."

"Na verdade, a neurociência cognitiva traz consigo mais do que nunca a ameaça de 'perigo'. Se ela funcionar, será como a energia nuclear. Poderá trazer coisas maravilhosas, ou terríveis, ou ambas. Temos de encarar as coisas de frente."

"Mas esse é o preço que estamos pagando — para fazer avançar a neurociência."

E avançando ela está. Todo ano, surgem novos e mais potentes avanços na tecnologia da neuroimagem e esses avanços passam para as mãos de um número cada vez maior de pesquisadores. Usando o Telescópio do Tempo como nosso guia, podemos ver que uma tecnologia neurossensória fundamentalmente nova surgirá no decorrer da próxima década, impelida pelo extraordinário valor econômico inerente ao entendimento da mente humana. As próximas gerações de equipamentos para visualização do cérebro farão as máquinas de hoje parecerem antigos computadores movidos pela tecnologia de tubo de vácuo, comparados aos infinitamente mais velozes microprocessadores de hoje. Onde essas novas capacidades irão colocar o marketing e as ciências que investigam a tomada de decisão daqui a vinte ou trinta anos?

Com certeza, teremos desvendado algum conhecimento essencial sobre como o nosso cérebro toma decisões. Além disso, uma neurotecnologia não invasiva para revelar nossos estados emocionais subjacentes se tornará lugar comum. Por exemplo, uma maneira de a tecnologia neurossensória entrar em breve na vida de centenas de milhões de pessoas é pela expansão de equipamentos neurossensórios leves conectados aos aparelhos de *videogame* do futuro próximo.

A indústria de *videogame*, que movimenta 28 bilhões de dólares, já lançou mão das tecnologias neurossensórias e as vinculou aos equipamentos futuristas. A Emotiv Systems do Vale do Silício (ou Vale de Santa Clara) já desenvolveu uma nova interface de interação humana com o computador. O Project Epoc é um aparelho de eletroencefalograma altamente estilizado que faz conexão sem fio com todas as plataformas de games, desde consoles a computadores pessoais. A NeuroSky é outra desenvolvedora de tecnologia neurossensória que capta sinais das ondas do cérebro, movimentos dos olhos e outros sinais biológicos, que são apreendidos e amplificados, por meio de sua patenteada tecnologia sensória *gel-free*. Enquanto o fone de ouvido da NeuroSky tem um eletrodo, a Emotiv Systems desenvolveu um fone de ouvido sem gel com dezoito sensores. Além de monitorar as mudanças básicas em humor e foco, o fone de ouvido mais volumoso da Emotiv é anunciado como capaz de detectar ondas cerebrais que indicam sorrisos, piscadas, risos e até mesmo pensamentos conscientes e emoções inconscientes. Os jogadores podem dar chutes ou socos em seus adversários — sem usar alavanca de controle nem mouse.

Nos próximos anos, os jogadores darão adeus às alavancas de controle, ativando o jogo com seus pensamentos, uma vez que essas neurotecnologias intensificam ao máximo o fator ousadia das experiências de jogos inovadores. Os marqueteiros procurarão ter acesso às informações geradas pelos sistemas quando usados maciçamente por toda uma gama de jogadores pela da Internet, para testar as reações do cérebro ao novo produto divulgado entre sua nova geração de consumidores, talvez até pagando aos jogadores para ter acesso às suas mínimas reações.

As futuras gerações do sistema Nielsen de análise e outros sistemas de classificação de entretenimento também incorporarão tecnologias não invasivas para detectar emoções sem necessidade de qualquer equipamento, apenas o acréscimo de uma minúscula câmara de vídeo. Com base na brilhante pesquisa de expressão facial de Paul Ekman da University of San Francisco, o Departamento de Segurança Nacional norte-americano está atualmente desenvolvendo um sistema capaz de revelar emoções ocultas, como as provocadas pela mentira, capturando as "mínimas expressões" fugazes que resultam de movimentos dos 43 músculos da face que ocorrem em milionésimas frações de segundo. A pesquisa de Ekman já é usada por animadores para criar, por meio da computação, animações faciais realistas e por delegados de polícia para interrogar suspeitos. Em breve, ela fará parte de nossas vidas de maneira muito mais intensa. Por exemplo, essa tecnologia irá acelerar ainda mais a customização maciça dos anúncios publicitários, feitos sob medida para o estado emocional dos espectadores. Poderíamos chamar esse novo campo de "neurotização".

Para neutralizar essas técnicas mais sofisticadas, o neuromarketing criará sistemas de detecção capazes de identificar e alertar sobre onde e quando essas técnicas sutis e astuciosas estão sendo usadas. Certos governos poderão mesmo chegar ao ponto de impor regras a essa "neurotização", por meio de advertências específicas quanto à sua natureza invasiva da intimidade, para proteger as comunidades menos informadas da rápida expansão dessas tecnologias.

No contexto da educação, o estudo dos processos de tomada de decisão e as neurotecnologias de persuasão incentivarão a criação de extraordinário valor social. Nós seremos capazes de reavaliar e reformular a maneira de educar nossos filhos num mundo de crescente expansão do conhecimento. Pais e professores, com a ajuda de tecnologia não invasiva que provê informações sobre respostas neurais, saberão quando a mente de um aluno está mais receptiva. As empresas também farão uso dessa tecnologia, uma vez que a aprendizagem por toda a vida será uma marca de nosso mundo extremamente competitivo.

Somos hoje obcecados pelo SAT (ou teste de aptidão escolar) para avaliar o potencial acadêmico. No futuro, teremos provavelmente o BAT (ou teste de aptidão cerebral). Ele irá testar não apenas o nível de conhecimento dos estudantes, mas também suas reações inatas à introdução de novos conhecimentos e novas situações, com base em sua neurobiologia em processo constante de mudança. Muitos empregadores gostariam de conhecer a capacidade de desempenho das pessoas sob novas formas de stress. Como essas tecnologias de ensino e teste poderão ser usadas também para propósitos torpes, por estar amplamente disseminadas, mantê-las longe das mãos erradas será um tremendo desafio.

Pelo lado positivo, o novo conhecimento resultará em novas técnicas e tecnologias de controle dos impulsos para nos ajudar a administrar nossos padrões irracionais de consumo, a nossa propensão a comprar compulsivamente e até mesmo as nossas tendências irracionais a acumular bens. Essas tecnologias virão em forma de *software* para reeducar os cérebros viciados, de dispositivos de estimulação cerebral que captam os iminentes impulsos e com choques leves colocam o cérebro num estado menos compulsivo, como também de drogas para acalmar a mente como um todo.

Agora que já tem uma visão geral de como todas essas tecnologias irão surgir no mercado, você talvez esteja se perguntando: qual o impacto que a neurotecnologia terá sobre a evolução de outros aspectos do mundo dos negócios e, mais especificamente, dos mercados financeiros globais?

CAPÍTULO QUATRO

FINANÇAS COM SENTIMENTOS

É a emoção que impulsiona a inteligência para frente, apesar dos obstáculos.

— Henry Bergson

A falta de dinheiro é a raiz de todo mal.

— George Bernard Shaw

No verão de 1995, Richard Peterson tinha 22 anos de idade e havia acabado de se formar pela University of Texas. Sentado na varanda em frente à casa de sua família em Lubbock, sua cidade natal, ele pensava em seu sonho de fazer faculdade de medicina e se tornar psiquiatra.

Aquela seria uma formação muito dispendiosa. Mas ele tinha uma ideia para conquistar o mercado de ações e estava bastante confiante de que isso o ajudaria a custear os estudos. Peterson havia criado um *software* que supostamente tornaria o investimento na bolsa de valores a atividade mais racional possível. Essa ideia estava de acordo com a teoria clássica que dominava o pensamento econômico uma década atrás, antes de a neuroimagem ter provado que ela era totalmente errada. Peterson não tinha como saber disso na época, mas, por investir em sua ideia, ele estava a ponto de se tornar um dos pioneiros de um movimento que acabará atingindo a sociedade

97

como uma corrida mundial atrás do ouro e mudando para sempre o nosso modo de ver o dinheiro.

A teoria econômica convencional sustentou por muito tempo que a nossa vida financeira é regida pelo *Homo economicus*, personagem completamente racional que vive no interior de cada um de nós e toma todas as nossas decisões financeiras. No entanto, todos nós já tomamos decisões financeiras, que no momento consideramos racionais, mas que acabaram se mostrando equivocadas e nos deixaram perguntando por quê.

Agora que a neuroimagem nos permite visualizar a complicada dança entre as emoções e o julgamento, estamos caminhando em direção a novas teorias mais realistas sobre como funciona nosso cérebro financeiro e estamos também mais perto de desenvolver métodos práticos que nos possibilitarão extrair lucros desse conhecimento recém-adquirido. Novas áreas de estudos foram criadas por pesquisadores. As realidades financeiras da emergente sociedade neurocientífica serão determinadas pelas descobertas feitas nessas áreas.

As áreas da neuroeconomia e de sua prima-irmã, a neurofinanças, estão ainda em estágio de desenvolvimento. Mas esse estágio de desenvolvimento está sendo observado de perto por pessoas entusiasmadas com a possibilidade de obterem novas vantagens competitivas. Os pesquisadores dessa nova ciência econômica se baseiam em imagens em tempo real da atividade cerebral, como as neuroimagens funcionais. E a nova ciência financeira usa as neuroimagens e os princípios neurocientíficos para descobrir como melhorar o desempenho dos negócios financeiros.

Até agora, apenas alguns profissionais do mundo das finanças tentaram aplicar os conhecimentos vindos dos laboratórios de pesquisas. Existem muitos profissionais de finanças no mundo, e também professores de economia, que jamais ouviram falar de neuroeconomia ou neurofinanças. Podemos esperar uma mudança para breve em ambos esses campos.

Foi o desenvolvimento da neuroimagem que tornou possível o surgimento desses dois novos campos de pesquisa. Podemos considerá-los como híbridos vigorosos. Eles unem a sóbria disciplina da economia aos métodos que desafiam a realidade dos experimentos laboratoriais da psicologia. Esses dois campos comprovaram repetidamente algo que cada um de nós precisa saber para lidar com dinheiro: sempre que acreditamos que estamos sendo *racionais* em nossas escolhas financeiras, somos tomados por uma crença perigosamente *irracional*. As emoções distorcem constantemente nossas tentativas de lidar com dinheiro de maneira inteligente.

Mas essas mesmas emoções, se entendidas e usadas apropriadamente, podem corrigir nosso estilo e nos ajudar a fazer escolhas muito mais lucrativas.

A neuroeconomia estuda o comportamento econômico, exatamente como fazem os economistas tradicionais. Mas sua maior preocupação é voltada para a observação de como as redes neurais são ativadas e desativadas em reação às decisões morais, éticas e financeiras embutidas em seus experimentos. Em busca de padrões prognosticáveis, são investigados o como e o porquê da reação do cérebro ao dinheiro e às escolhas. Essa pesquisa nos leva aos níveis mais profundos e misteriosos da psique humana.

Esses novos campos de estudos constituem um indicador de que a neurociência está realmente avançando, com base nas evidências que podemos ver pelo Telescópio do Tempo.

Podemos achar que os profissionais das finanças são extremamente conservadores e os últimos a abraçarem inovações. Mas essa ideia é tão equivocada quanto aquela antiga de que o *Homo economicus* é um sujeito totalmente racional em suas decisões financeiras. Quer você acredite ou não, os profissionais das finanças fazem questão de estar na linha de frente das inovações tecnológicas. Eles são alguns dos primeiros a buscar meios de usar as invenções como alavancas para obterem vantagens e, em virtude de sua determinação na adoção dessas invenções, novas ideias e métodos começam a se propagar rapidamente por meio de uma atividade absolutamente necessária à sociedade humana, a economia.

Sobretudo na história relativamente recente, os profissionais das finanças têm se mostrado rápidos em sua adoção de novas tecnologias. Eles vivem num mundo extremamente competitivo e estão sempre ávidos por serem os primeiros a descobrir uma vantagem competitiva. Nos primórdios da Revolução Industrial, foram abertos canais entre as paisagens de uma cidade à outra para facilitar o transporte de produtos fabris. Os bancos começaram imediatamente a usar os canais recém-abertos para a oportuna circulação custo-eficiente de barras de ouro e para novos intercâmbios comerciais. Algumas décadas depois, as estradas de ferro e as linhas de telégrafo aceleraram ainda mais o intercâmbio de mercadorias e informações. De repente, os bancos locais conseguiram concentrar seu poder financeiro, tornando-se redes nacionais. Os bancos que evoluíram nessa direção tornaram-se gigantes. Quando as calculadoras, as máquinas de escrever, os telefones e a eletricidade entraram em cena, subitamente surgiram os mercados internacionais de ações. Isso aumentou a ambição pelas vantagens competitivas que podem resultar da rápida circulação de informações oportunas. Então surgiram os microprocessadores, com sua capacidade de fazer circular informações e de processar números com uma velocidade jamais vista. Essa capacidade gerou muitas novas possibilidades de investimentos, entre eles os fundos mútuos, os fundos aplicados em diversos mercados ao mesmo tempo e os derivativos. Usando a história como nosso guia, podemos ver que os profissionais das finanças também estarão entre os primeiros a adotar a emergente neurotecnologia.

As tentativas de Peterson em seu tempo de estudante para usar a tecnologia com a intenção de obter ganhos financeiros o levaram ao lugar de origem da neuroeconomia. Ele havia criado um programa de *software* com o propósito de prever a tendência no mercado de futuros para seu projeto, com o qual pretendia obter seu diploma em engenharia elétrica. Com o programa, ele pretendia prever para onde a "besta" ia se voltar, se para cima ou para baixo. E isso iria orientá-lo a rapidamente mover os investimentos, antecipando a alta ou baixa do mercado no dia seguinte, de maneira muito semelhante à escolha do vermelho ou do preto na roleta dos jogos de azar. No *software*, Peterson também introduziu os conhecimentos de filosofia cognitiva que havia adquirido simultaneamente. Para a maioria de nós, engenharia elétrica e filosofia cognitiva são campos totalmente divergentes, mas na mente sagaz de Peterson, elas convergiram com uma bela obra combinando engenharia e arte.

Peterson havia de fato começado a jogar na bolsa de valores quando tinha 12 anos e havia se saído muito bem. Seu pai, também chamado Richard, ex-economista do Banco Central americano e professor de tecnologia da University of Texas, o havia iniciado no mundo dos investimentos. O pai de Peterson também participou do programa de computador que o filho inventou. Ele contribuiu com algumas ideias, colocou algum dinheiro e levou um colega a também investir no projeto. Eles deram ao empreendimento o nome de *Intelligent Investments*.

Enquanto isso, Peterson vendeu todas as ações que havia acumulado desde que tinha 12 anos, obtendo com a venda quase 60 mil dólares. Ele investiu 25 mil no empreendimento, que começou com um capital total de 50 mil. Os 35 mil restantes de seus ganhos com a venda das ações ele reservou para outra ideia de investimento que o intrigava. Ela estava baseada na intuição, mas precisava ser mais desenvolvida.

O empreendimento funcionava de acordo com o seguinte esquema: às três horas da tarde do horário local, a bolsa de valores fechava. O mercado de futuros encerrava quinze minutos depois. Peterson telefonava para seu corretor durante esse curto intervalo de tempo para saber os preços à vista de fechamento. Pela introdução dos números em seu *software*, ele obtinha uma previsão. No último dos quinze minutos antes do fechamento, ele se apressava a negociar futuros com base no que o computador lhe indicava como previsão do mercado para o dia seguinte, se para cima ou para baixo, para o vermelho ou preto.

E a coisa funcionava. Durante os primeiros meses, ele acertou 58% das vezes e obteve 8% de lucros. Nada mal. Entretanto, o ano de 1995 foi também o começo de um longo e realmente incrível período de alta na bolsa de valores. Peterson não teria lucrado muito mais investindo em boas ações e conservando-as. Mas ele via seu plano como a versão 1,0 de uma máquina perpétua de fazer dinheiro. Ele chegou a considerar a possibilidade de adiar seus estudos de medicina para explorar mais seus potenciais, especialmente depois de um excelente período de 24 dias consecutivos em que o sistema acertou 100% das vezes.

Enquanto isso, a ideia baseada em sua intuição continuava provocando a imaginação de Peterson. Em um experimento paralelo, sem nenhum dinheiro envolvido, ele anotava casualmente suas previsões intuitivas quanto ao funcionamento do mercado. Seu modelo intuitivo estava baseado em quatro suposições fundadas em dados concretos. Ele funcionava da seguinte maneira: no final de cada dia comercial, Peterson anotava seu estado emocional e sua previsão intuitiva para o mercado. Ele também anotava o nível de confiança que tinha na estimativa, de acordo com uma escala de cinco pontos. Finalmente, ele anotava algo que chamava de "o humor do mercado", conceito baseado numa impressão totalmente pessoal, que combinava as recentes notícias financeiras divulgadas pelos jornais e televisão e outras informações colhidas casualmente.

Depois de três meses de investimento no trabalho de computação e de anotação de suas previsões intuitivas, Peterson comparou os números. O método intuitivo havia alcançado 70% de precisão, resultado melhor do que o do *software*. Então, numa única semana de dezembro de 1995, o sistema operado pelo computador marcou uma sequência de dias ruins e o fez perder quase dez mil dólares. Receando uma derrocada total, os três sócios da Intelligent Investments decidiram que fechar a empresa era a atitude mais inteligente a ser tomada. Peterson continuava com seus 25 mil dólares iniciais, mais os 12 mil que havia lucrado, além dos 35 mil que havia deixado como reserva. Ele estava pronto, e disposto, a testar a eficiência de seu modelo intuitivo na vida real.

Peterson começou em janeiro de 1996, e obteve imediatamente grandes resultados. Em um de seus primeiros encontros em fevereiro com a nova namorada, ele se pegou gabando-se dos lucros. Uma semana depois, a moça perguntou inocentemente: "E como vão as coisas agora?" Ele fez uma rápida revisão mental e sentiu-se duramente atingido pela realidade. "Ah, não tão bem", admitiu. Os números o obrigaram a reconhecer que ele simplesmente havia perdido quase 6 mil dólares em uma semana. Alguns dias depois, ele viu-se cara a cara com este curioso fato: o modelo intuitivo havia começado a *errar* 70% das vezes.

Ele voltou ao plano operado pelo computador. Os lucros eram pequenos, mas mais consistentes. E mesmo com seu plano intuitivo arquivado, Peterson continuou anotando as previsões que sentia intuitivamente. No final de fevereiro, elas haviam voltado a acertar 70% das vezes. Esse excitante retorno ao padrão permaneceu durante os meses de março, abril e maio. Assim, em junho de 1996, quando estava ingressando na faculdade de medicina, Peterson iniciou a segunda fase de seu modelo intuitivo, apostando dinheiro nele.

De novo, suas previsões intuitivas começaram bem, para logo voltarem a errar 70% das vezes. Ele voltou a deixá-lo de lado, mas continuou registrando os dados e se perguntando o que estava mudando seus resultados.

Então, no início de dezembro de 1996, o modelo intuitivo começou a mostrar fortes indicadores de que um aumento súbito estava por acontecer. Peterson resolveu arriscar, tomando dinheiro emprestando para comprar futuros. No dia 5 de dezembro, o presidente do Banco Central, Alan Greenspan, fez seu famoso pronunciamento sobre "exuberância irracional", advertindo os investidores de que o mercado de ações estava superaquecido e prestes a entrar em declínio.

"Eu estava estudando para o exame final", Peterson conta, "quando recebi um telefonema de meu corretor. Os preços estavam em queda livre. O dinheiro que eu havia tomado emprestado para investir estava evaporando". Peterson vendeu suas ações. No dia seguinte, no entanto, com o sinal mais forte que já havia emitido, seu sistema intuitivo previu que o mercado ia se recuperar. Mas ele refletiu racionalmente "Eu simplesmente perdi cinco mil dólares enquanto tentava estudar para o exame final. É muito absurdo!"

Como sabem muito bem os veteranos do mercado de ações, uma tremenda corrida sucedeu o prognóstico anunciado por Greenspan. Peterson percebeu que, se tivesse seguido suas fortes intuições, ele teria obtido lucros enormes. A perda daquela oportunidade deu a ele uma primeira ideia do poder que as emoções coletivas exercem sobre o mercado. O pronunciamento de Greenspan havia despertado medo nas pessoas que tinham muito dinheiro. Um grande número delas vendeu suas ações, fazendo que os preços despencassem. Os investidores mais informados esperaram mais algumas baixas nos preços para então começarem a comprar as pechinchas.

Mas Peterson não sabia ao certo o que fazer com sua percepção e decidiu que não podia se dar o luxo de continuar arriscando. Mas mesmo permanecendo fora do mercado, ele continuou coletando dados para seu sistema intuitivo. E outra vez suas previsões não apostadas começaram a se mostrar 70% acertadas.

Enquanto isso, todos seus amigos espertos da faculdade estavam felizes ganhando milhares de dólares em ações pela internet. Ele estava perdendo aquela incrível explosão nutrida pela nova tecnologia. Mas ele continuou acreditando que a matemática e os computadores dariam a última resposta, se ele conseguisse saber como lidar com aquele componente emocional.

Àquela altura, ele tinha dados acumulados durante três anos para analisar. Eles provaram que investir de acordo com o humor do mercado teria criado um retorno anual de 50%. Mas depois de três oportunidades desperdiçadas, ele continuou evitando investir. Foi então que um amigo lhe apresentou um tipo totalmente diferente e eficiente de estratégia movida pelas emoções.

A tática era surpreendentemente simples: entrar na internet e checar as diferentes ofertas de ações. Procurar as promoções. Comprar as ações que mais estão atraindo as pessoas e conservá-las até a onda de entusiasmo passar para outras ações. Segurar essas novas ações e repetir o processo.

Peterson logo percebeu que podia fazer aquela estratégia funcionar com mais agressividade. Em 1999, seus lucros chegaram a 800%. Nos primeiros meses do ano 2000, eles ficaram próximos de 300%.

Em maio desse mesmo ano, ele deixou o Texas para fazer sua residência em psiquiatria na Califórnia, perto do epicentro do Vale do Silício. O programa de residência médica exigia tanto que por muitos meses ele nem pensou em investimentos. Mas aos poucos voltou a pensar em como as pessoas tomavam decisões financeiras com base em emoções. Por volta do final de 2001, Peterson conheceu um psicólogo chamado Frank Murtha, que estava estudando empreendimentos arriscados e que, como ele, também estava fascinado pelos mistérios psicológicos do mercado de ações. Eles uniram forças para fundar a Market Psychology Consulting, uma empresa de consultoria para ajudar as pessoas que tomavam decisões financeiras em grande escala a evitar cometer erros por se deixarem levar pelas emoções.

Quando terminou sua residência em psiquiatria, Peterson dedicou-se, juntamente com Brian Knutson, à pesquisa no laboratório de neuroimagem de Stanford. Knutson provou em 2000 que a mera visão de dinheiro provocava reações mais intensas no cérebro do que fotos de crimes repulsivos e de vítimas de acidentes.

Ativações do cérebro ainda mais intensas ocorriam no laboratório de Knutson quando eram *oferecidas* somas concretas de dinheiro aos participantes dos experimentos. A dopamina, que é a substância química do cérebro relacionada com a satisfação, a principal molécula relacionada com a sensação de prazer produzida por nosso corpo, irrompia em suas sinapses como se aqueles sujeitos fossem viciados que haviam acabado de receber injeções de drogas. Pela primeira vez, os pesquisadores observaram evidências visuais da razão pela qual o dinheiro desencadeia nas pessoas comportamentos extremos, do melhor ao pior. As pesquisas com neuroimagens funcionais também confirmaram o que Peterson havia deduzido já no Texas: que o dinheiro provoca manifestações de emoções realmente primitivas, obscurecendo a nossa capacidade de raciocínio. Nós acreditamos sinceramente na importância da tomada de decisão racional, especialmente quando ela envolve dinheiro. Mas — apesar de termos consciência disso — são frequentemente as nossas emoções que ditam nossas escolhas financeiras.

Essa descoberta colocou o *Homo economicus* como base da teoria econômica convencional numa enrascada. No entanto, ela já fora provada como incerta apenas dois anos antes, em 1998. Algumas das melhores, mais brilhantes e bem-sucedidas mentes financeiras do mundo provocaram um desastre que quase levou a um colapso da magnitude da crise de 1929, por seguirem o que acreditavam ser uma tomada de decisão racional.

John Meriwether, legendário negociante de títulos da Salomon Brothers, fundou em 1993 a Long Term Capital Management (LTCM) envolvendo um grupo de celebridades financeiras, entre eles dois ganhadores do Prêmio Nobel. Em 1998, a LTCM já era um colosso financeiro. A empresa estava fundada sobre uma ideia muito simples e mantida por supercomputadores de última geração. Sua estratégia era encontrar oportunidades de arbitragem — investimentos rápidos que geram lucros e não envolvem riscos — e, em seguida, tomar de empréstimo somas enormes para explorá-las.

A operação de arbitragem requer a descoberta de algo que você possa comprar em algum lugar e, imediatamente, vendê-lo com lucro em outro. É uma excelente manobra e muitas vezes descrita como fascinante. Na realidade, no entanto, a arbitragem é dolorosamente lenta, mais ou menos como garimpar ouro. As oportunidades desaparecem tão rapidamente que você tem de agarrá-las numa fração de segundo. Muitos outros garimpeiros também estão explorando a mesma montanha. Mas depois de horas agachado sobre uma torrente de dados, prestando atenção em qualquer vislumbre, talvez você tenha sorte. Pode ser uma pequena pepita, ou talvez uma massa de ouro relativamente grande, sob toda aquela montanha de números.

Outra estratégia da LTCM era a alavancagem. Com sua grande reputação acadêmica e experiência de sucesso, os diretores convenceram alguns dos bancos mais sólidos do mundo a reduzirem as taxas de juros de seus grandes negócios. Eles poderiam emprestar grandes somas a custos super-baixos.

O plano funcionou espantosamente bem e quase da noite para o dia, a LTCM tornou-se um dos maiores agentes financeiros do mundo. Ela gerou lucros de quase 50% em seus primeiros dois anos, resultados realmente astronômicos. Em quatro anos, ela havia chegado a um capital de quase 5 bilhões de dólares, mais os ativos que ela podia alavancar valendo quase 200 bilhões. Todos os maiores bancos de investimentos do mundo, inclusive o Goldman Sachs, o JPMorgan e o Merrill Lynch, queriam uma parte desse ouro. Eles mandaram alguns garimpeiros próprios explorar aquela mina. Uma maior competição tornou aquelas já raras oportunidades de arbitragem ainda mais difíceis. Os lucros diminuíram, e os investidores da LTCM ficaram irritados.

Duas emoções poderosas, a ganância e o medo, começaram a distorcer o pensamento de algumas das mais aguçadas mentes financeiras do mundo. Os magos da LTCM decidiram aumentar o valor da aposta — como as oportunidades de arbitragem eram raras, eles resolveram apostar somas maiores nas poucas que encontravam.

De acordo com seus modelos testados e, também, com a teoria econômica pré-neurociência que predominava na época, qualquer título de muito baixo preço atrai compradores. Seguindo essa lógica, a LTCM adquiriu vorazmente contratos em rublos russos, disponíveis a preços que então pareciam mínimos. Para se precaver de uma possível desvalorização do rublo, eles também adquiriram dezenas de contratos em liras italianas, reais brasileiros e ienes japoneses. A estratégia deles era que os investidores que retirassem seu dinheiro da Rússia procurariam outras oportunidades de investimento, o que levaria o valor dos contratos da LTCM em moeda italiana, brasileira e japonesa a disparar para as alturas.

No total, eles colocaram nessa aposta 1,4 trilhões de dólares, a maior parte emprestada.

O governo russo vinha há muito tempo sendo pressionado a desvalorizar sua moeda, mas continuou afirmando que não o faria. Em um dia de agosto de 1998, ele finalmente cedeu, provocando uma queda súbita do rublo. A LTCM não entrou em pânico: ela estava resguardada pelas outras moedas. Entretanto, os especuladores não perceberam que suas emoções os haviam ludibriado a entrarem num jogo extremamente azarado. O raciocínio deles havia sido obscurecido por um enorme ponto cego emocional; um medo equivalente a 1,4 trilhões de dólares havia afetado tanto as suas percepções que eles não conseguiram enxergar a possibilidade de um desastre global.

Eis o que deu errado: quando há muitas notícias adversas no ar, pragas afetam o nosso raciocínio financeiro como vapores subindo de um pântano. Os investidores podem ficar tão perturbados que os preços mais baixos que veem não lhes parecem oportunidades, e sim placas sinalizando retorno. Em vez de pensarem "Que ótima oportunidade!", eles começam a se preocupar com o que pode haver de *errado*. Assim, contrariando a teoria econômica do *Homo economicus* até hoje ensinada nas universidades, os investidores apavorados com os problemas na Rússia não mudaram de direção para comprar moeda de algum outro país. Eles rejeitaram totalmente a possibilidade de risco. Os investimentos evaporaram da Rússia e, simultaneamente, da Itália, do Brasil e do Japão. Os investidores, então, correram em busca de um abrigo emocional, o investimento mais seguro possível: o tesouro dos Estados Unidos, que oferece baixo risco e pouco lucro.

Em cinco semanas, entre agosto e setembro, a LTCM perdeu uma *média diária* de 300 milhões de dólares. Em um único dia, ocorreu uma sangria fenomenal de 553 milhões de dólares. Enquanto ela se precipitava para a bancarrota, seu declínio puxou os bancos em busca de sua oportunidade de arbitragem "isenta de riscos" — incluindo o Merrill Lynch, Goldman Sachs, Salomon Smith Barney, Chase, UBS-Swiss Bank, Bear Sterns e JPMorgan — para dentro de uma correnteza revolta. Se a LTCM chegasse à bancarrota, eles seriam atingidos pela mais cara trilha de fumaça que a história do mundo já havia visto. Diante da ameaça de um tremendo desastre financeiro, o Banco Central americano interveio para organizar uma iniciativa mundial de salvamento. Quatorze grandes bancos despejaram cada um 300 milhões de dólares, criando um fundo de mais de 3,5 bilhões de dólares, e a LTCM humildemente nadou de volta para a praia.

A crise de créditos *subprime* para financiamentos imobiliários que irrompeu no verão de 2008, causando a derrocada do Lehman e de muitos bancos, teve muitas similaridades com a da LTCM.

Ambos esses casos dão lições que reverberam no mesmo comprimento de onda que os pioneiros da neurociência estavam começando a descobrir mais ou menos na mesma época que a LTCM entrou em espiral descendente. Nós temos intensas reações emocionais tanto aos eventos que ocorrem como aos eventos que acreditamos que irão ocorrer. As áreas de intenso processamento emocional em nosso cérebro são estimuladas e, com isso, toda a base para a tomada de decisão é afetada de forma súbita e radical.

A neurociência tem o potencial de no futuro vir a eliminar esses ciclos insanos de criação e explosão de bolhas financeiras. Ignorar o que a neurociência está descobrindo com respeito a nosso cérebro financeiro é como fumar perto de um vazamento de gás. Por exemplo, como a crise de crédito *subprime* se desenvolveu e foi tão longe apesar das muitas advertências de especialistas com perspectivas mais racionais. O economista George Loewenstein da University of Carnegie Mellon, como veremos algumas páginas adiante e que também observou coisas vitais, disse recentemente à revista *Forbes* que para fermentar o desastre foi necessária uma combinação de estupidez e estrutura de incentivos organizada de maneira errada. As agências de avaliação de risco estavam dizendo às pessoas que dividir os empréstimos arriscados em numerosas parcelas gera investimentos seguros. Mas as mesmas agências estavam sendo pagas pelas mesmas pessoas que emitiam aquelas garantias com base em empréstimos arriscados. O resultado demasiadamente humano era que as agências, que deveriam ser guias confiáveis na selva financeira, tinham razões fundadas no lucro para acreditar numa má ideia. Dividir os empréstimos arriscados em mais parcelas não tornava o investimento mais seguro para ninguém; apenas distribuía a miséria entre um número maior de mãos.

Daniel Kahneman de Princeton concentrou por muito tempo seus estudos em como tomamos decisões em certas situações, não apenas grandes decisões como o desastre da LTCM, mas também as escolhas cotidianas. Em colaboração com o falecido Amos Tversky, no início da década de 1980, ele formulou o que eles chamaram de Teoria da Probabilidade. De acordo com ela, a tomada de decisão em situações de risco pode ser vista como uma escolha entre "chances de sucesso" ou empreendimentos arriscados. Tentamos ver as melhores chances de acordo com os princípios básicos da probabilidade. Mas, como Kahneman e Tversky descobriram, o julgamento humano segue muitas vezes atalhos que negam esses princípios. Assim, antes de a neuroimagem ter facilitado a visão de como os seres humanos fazem julgamentos, Kahneman já estava empenhado em descobrir o máximo possível sobre como nossas emoções influenciam as nossas decisões financeiras. Ele e seus colegas ajudaram a preparar o terreno para o surgimento da neuroeconomia.

Daniel Kahneman dividiu o Prêmio Nobel de Ciências Econômicas em 2002 com Vernon Smith, da Chapman University. Apesar de trabalharem independentemente, e até certo ponto competitivamente, eles criaram um amplo conjunto de provas neurocientíficas que é hoje aceito como verdades fundamentais.

Kahneman foi um dos primeiros a fazer uso de descobertas da pesquisa em psicologia a respeito de como as pessoas fazem julgamentos e tomam decisões. Smith foi pioneiro em conceber e realizar experimentos laboratoriais com o intuito de comprovar ou refutar diferentes teorias econômicas.

Logo no início, Smith e Kahneman confirmaram o que Peterson vinha descobrindo independentemente pelo desempenho variável de suas táticas intuitivas de investimento: nossa personalidade contém tendências comportamentais que, muitas vezes, conduzem nossas decisões financeiras para direções irracionais. Quanto maior a pressão numa determinada situação, maior a incerteza e o stress, maiores são as probabilidades de as tendências irracionais assumirem o controle da mente. De maneira que, quanto mais estressados estamos, mais as nossas emoções atuam como sabotadores por trás de nossas linhas de defesa.

Um experimento clássico comprova esta verdade. A um grupo de pessoas é pedido que cada uma se coloque como responsável pela saída da seguinte situação difícil. Seiscentas pessoas foram acometidas de uma doença extremamente perigosa. Os participantes terão de tomar uma decisão e há apenas duas escolhas. A primeira delas salvaria a vida de duzentas das pessoas em perigo. A segunda promete 33% de chance de salvar a todas, mas também 66% de probabilidade de todas morrerem.

Vez após outra, as pessoas escolhem a primeira opção.

Tente agora um experimento que é quase idêntico, com a diferença que desta vez as escolhas são informadas da seguinte maneira aos participantes: um determinado modo de proceder resultará na morte de quatrocentas pessoas. O outro oferece 33% de chances de ninguém morrer e, obviamente, 66% de chances de todas as seiscentas pessoas morrerem.

Com a situação colocada nesses termos, a maioria das pessoas prefere a segunda escolha. Mas, em termos matemáticos, as escolhas em ambos os experimentos são idênticas. Por que a maioria das pessoas prefere a primeira escolha no primeiro experimento e passa para a segunda no segundo experimento? Tem tudo a ver com emoções.

No primeiro experimento, ambas as escolhas são colocadas em termos positivos. No segundo experimento, em termos negativos. Como exige uma escolha entre a vida ou a morte, esse experimento agita as emoções de maneira suficientemente intensa para distorcer o raciocínio. Ele mostra que o *Homo economicus*, o indivíduo que a economia clássica presume existir, que sempre prefere a melhor escolha racional e dá as costas para todo resto, é um ser tão mitológico quanto o unicórnio.

Como esse conhecimento atua nas decisões financeiras práticas do dia a dia? Como demonstra o experimento anterior, as nossas emoções nos impelem para a mesma coisa. A ideia "Salvarei duzentas dessas pobres almas" pulsa com uma carga emocional positiva. O mesmo não resulta da ideia de que "Quatrocentas pessoas terão de morrer".

O fato é que amamos tanto a certeza que a supervalorizamos. Nos mercados de capital, as pessoas em geral aceitam índices mais baixos de retorno se acreditam que estão evitando riscos. Elas tendem a investir seu dinheiro, antes e acima de tudo, em fundos ou outros ativos que oferecem o máximo de segurança possível.

Por exemplo, no período de 35 anos entre 1972 e 2007, uma modalidade de investimentos conhecida como "investimento equivalente a dinheiro vivo" — a mais segura de todas as formas convencionais — rendeu uma média extremamente estável de 6,7% de lucro, sem nenhum ano de revés. Um investimento um pouco diferente — títulos do Tesouro dos Estados Unidos por cinco anos — passou por anos de perda de dinheiro no mesmo período de 35 anos.

Quando os 32 anos de ganhos são comparados com os três anos de perdas, os títulos por cinco anos do Tesouro produziram retornos anuais de 8,8%. Portanto, os investidores que apostaram na modalidade equivalente a dinheiro vivo perderam 2,1%, abrindo mão de quase um terço de lucros anuais para evitar uma probabilidade muito pequena de perder algo num determinado ano.

É essa uma atitude racional? Não. Mas é totalmente coerente com o nosso raciocínio impelido por emoções. Há, no entanto, uma boa notícia que irei expor mais adiante. É possível descobrir meios de detectar as emoções que nos limitam e privam de lucros e, então, controlá-las para obtermos mais lucros de nossos investimentos.

O outro lado da moeda da "segurança" é que, sempre que há algo importante em jogo, nós tentamos evitar a mera *chance* de perder. A dor de perder dinheiro opera numa região do cérebro; o prazer de ganhá-lo opera em outra. O circuito da dor nos atinge com muito mais intensidade.

Quando a bolha financeira do dot-com estourou em março de 2000, e a NASDAQ despencou de seu índice máximo de 5.048 para menos da metade em um ano, os investidores continuaram por muito tempo com medo dos mercados de ações. Eles continuaram desviando o capital para fundos de obrigação até a metade de 2003. Infelizmente, as taxas de juros para esses fundos eram tão baixas que a inflação e os impostos engoliram todos os possíveis retornos. Enquanto isso, apesar de o mercado de ações sinalizar uma boa retomada, e de haver muitos prognósticos estimulantes, o sabor amargo das perdas em ações continuou sendo sentido. Os investidores ouviram seus medos, ignoraram os fatos e deixaram passar grandes oportunidades.

O empenho de Kahneman em registrar os fortes "zumbidos emocionais" no interior de nosso cérebro econômico levou-o nos últimos anos a se unir com três outros proeminentes pensadores. São eles Daniel Gilbert, professor de psicologia do Harvard's Social Cognition and Emotion Lab, Tim Wilson da University of Virginia e o economista George Loewenstein da Carnegie Mellon University. O grupo deu a seu campo de pesquisas o nome "affective forecasting", que se poderia traduzir por "previsão do tempo emocional".

A equipe tem pesquisado metodicamente duas questões intrigantes com respeito à natureza humana. A primeira é como prevemos o que nos fará felizes? A segunda é como transformamos esses pensamentos em decisões?

Ao longo desse trabalho, os pesquisadores descobriram uma questão ainda mais fascinante: como *nos sentimos* realmente quando os resultados de uma decisão financeira — sejam bons ou ruins — atingem seu propósito?

De acordo com suas descobertas, praticamente tudo o que fazemos na vida é com base em mecanismos que a nossa mente criou para prever como os resultados de nossas decisões nos farão sentir. São esses mecanismos que nos incitam a comprar coisas que achamos que nos farão mais felizes e a tomar iniciativas para mudar de emprego, acreditando que teremos mais chances de realizar nossos potenciais.

Como os típicos aparelhos domésticos, os nossos mecanismos mentais também são afetados por diferentes falhas, acidentes e defeitos de fabricação. Contudo, temos de contar com eles. Eles são os únicos mecanismos de previsão de que dispomos.

Pare por um momento para considerar seus próprios mecanismos de previsão. Eles já desviaram você do caminho alguma vez? E como seria se você pudesse corrigi-los? Se de agora em diante eles fossem capazes de gerar apenas respostas corretas? Você ficaria totalmente livre dos remorsos do comprador, saberia por quem se apaixonar e estaria totalmente assegurado contra as dúvidas quanto à escolha profissional.

Kahneman e sua equipe estão trabalhando com essas questões. Eles realizaram um número impressionante de experimentos com o propósito de identificar as armadilhas que temos de saltar para tornar as nossas previsões isentas de falhas. Uma verdade que eles constataram até agora: em geral, nós não sabemos o que *realmente queremos*. É isso o que torna a maioria de nós tão ineficiente quando se trata de pôr ordem em nossa vida e, também, o que coloca os livros de autoajuda entre os primeiros das listas de mais vendidos. Em termos econômicos convencionais, nós precisamos de ajuda para maximizar as nossas vantagens.

James Thurber escreveu uma história sobre uma pessoa que queimou intencionalmente a mão no fogão de sua cozinha. Ela queria ver se a nova marca de pomada que acabara de comprar era eficiente. E descobriu que não era lá grande coisa. É mais ou menos assim que nossa mente opera. Ela insiste em nos conduzir para uma grande lacuna desestimulante entre os resultados que esperamos e a realidade que alcançamos. Os donos de barco têm um ditado pessimista com respeito a esse fenômeno: "Os dois melhores momentos que você tem com seu novo barco são o dia em que o compra e o dia em que o vende".

O ditado se aplica a praticamente todos os brinquedos e bugigangas que compramos em busca de felicidade. Gilbert chama esse abismo entre a satisfação esperada e a realidade vivenciada de "viés de impacto" [*impact bias*].

Como explica Loewenstein: "Felicidade é um sinal que nosso cérebro usa para nos motivar a fazer certas coisas. E da mesma maneira que a nossa vista se adapta a diferentes níveis de claridade, nós somos programados para, por assim dizer, voltar ao ponto de busca de nossa felicidade. A função de nosso cérebro não é tentar nos fazer *felizes*. Sua função é nos regular".

Loewenstein usa o termo "diferença de empatia" [*empathy gap*] para descrever a lacuna entre o comportamento que temos quando somos altamente tomados pelas emoções, que ele chama de estados "exaltados", e o comportamento de quando estamos calmos e racionais, que ele chama de estados "desapaixonados". Nossa mente opera como diz a velha canção de Jerry Reed dos anos 1970: "When you're *hot*, you're *hot*, and when you're *not*, you're *not*". Todos nós temos, em um grau ou outro, tendências a obsessões. Todos nós nos encontramos em estados de espírito nos quais somos propensos a fazer escolhas imprudentes, por acreditarmos firmemente, pelo menos naquele momento, que os resultados serão maravilhosos.

"Esses estados podem nos mudar tão profundamente", diz Loewenstein, "que quase nos tornamos outra pessoa."

Wilson acrescenta: "Não percebemos com que rapidez nos adaptamos a um acontecimento agradável e o transformamos em algo corriqueiro. Transformamos o que quer que nos aconteça em algo ordinário. E assim, aquilo deixa de nos dar prazer."[1] Mark Twain disse algo semelhante há mais ou menos um século: "Assim que algo deixa de ser novidade e o contraste perde a força", ele escreveu, "acabará a felicidade, e você tem de arranjar algo novo".

Espero que o futuro nos ofereça algumas intervenções baseadas na neurociência que nos libertarão, pelo menos até certo ponto, dos efeitos desestimulantes do "viés de impacto" e da "diferença de empatia". Precisamos simplesmente evitar nossa tendência a superestimar as coisas. Pode ser que acabemos exagerando em nossa busca de felicidade por precisarmos de mais felicidade em nossa vida. Há muitos caminhos possíveis, inclusive uma nova disciplina chamada neuroteologia, a qual abordarei no Capítulo 7. Em termos de neuroeconomia, podemos encontrar ajuda nos *softwares* feitos para reprogramar o nosso cérebro, em soluções baseadas nas respostas neurais que nos fornecem informações imediatas sobre o estado mental preciso em que nos encontramos ou em alguma droga programada para se tornar ativa apenas durante situações extremas. A consciência de nossas diferenças de empatia e vieses de impacto, como também os meios para superá-los, seriam apenas o ponto de partida. É necessário aprendermos a reconhecer o que sentimos nas horas em que nosso pensamento, especialmente a capacidade de aferir valor, corre o risco de se desviar. Algum dispositivo eletrônico, algo que pudesse ser tão facilmente manipulado quanto um monitor de batimentos cardíacos, poderia nos dar o aviso. O monitoramento de nossos estados emocionais reduzirá as nossas tendências a superestimar e, com isso, as nossas expectativas estarão mais próximas dos resultados alcançados.

Já há pessoas trabalhando nisso.

Intervenções como essas poderiam fortalecer o nosso senso de controle da vida e suas direções. Poderíamos saber se levantar acampamento e começar vida nova em outra parte do país, mudar de profissão ou até mesmo dirigir um carro de outra marca compensaria o custo financeiro e emocional exigido. E suponhamos que — quando a pesquisa neuroeconômica tiver confirmado a prudência e o benefício de alterar algumas leis — ao fazer alguma compra volumosa, você terá certo tempo para avaliar se exagerou. O remorso do consumidor poderia se tornar coisa do passado, como também a versão do mesmo tipo de remorso por parte do vendedor.

"Uma vida sem erros que podem ser prevenidos seria muito provavelmente melhor e mais feliz", diz Loewenstein. "Se tivesse um entendimento profundo do viés de impacto e agisse de acordo com ele, você tenderia a investir seus recursos em coisas que realmente o fariam feliz."

Os profissionais do mercado financeiro estão, obviamente, entre os primeiros a saltar sobre esses novos avanços assim que eles se tornarem disponíveis. Alguns deles já estão brincando com a possibilidade de obter vantagens maiores e duradouras de negócios que fazem uso das neurotecnologias, como a neuroimagem que mostra as reações do cérebro. Foi explorando como aplicar essas tecnologias médicas à economia e às finanças que os cientistas de ponta inventaram a disciplina das neurofinanças.

Essa disciplina é o broto mais recente da árvore que inclui finanças comportamentais, economia comportamental e neuroeconomia. As duas primeiras disciplinas usam conceitos das ciências comportamentais, especialmente da psicologia social, mas sem vínculos tão estreitos com a neurotecnologia.

Os estudiosos de neurofinanças estão em busca de três santos graal relacionados com a melhoria do desempenho financeiro. O primeiro é identificar que traços fisiológicos afetam o nosso comportamento nos negócios. O segundo é ver como esses traços conduzem ou ao sucesso ou ao fracasso. O terceiro é o desenvolvimento de novas ferramentas potentes, tecnologia e métodos de treinamento que garantam a maximização dos lucros.

A pesquisa neurofinanceira constatou que a nossa psicofisiologia condicionada pela evolução nos impede de termos comportamentos racionais e que todos nós temos diferentes constituições psicofisiológicas que afetam nossos comportamentos individuais de muitas maneiras diferentes. Essas individualidades, por sua vez, afetam grandemente tanto a nossa capacidade para tomar decisões racionais quanto os nossos êxitos enquanto operadores do mercado financeiro. Essa descoberta é uma punhalada no coração da Teoria da Eficiência do Mercado, que prevaleceu por muito tempo.

Essa teoria, juntamente com sua antecedente, a Teoria da Utilidade, continua a dirigir a maior parte das tomadas de decisões financeiras modernas. Ambas essas antigas escolas de pensamento acreditam que as pessoas ajam normalmente por interesse próprio racional e que suas decisões econômicas estejam de acordo com esse interesse. A Teoria da Eficiência do Mercado e a Teoria da Utilidade são tão amplamente sustentadas, e ainda tão persistentemente ensinadas, que a maioria dos profissionais das finanças as tem como evangelho. No entanto, essas teorias não contrariam apenas o cerne da pesquisa atual; elas insultam a inteligência de qualquer um que já tenha pensado o bastante sobre como as coisas acontecem na vida real. Entender que todos nós somos às vezes imprudentes em nossas decisões financeiras é literalmente um requisito mínimo.

A questão é, admitindo-se o fato de o nosso comportamento com relação ao dinheiro não ser totalmente racional, o que podemos fazer quanto a isso?

Se os profissionais das neurofinanças têm seus meios, os negociadores do futuro próximo atuarão com a ajuda de monitores discretos capazes de continuamente examinar o cérebro e testar a química do sangue. Essa ideia pode parecer estranha, talvez até antiética e possivelmente copiada de algum fragmento perdido do *Admirável Mundo Novo*, de Aldous Huxley. No entanto, há pouco tempo, parecia simplesmente tão remota a possibilidade de testar o nível de lactato e VO_2 (a absorção máxima de oxigênio, ou capacidade aeróbica) dos atletas. Esses testes fazem hoje parte da rotina de nadadores, corredores e praticantes de outros esportes que requerem resistência, por darem informações sobre até onde cada atleta tem capacidade natural para ir com base no tamanho de seu coração, em sua capacidade aeróbica e em outras características biológicas, além de proverem informações cruciais sobre suas respostas antes, durante e após o desempenho esportivo.

O negociador profissional é uma espécie de atleta financeiro com um conjunto de capacidades natas e treinamento especializado, sempre à procura de oportunidades para mostrar seus melhores talentos e sobressair-se do restante.

Já que estamos brincando com metáforas esportivas, suponhamos que você tenha uma franquia voltada para esportistas profissionais ou que você seja o treinador de uma equipe que enfrentará os melhores competidores do mundo nas próximas Olimpíadas. Você terá de extrair de sua equipe o melhor desempenho possível, e para tanto, provavelmente, usará todos os meios lícitos disponíveis. (Não os ilícitos. Estamos supondo também que você seja ético.) Mais cedo ou mais tarde, você talvez precise atender a um chamado do Sandia National Laboratories, nos arredores de Albuquerque, no Novo México.

Desde 1949, esse laboratório tem a incumbência de desenvolver soluções tecnológicas para suportar a segurança nacional dos Estados Unidos e neutralizar as ameaças nacionais e globais. Essa missão original continua sendo a prioridade máxima dos Laboratórios Sandia, provendo projetos de engenharia para todos os componentes não nucleares do arsenal nuclear norte-americano. Mas os Laboratórios Sandia também desenvolvem uma variedade incrível de outros projetos de pesquisa e aprimoramento nas áreas de segurança nacional, energia e meio ambiente. Seu Advanced Concept Group está atualmente desenvolvendo uma grande inovação tecnológica para melhorar o desempenho cognitivo humano.

Ninguém até agora sabe exatamente por que grupos de pessoas apresentam níveis ideais de desempenho em certas circunstâncias e inferiores em outras. Mas mesmo sem uma teoria consistente para guiá-los, os pesquisadores dos Laboratórios Sandia estão tentando identificar as características e condições que possibilitam o desempenho ideal de uma equipe.

Juntando partes de alguns dos diferentes equipamentos disponíveis comercialmente, eles criaram um dispositivo que passaram a chamar de antroscópio — literalmente "observador humano". Os componentes incluem acelerômetros para medir movimentos, *software* para reconhecimento de faces, eletromiogramas para medir a atividade muscular, eletrocardiogramas para medir os batimentos cardíacos, oximetria do volume sanguíneo no pulso para medir a saturação de oxigênio e um monitor Pneumotrace para medir a profundidade e a rapidez da respiração.

Eles batizaram o antroscópio com o nome PAL, que rima com HAL, mas espera-se que sua invenção seja mais benévola do que o computador com esse nome que mata os astronautas no filme *2001: Uma Odisseia no Espaço*.

O PAL consegue simultaneamente monitorar a transpiração e os batimentos cardíacos de uma pessoa, ler suas expressões faciais e movimentos da cabeça e analisar as variações de altura em seu tom de voz. Ele então correlaciona todos os números e emite um relatório sobre como a pessoa como um todo parece estar no momento. O PAL pode passar essas informações para os outros membros do grupo, para que todos fiquem sabendo como cada um tende a se desempenhar em determinada situação. E saibam quem, para levar a metáfora esportiva um pouco mais além, do time seria o mais apto a salvar o jogo de uma iminente catástrofe.

O propósito original dos Laboratórios Sandia era usar o PAL em submarinos e depósitos nucleares e nas torres de controle de tráfego aéreo, para que todos os membros de uma equipe soubessem qual deles seria o mais capaz de tomar as decisões ideais numa situação crítica.

Com algumas pequenas adaptações, eles poderiam fazer de seu antroscópio um aparato que fornecesse (ao proprietário ou treinador de uma equipe) informações neurobiológicas em tempo real sobre os atletas durante as sessões de treinamento. Esses dados serviriam para o treinador mudar o comportamento dos atletas durante a atividade e, com isso, melhorar seu desempenho e resultados, obtendo dessa maneira uma enorme vantagem competitiva.

Ele já foi testado. Num teste inicial com o PAL, cinco pessoas interagiram como uma equipe em doze sessões. A primeira coisa que elas notaram foi que as informações fornecidas pelo equipamento que media suas respostas neurobiológicas as ajudavam a permanecer em estados menos estimulados, em geral menos alertas. Esse fator sozinho melhorou o trabalho da equipe e, também, levou a uma melhor liderança em períodos mais longos de colaboração.

Um estado menos estimulado possibilita o que os meditadores budistas chamam de "esforço sem esforço". Quando em estado menos estimulado, você continua presente e alerta, pronto para ser eficiente, mas sem gastar uma grande quantidade de energia física ou mental. Isso corresponde ao estado que os atletas chamam de "no ponto certo". Quando um jogador de basquete encontra-se nesse estado totalmente focado, suas jogadas atravessam zunindo o cesto como se fossem guiadas por radar. Um corredor nesse estado sente como se as altas barreiras gentilmente se afastassem do caminho para ele passar. Passes de bola são apanhados, jogadas de tênis são rebatidas e arremessos baixos atravessam os obstáculos sem qualquer esforço. A mente simplesmente flutua, e o treinamento do atleta assume o controle.

O estado oposto, o de excitação extrema, é aquele em que as palmas das mãos ficam molhadas de suor e o cérebro parece explodir de tanta agitação, esse estado também conhecido como "combate ou fuga". Quando estamos excitados ao máximo, a produção de adrenalina aumenta e ocorre um grande fluxo de energia. Na maioria das vezes, atitudes como sair gritando ou golpeando alguém que está à nossa frente não condizem com a vida moderna. Mas nossa mente está pensando: "Você tem de fazer algo *já*!" Um pouco de adrenalina pode ser útil e é por isso que as pessoas adoram o estímulo que o café da manhã lhes proporciona. Mas adrenalina em excesso é quase uma garantia de equívocos que custam caro e geram erros catastróficos.

O próximo passo lógico a ser dado pelas neurofinanças é, obviamente, usar essas tecnologias e conhecimentos para melhorar o desempenho das transações comerciais. É exatamente isso que Andrew Loo tem feito há alguns anos no Instituto de Tecnologia de Massachusetts.

Lo nasceu em Hong Kong, mas vive em Nova York desde os 5 anos de idade. Ele é professor de finanças e investimentos na Sloan School of Management do MIT e também diretor de seu laboratório de engenharia financeira, um centro de pesquisas que usa modelos computadorizados para estudar os mercados financeiros.

Em "Psychophysiology of Real-Time Financial Risk Processing", um ensaio publicado no *Journal of Cognitive Neuroscience*, Lo e seu colega de pesquisa, Dmitry Repin, examinam o papel das emoções no mundo de alto risco e extrema pressão dos corretores de seguros. Esses profissionais constituem a elite dos atletas financeiros. Os investidores individuais são muitas vezes guiados por sentimentos irracionais como confiança e reação excessivas, mentalidade de rebanho, aversão a perdas, medo, ganância ou simplesmente excesso de otimismo e pessimismo. Por sua vez, os corretores parecem enfrentar as pressões das oportunidades de transações minuto a minuto com a confortável autoconfiança de Luke Jackson no filme *Rebeldia Indomável*. Tanto por formação quanto por inclinação, eles são considerados como os tomadores de decisões mais estáveis da economia. Acredita-se comumente que os corretores de seguro atuem com base unicamente no intelecto e na análise racional.

Quando Lo e Repin começaram a testar essa suposição, eles descobriram que até mesmo os profissionais mais experientes e testados podem ser impulsionados por suas próprias emoções. Usando uma versão própria de antroscópio, eles mediram e analisaram os dados relativos ao sistema nervoso central de dez profissionais trabalhando com câmbio exterior e derivativos de taxas de juros para uma importante instituição financeira de Boston.

Esses dez profissionais foram divididos em dois grupos, com base no nível de experiência na área: cinco profissionais com nível alto e cinco com nível baixo ou moderado. Observados pelo antroscópio, eles tomaram decisões em tempo real em suas transações ao vivo. Fixados em seus rostos, mãos e braços, eles portaram sensores eletrônicos que monitoravam e registravam o tempo todo a condutância de sua pele, os batimentos cardíacos, a respiração, as atividade dos músculos faciais e dos antebraços e a temperatura do corpo. Os sensores estavam conectados a uma pequena unidade de controle escondida discretamente no cinto de cada um.

Um cabo de fibra ótica conectava a unidade de controle a um laptop, no qual um *software* analisava os dados fisiológicos em tempo real para que pudessem ser comparados com os fluxos e refluxos dos dados financeiros em tempo real, com base nos quais os profissionais da área financeira tomavam suas decisões, permitindo aos pesquisadores dispor lado a lado os eventos do mercado e as simultâneas reações humanas e compará-los.

Três tipos de eventos foram observados. Os pesquisadores decidiram focar os desvios, as inversões de tendências e os períodos de maior volatilidade do mercado — exatamente o tipo de ocorrência altamente dramática que supostamente gera aumento no nível de excitação, mesmo entre os profissionais mais experientes. Foram coletados dados antes, durante e depois de cada evento.

Os dados relativos ao mercado consistiam em preços e margens de lucros de compra e venda em treze moedas estrangeiras e dois contratos de futuros.

Lo e Repin estavam interessados em ver em que nível os corretores mais experientes e os menos experientes reagiriam diferentemente e também testar se as respostas deles mudariam de acordo com o tipo de instrumento financeiro operado.

Não é de surpreender que Lo e Repin tenham visto o sistema nervoso autônomo de cada corretor registrar excitação toda vez que ocorria um evento dramático no mercado. Os novatos reagiam com um pouco mais de intensidade, mas até mesmo os mais experientes mostraram reações físicas muito significativas. As emoções se revelaram um fator vital e inevitável, mesmo entre os investidores mais racionais. A grande diferença parecia estar em como eles lidavam com as emoções.

É interessante notar que os corretores mais bem-sucedidos parecem muitas vezes não ter capacidade ou mesmo necessidade de justificar como eles chegam a suas decisões. Lo e Repin acham que esses corretores são simplesmente dotados do tipo certo de mecanismos emocionais inatos para fazer julgamentos intuitivos e que, quando solicitados a justificar suas decisões, eles constroem uma explicação racional a *posteriori*.

Essa conclusão, de que os corretores são afetados pelas emoções, mas que de alguma maneira simplesmente sabem como superar esses sentimentos com confiança, está perfeitamente de acordo com as atuais teorias da ciência cognitiva. Os cientistas cognitivos acreditam que a emoção seja a base do mecanismo de recompensa e castigo, no sentido de que ele naturalmente nos impele a escolher o comportamento vantajoso em termos de evolução. Da perspectiva da evolução, a emoção não é um obstáculo, mas uma poderosa adaptação. Seu propósito é melhorar dramaticamente a eficiência com a qual os seres humanos e outros animais aprendem tanto com o meio como com seu passado.

A emoção é, portanto, uma peça importante da caixa de ferramentas do profissional das finanças. Ela é algo que determina de maneira significativa a sua aptidão evolutiva para a função. Os corretores malsucedidos, depois de um determinado nível de perdas, são em geral eliminados de sua função. Ter emoções, se você sabe como mantê-las em perspectiva, faz parte do pacote total do vencedor. É uma conclusão que dá sentido aos passos que Peterson teve de dar em seu caminho para o sucesso financeiro a ponto de ele hoje aplicar suas pesquisas neuroeconômicas na administração de um fundo de investimentos, o MarketPsy Capital, de 50 milhões de dólares, aplicados simultaneamente em diversos mercados. Em 2008, os ganhos do fundo foram de quase 40%, enquanto o índice Dow Jones caiu mais de 35%.

Os pesquisadores de neurofinanças acreditam que seu campo tem potenciais praticamente ilimitados. "Os neurocientistas representam a onda do futuro no mundo financeiro", diz Kahneman. "Quer você atue na comunidade acadêmica ou de investidores, é melhor prestar muita atenção a eles."[2]

David Darst, que é o principal estrategista em investimentos de um grupo de investidores individuais que somam 700 bilhões de uma agência do Morgan Stanley sediada em Nova York, concorda implicitamente: "Um dia", ele diz, "a neurociência poderá ajudar os administradores de finanças a identificar alterações nos sentimentos dos investidores."

Brian Knutson de Stanford é um dos muitos neurocientistas que esperam que os profissionais das finanças venham a usar drogas psicoativas altamente específicas para ajudá-los a ser mais rentáveis e de modo mais consistente. Os psicoestimulantes de hoje, que são extremamente primários e carregados de efeitos colaterais em comparação com as drogas que serão criadas com a ajuda da neuroimagem, já estão se tornando populares. No Capítulo 8, exploraremos alguns fatos surpreendentes com respeito a grandes números de estudantes e profissionais jovens que já estão tomando esses psicoestimulantes para melhorar seu desempenho acadêmico e profissional.

A previsão de Knutson também vem a convergir com uma maior consciência da química do cérebro pelo público, conhecimento que vem se multiplicando desde que a fluoxetina entrou em cena. Esta e outras drogas similares, como os inibidores seletivos de recaptação de serotonina, não apenas revolucionaram o tratamento da depressão, mas também mudaram profundamente a nossa maneira de ver a mente. A maioria das pessoas reconhece hoje que a química controla seu cérebro, humores e comportamento e que melhorá-la as ajudará a viver melhor.

Provavelmente ocorrerá, no futuro próximo, uma nova onda de métodos de transações financeiras que tirará vantagens da neurotecnologia. Para começar, imagine que você disponha de técnicas respiratórias ou de drogas que reduzam a ansiedade ante os riscos das transações e, ao mesmo tempo, mantenham sua mente aguçada. (Há técnicas respiratórias sofisticadas disponíveis há milênios e agora podemos testar, por meio das imagens funcionais por ressonância magnética, quais as que funcionam melhor para cada situação específica.) Em seguida, combine essas ferramentas com a visualização do cérebro em tempo real e com um *software* que provê respostas do cérebro demonstrando como ele está reagindo no momento e compare esses dados com a maneira como ele funcionou em transações anteriores, tanto as bem como as malsucedidas.

O pacote todo lhe possibilitará saber se você está "no ponto certo" ou em sua capacidade máxima, pronto para fazer escolhas inteligentes sem esforço. Você também saberá se está fora do eixo e se é hora de descansar e relaxar até que seu tempo emocional melhore.

O precursor desse equipamento de respostas neurais está sendo desenvolvido hoje por uma empresa chamada Omneuron, de Menlo Park, na Califórnia. A Omneuron está trabalhando em colaboração com a Stanford University no desenvolvimento de uma nova tecnologia chamada de imagem funcional por ressonância magnética em tempo real, que será usada para treinar os pacientes em técnicas de controle da dor. Uma invenção muito recente, a imagem funcional por ressonância magnética em tempo real possibilita ao indivíduo visualizar que áreas específicas do cérebro são ativadas quando ele pensa num determinado evento ou se concentra numa determinada tarefa. Nos testes de controle da dor, os pacientes demonstraram que uma sessão de 13 minutos com o equipamento da Omneuron os ajuda aprender a controlar a atividade em diferentes partes de seu cérebro e alterar a sensibilidade aos estímulos dolorosos.

Os pacientes podem visualizar em tempo real numa tela a atividade da parte de seu cérebro empenhada em processar a dor. Enquanto assistem a essa atividade, eles praticam exercícios mentais para reduzir a atividade do cérebro. A tela os informa se estão se saindo bem. Um estudo publicado nos *Proceedings of the National Academy of Sciences* relata que oito pacientes com dor crônica, que não conseguia ser controlada apropriadamente por meios convencionais, tiveram uma redução da dor de 44 a 64% após o treinamento, benefício três vezes maior do que o relatado pelo grupo de controle. Os pacientes que demonstraram mais capacidade para controlar a atividade cerebral obtiveram o melhor resultado em termos de redução da dor. Além de controlar a dor, essa tecnologia está também sendo usada para controlar as dependências e muitos outros distúrbios do cérebro e do sistema nervoso. A mesma tecnologia pode ser usada hoje por qualquer um que queira obter vantagens competitivas em transações financeiras. Quando a Omneuron, ou outra empresa, conseguir criar um equipamento menor e mais barato, os profissionais das finanças farão fila para serem os primeiros a fazer uso dele e, com isso, gerar resultados cada vez maiores em suas carteiras de investimentos. Com a redução dos custos e do tamanho dos equipamentos de neuroimagem, eles acabarão se tornando tão invisíveis em nosso meio quanto os canos que levam a água até as nossas torneiras, ou os cabos de fibra ótica que emitem instantaneamente *exabytes* de dados através do globo. As tecnologias de neuroimagem se tornarão tão universais entre os profissionais das finanças como são hoje os equipamentos de imagem e o telefone celular. As primeiras gerações dessa tecnologia podem ser um pouco grandes e incômodas. Mas com os bilhões de dólares em jogo a cada segundo, os operadores financeiros inteligentes do mundo inteiro tratarão de agarrá-las para chegarem o mais longe possível, sabendo que, com os preços mais baixos, a segunda geração tornará a tecnologia mais amplamente difundida e, portanto, nas mãos de um número maior de concorrentes.

A neurotecnologia representa a próxima forma de vantagem competitiva, que vai além da tecnologia da informação. Por permitir um nível mais elevado de produtividade, ela cria o que poderíamos chamar de vantagem neurocompetitiva. Assim como os trabalhadores de hoje usam as tecnologias da informação com propósitos competitivos, os da era da revolução neurotecnológica buscarão vantagens neurocompetitivas.

Como algo incrivelmente importante por si mesmo, e como um possível complemento das sofisticadas tecnologias neurossensórias do futuro, a neurociência está colocando no horizonte produtos farmacêuticos para finalidades altamente específicas, que eu chamo de *neurocêuticos*. Com o aumento da expectativa de vida para um número maior de pessoas, e com a intensificação da competição global, muitos de nós iremos recorrer aos neurocêuticos legalizados como um conjunto de ferramentas avançadas para nos ajudar a viver mais e ter sucesso. Os *cognicêuticos* serão uma classe desses medicamentos para aumentar a capacidade de memorizar. Usaremos *emocêuticos* para reduzir o stress e *sensocêuticos* para acrescentar um grau significativo de prazer às nossas diversas atividades.

O tempo todo, é acima de tudo a química de nosso cérebro que determina o que sentimos e como nos desempenhamos no mundo. Os neurocêuticos darão àqueles que escolherem usá-los a capacidade de competição em níveis máximos e, em alguns casos, de desfrutar mais a própria vida, por proporcionar-lhes uma neuroquímica ideal a maior parte do tempo. Mas é de se esperar que os neurocêuticos venham a criar muita controvérsia social, com questões do tipo: seu uso deve ser permitido apenas para pessoas com doenças ou também para pessoas normais e saudáveis? Questões como essa despertam muitos dilemas éticos, os quais vamos explorar em capítulos mais adiante. Por enquanto, simplesmente imagine como seria o mundo se apenas um pequeno grupo de agentes financeiros — em Dubai, Hong Kong, Mumbai ou na sua própria cidade — tivesse subitamente acesso às tecnologias neurossensórias e aos neurocêuticos.

O uso desse tipo de recurso irá criar uma nova área de atuação, mais eficiente e extremamente competitiva. Essa área será dominada por aqueles profissionais das finanças que possuírem a vantagem da capacidade de previsão baseada em sua neurobiologia em constante mudança, com tanta segurança quanto os serviços bancários e outras profissões da área financeira foram dominadas pelas empresas que se apressaram a tirar vantagem dos canais, estradas de ferro, telégrafo, computação e outros. O número crescente de pessoas que estão fazendo avançar as pesquisas neuroeconômicas e neurofinanceiras trará em breve à luz mais ideias que poderão aumentar a lucratividade de transações multibilionárias e a geração constante de riquezas. Em breve, veremos multidões de profissionais das finanças se apressando para tirar vantagens de cada subsequente inovação. Nada irá estimular mais uma pessoa a colocar em prática novas ideias e tecnologias do que a crença em que montanhas de dinheiro estão à sua espera logo ali, naquele lindo ponto do horizonte onde o presente encontra o futuro.

CAPÍTULO CINCO

CONFIANÇA

Tão errado é confiar em todo mundo quanto não confiar em nin-guém.

— Thomas Fuller

Você precisa é da Poção do Amor Número Nove.

— Jerry Leiber e Mike Stoller

Ter dinheiro na mão é maravilhoso. Mas existe um outro tipo de riqueza que é ainda melhor do que dinheiro. Chama-se "capital social". Quando você o tem, está cercado das condições que criam riquezas e pode confiar que essas mesmas condições irão gerar mais riquezas nos dias futuros.

O capital social abrange tudo o que contribui para uma sociedade funcionar tranquilamente. É a soma de todas as coisas tangíveis e intangíveis, institucionais e culturais que contribuem para manter a vida social e econômica da coletividade em seu patamar máximo. O capital social é a soma de todos os fatores que aumentam o bem comum e minimizam o atrito social e econômico — em outras palavras, de tudo o que faz com que o esforço coletivo seja uma recompensa mais consistente do que o interesse individual.

O país que dispõe de um capital social elevado, ou já se encontra bem solidificado ou está a ponto de se tornar. Quando esse capital é baixo, a pobreza continua fortemente entrincheirada. Os neuroeconomistas acreditam que quanto melhor entendermos o capital social maiores são as condições para criar uma economia global sólida e estável, na qual as riquezas disponíveis se estendem a um número muito maior de membros da raça humana. E é aqui que um raro elemento, de ação sutil, porém profundamente poderosa, o hormônio ocitocina, entra em cena.

A ocitocina é um hormônio secretado naturalmente. Como ele é constituído de nove aminoácidos, alguns cientistas o chamam jocosamente de "Poção do Amor Número Nove Aminoácidos" ou "o hormônio da carícia" ou ainda, num tom um pouco mais sério, "o hormônio associativo".

A ocitocina é produzida no hipotálamo, de onde é liberada para a corrente sanguínea pela glândula pituitária. Ela contribui para que gostemos uns dos outros e nos faz valorizar as situações sociais em que há troca mútua de confiança, bondade e amor. Podemos considerá-la como a base neuroquímica do amor, de todas as ligações e vínculos humanos e, consequentemente, da cooperação e do trabalho em equipe em todos os níveis.

Você pode também considerar a ocitocina como provedora de uma tremenda vantagem competitiva e algo que tem a possibilidade de tornar a vida na emergente sociedade neurocientífica mais agradável e humana do que é atualmente.

É possível produzir sinteticamente a ocitocina, mas infelizmente ela logo se evapora em nosso organismo. Para dispor dela o tempo todo, teríamos de andar equipados com artefatos como aqueles capacetes esquisitos usados por alguns esportistas fanáticos — dois suportes feitos de latas de cerveja dos lados com tubos cobrindo a face. Faz muito mais sentido seguir o método natural. Ele consiste em aprender a estimular a nossa própria produção natural de ocitocina e saber que condições estimulam o hipotálamo e a pituitária a liberar de maneira mais consistente a tal poção mágica.

A pesquisa atual, possibilitada pela neuroimagem, está empenhada em descobrir como fazer isso acontecer. A ocitocina está aí há milhões de anos, pelo menos desde o alvorecer da civilização — cujo desenvolvimento foi possibilitado pela própria ocitocina —, afetando positivamente o comportamento dos seres humanos e de muitos outros mamíferos. Mas ela só foi realmente descoberta, isolada e sintetizada em 1953. Vincent Du Vigneaud foi laureado com o Prêmio Nobel de Química por seus esforços.

Quando as mulheres dão à luz e amamentam, elas liberam uma grande quantidade de ocitocina. E o mesmo acontece com as pessoas de ambos os sexos quando têm a experiência do orgasmo. Mas sua liberação também ocorre em outras situações significativas. As quantidades do hormônio podem ser menores, mas exercem uma enorme influência sobre o nosso comportamento. Por provocarem sensações extremamente positivas, nós ficamos querendo reproduzir as circunstâncias que as proporcionaram.

Toda vez que capta um sinal de que a pessoa com quem está interagindo é de confiança, você libera uma pequena quantidade de ocitocina. Qualquer sinal social positivo, seja ele pequeno ou magnífico, libera uma gota do hormônio em seu organismo, para assegurar que você tanto desfrute como se lembre da experiência. Até mesmo uma gotícula microscópica pode induzir mais confiança. A presença da ocitocina em sua corrente sanguínea pode, portanto, ser considerada um sinal de empatia, em outras palavras, uma prova de que você está entendendo os outros e se relacionando bem com eles.

Dou muita importância à empatia, para não mencionar todas aquelas outras sensações prazerosas que a ocitocina provoca. Aceitei o convite de Paul Zak, diretor do Center for Neuroeconomic Studies da Claremont Graduate University e principal estudioso da ocitocina nos humanos, para participar do experimento que ele iria realizar em seu laboratório. Em um belo dia ensolarado de dezembro, percorri de carro alguns quilômetros para leste de Los Angeles. Lá, na extremidade do *campus* arborizado, num pequeno bangalô dos anos 1920 transformado em centro de pesquisas, recebi quarenta borrifadas de uma solução de ocitocina em minhas narinas. Aproximadamente 10% dessa quantidade entraram em meu cérebro. Os restantes 90% encontrarão receptores por todo o meu corpo.

Centenas de pessoas já participaram dos experimentos conduzidos por Paul Zak e seus colegas.

Assim como muitos neuroeconomistas, Zak acredita que precisamos entender melhor os mecanismos do cérebro associados ao comportamento social. Ele vê possibilidades de esse tipo de conhecimento nos fazer avançar como sociedade, nos ajudar a criar um mundo que naturalmente promova o melhor de nós e nos ajude a encontrar mais satisfação. Zak imagina que os princípios neurocientíficos venham a ser usados para planejar políticas públicas mais eficientes; criar ambientes mais humanos em casa, nas escolas e nos locais de trabalho; e também para nos ajudar a encontrar mais meios de melhorar naturalmente o comportamento social positivo e, ao mesmo tempo, reduzir as tendências antissociais destrutivas.

A importância que Zak atribui a esse tema é suficientemente abrangente para incluir o comércio internacional. Em *Moral Markets*, livro que ele organizou, muitos de seus autores afirmam acreditar que o intercâmbio comercial possa nos tornar mais virtuosos. Nós vemos a competição como uma força propulsora que faz avançar os gananciosos e egoístas, mas o interesse próprio pode levar a competição para um contexto de cooperação. É verdade que a competição é um aspecto inerente à natureza humana. Gastamos bilhões anualmente para sustentar jovens milionários e, também, os bilionários que pagam seus salários. Nossos heróis jogadores de beisebol, hóquei, futebol, basquete e outros esportes vestem uniformes e adotam identidades bárbaras para improvisar dramas, de acordo com os regulamentos (na maioria das vezes), cujo objetivo é descobrir como eliminar outra tribo do mapa ou invadir seu território. Mas apesar de venerarmos o nosso ímpeto competitivo e concedermos medalhas aos vencedores, a cooperação acaba pesando mais para a humanidade. Todos nós pertencemos a grupos, de familiares, amigos, negócios e até nações. Temos de juntar nossos esforços. Temos de manter relacionamentos básicos, que precisam de paz para sobreviver.

Quando há pouca confiança entre as nações, começamos a planejar a guerra. Às vezes, para evitar os custos da guerra, usamos antes a tática internacional da "quebra de braço", rompendo as relações comerciais para ganhar vantagem diplomática. Em geral, essa tática é apenas um prelúdio da guerra. Michael Shermer, professor de economia da Universidade de Claremont e colaborador da revista *Scientific American*, cita o economista francês Frederic Bastiat. Numa reflexão sobre as disputas na Era Napoleônica, Bastiat escreveu: "Onde as mercadorias não atravessam as fronteiras, as armas acabarão atravessando."

Em seu livro *The Mind of the Market*, Shermer observa que as sanções dos Estados Unidos em resposta à invasão da China pelo Japão contribuíram para a decisão de bombardear Pearl Harbor. Em tempos mais recentes, as sanções econômicas exacerbaram os conflitos com Iraque, Irã, Coreia do Norte e Cuba. Pode haver legítimas razões políticas para se aplicar sanções econômicas, mas infelizmente elas parecem acelerar a quebra da confiança. Com a perda da confiança vem a perda da paz.

O trabalho de Zak demonstra as conexões profundas entre confiança, comércio e bem-estar econômico.

A teoria econômica convencional, anterior à neuroeconomia, prediz que uma pessoa racional com interesse próprio jamais deveria confiar em outra. Só que a confiança é vital para a civilização. Nenhuma transação financeira pode ocorrer sem ela. Para que uma economia exista, como também qualquer forma de intercâmbio, nós precisamos acreditar sensatamente que há ocasiões em que podemos confiar em alguém e nos darmos bem.

Imagine como seria o mundo se não existisse confiança ou a cooperação que ela possibilita. Cada um teria de cultivar ou caçar seu próprio alimento, construir e proteger seu próprio abrigo, costurar a própria roupa com fios extraídos de fibras de plantas cultivadas por ele mesmo ou de peles de animais que ele próprio capturou, e assim por diante. O que seria totalmente impossível.

Mesmo que pudesse existir essa total autossuficiência, a humanidade desapareceria numa única geração: os bebês com pais interessados apenas em si mesmos morreriam imediatamente.

Zak é conhecido como o "Rei da Confiança". Com base em nossas interações em muitas conferências, eu posso entender por quê. Sua capacidade para se comunicar e se relacionar com outros é tão impressionante quanto seu estudo da confiança é revolucionário. Seu objetivo último é encontrar meios para fazer que a confiança floresça no deserto, por assim dizer, e ajude as pessoas dos países mais pobres a melhorar suas condições de vida. Ele tem um entusiasmo contagiante quanto a como isso vai acabar acontecendo. Na verdade, ele tem tanta certeza de que a sociedade neurocientífica irá se tornar realidade que, às vezes, parece já estar vivendo nela.

Zak dirige o carro de sua família pela entrada estreita em frente ao bangalô que abriga o centro de suas pesquisas. Uma placa anuncia seu entusiasmo em letras maiúsculas: OCITOCINA. Ele sai do carro; é um sujeito alto usando botas pretas reluzentes de caubói, no auge da meia-idade e exibindo um sorriso de orelha a orelha. Zak me conduz até sua sala, onde me convida a sentar. Um frasco branco de plástico equipado com êmbolo, exatamente igual aos que estão na prateleira de remédios para gripe e resfriado das drogarias, me é apresentado.

Mas antes de ele me mandar inclinar para injetar uma dose de ocitocina diretamente em minhas vias nasais, nós cumprimos os procedimentos preliminares: sim, eu havia acabado de ser examinado por um médico e assinado uma permissão. Sim, eu sei que 25% dos homens que recebem ocitocina dessa maneira experimentam uma ereção.

Eu sou um pesquisador; não tenho medo.

Não obstante, é tranquilizador saber que provavelmente minha pressão sanguínea vai baixar, mas que não vou me sentir "fora de foco", confundindo as coisas ao redor ou sem saber o que estou fazendo. É provável que eu me sinta um pouco mais alegre e à vontade, mas não tanto a ponto de querer beijar todo mundo que aparecer pela frente. O outro único risco, além de um quarto de chance de sentir uma excitação fora de contexto, é alguma forma branda de irritação na garganta e/ou vermelhidão nos olhos.

Aceno com a cabeça que estou pronto e o frasco com êmbolo avança em minha direção.

O procedimento é cinco borrifadas numa narina, pausa para uma respiração prolongada, mais cinco na outra narina e outra respiração prolongada, até completar as quarenta borrifadas. Zak procede muito lentamente para que o máximo possível de ocitocina entre em contato com minhas membranas mucosas.

Como o hormônio natural chega num nível de concentração próximo ao que pode ocorrer na vida real, a experiência tem início de forma bastante branda. Num ritmo gradual, porém inconfundível, ela vai se tornando cada vez mais prazerosa. Quanto ao possível efeito priápico, eu me reservo o direito de não comentar.

Por todo o tempo, tenho plena consciência de onde estou. Podia me mover se quisesse. Mas é uma sensação ótima simplesmente ficar sentado... bem... ali... me espichar e bocejar de vez em quando. Dentro de duas horas aproximadamente 80% da ocitocina estarão fora de meu organismo; depois de quatro horas, ela terá desaparecido totalmente.

Resta tempo suficiente para descobrir como Zak passou a se interessar por esse hormônio, o que ele descobriu até agora e o que ele espera fazer a seguir.

Nos últimos quatro anos, a equipe de economistas e neurocientistas de Zak tem estudado a influência da confiança sobre o desenvolvimento econômico e pensado em como todos nós coletivamente poderíamos manter um fluxo mais livre de ocitocina.

"Eu passei a me interessar pela questão da confiança", ele diz, "por me perguntar por que alguns países são pobres e parecem que nunca vão deixar de ser pobres. Por que não podemos corrigir isso?"

A questão lhe ocorreu num estalo durante um seminário sobre capital social. "Para saber o que é capital social", ele raciocinou, "tenho de entender o papel da confiança. É uma boa maneira de medir o capital social."

Quando vai comprar uma furadeira, uma corneta ou um veículo para uso pessoal, você só estará disposto a gastar seus dólares se tiver uma confiança razoável na qualidade do produto. Como parte do processo, você avalia a pessoa do outro lado do balcão. Ela parece ser de confiança? Ou você examina o manual e a embalagem para ver se o produto oferece fatos concretos e não apenas propaganda. Se ambos esses fatores parecerem positivos, torna-se mais fácil para você tomar a decisão.

As pessoas compram quantidades astronômicas de itens novos e usados no eBay, negociando com pessoas totalmente estranhas, sem a vantagem do contato direto, de manuais e embalagens. O sucesso enorme da principal empresa de leilão on-line está baseado em seu cuidadoso sistema de avaliação. Você terá de confiar na honestidade de outras pessoas, que elas tenham sido o mais imparciais possível nos relatos de suas experiências de negociar com esse estranho em particular que está querendo fazer negócio com você. De alguma maneira, você passa a acreditar que a pessoa totalmente estranha do outro lado da negociação irá provavelmente pagar — ou entregar — o que prometeu. Para aliviar suas preocupações, você checa as avaliações de outros usuários para obter o equivalente eletrônico ao contato pessoal.

Um batalhão de funcionários do eBay trabalha nos bastidores para manter esse sistema de avaliação suficientemente viável para promover e sustentar altos níveis de confiança. Eles atendem a queixas e preocupações e estão sempre procurando meios de aumentar a sensação de proximidade entre os usuários do eBay.

Essa é uma política inteligente. A confiança é o nosso lubrificante socioeconômico. Ela afeta diretamente tudo, desde as relações pessoais até o desenvolvimento econômico global. Os economistas dão muito valor à confiança, pois ela reduz o custo operacional dos negócios. Se a confiança está presente, e é sólida, você não precisa suspeitar da pessoa com quem está lidando. Isso representa uma grande economia de dinheiro e, também, de recursos. Não será preciso gastar tempo e dinheiro averiguando o histórico daquela pessoa e a veracidade do que ela diz. Você não ficará preso a situações como suportar um produto insatisfatório, calotes ou gastos com advogados. Você concluirá o negócio dizendo sinceramente: "Foi um prazer fazer negócios com você." Você e a outra pessoa acabaram de criar juntas uma legítima situação de vantagem para ambas.

"Para entender a relação entre confiança e desenvolvimento econômico", Zak diz, "eu comecei a construir modelos matemáticos de confiança. Eles serviram bem para explicar como o aumento dos níveis de confiança generalizada num país corresponde a um aumento no padrão de vida de sua população. Os países pobres são, em geral, países com baixos níveis de confiança."

"A confiança é uma espécie de variável sumária. Ela capta tudo o que acontece de bom e de ruim numa sociedade. As sociedades com altos níveis de confiança têm instituições sociais e formais sólidas. Elas tendem a promover uma distribuição de rendas mais justa, níveis mais elevados de educação e de renda inicial."

"Em 2001, escrevi um ensaio tratando de confiança e crescimento econômico. Muitas pessoas o leram e citaram. O Banco Mundial então me pagou uma viagem de avião para que eu pudesse participar de um importante encontro. E lá me perguntaram: 'Como se desenvolve a confiança?' Nos seminários, as pessoas me questionavam: 'O que leva duas pessoas a confiar uma na outra?'"

"Eu simplesmente respondi: 'Realmente não sei, sou apenas um economista.'"

Zak diz que finalmente começou a se sentir uma fraude. Ele teria de empreender uma enorme tarefa — descobrir cientificamente por que as pessoas decidem confiar umas nas outras. Em 2001, ele procurou trabalho no laboratório de Vernon Smith, conhecido como o pai da economia experimental. Zak associou-se a Smith apenas um ano antes de ele receber, juntamente com Daniel Kahneman, o prêmio Nobel de Economia.

Smith é o pesquisador que estabeleceu os critérios para experimentos laboratoriais confiáveis em economia. Ele também deu início aos "testes em túnel aerodinâmico", nos quais novos projetos comerciais alternativos — como, por exemplo, a desregulamentação dos mercados de eletricidade — são testados em laboratório antes de serem introduzidos na vida real.

No início da década de 1990, Smith e seu braço direito, Kevin McCabe, criaram um experimento que Zak queria conhecer melhor. Ele é chamado de "Jogo da Confiança" e avalia como as pessoas entendem as intenções dos outros. Apesar de muito simples, o Jogo da Confiança é também extraordinariamente engenhoso e oferece a possibilidade de algumas variações. Zak se concentrou principalmente numa delas chamada de "Jogo do Investimento", um exercício que procura perscrutar a dinâmica individual de ser sujeito e objeto da confiança.

O Jogo do Investimento é feito da seguinte maneira: numa sala repleta de participantes, todos são distribuídos em pares. Os membros de cada par de participantes são conectados via computador e todos podem estabelecer contato pelo olhar com todos os que estão na sala, mas nenhum deles sabe quem é realmente seu par. Cada participante recebe dez dólares simplesmente por comparecer. Em cada par de participantes, um deles é informado que é o Jogador Número Um e que pode enviar qualquer quantia de seus dez dólares — tudo, nada ou algo entre um e outro — ao Jogador Número Dois.

De acordo com as regras do jogo, o pesquisador triplicará cada dólar enviado pelo Jogador Número Um ao Jogador Número Dois. Então, cabe ao Jogador Número Dois decidir com quanto dessa quantia ele quer ficar e quanto — se quiser — ele enviará de volta ao Jogador Número Um. Quando ambos os jogadores tiverem tomado suas decisões, o jogo acaba. Uma amostra de sangue é tirada para testar os níveis de ocitocina, e os participantes vão embora.

Uma pessoa "racional", homem ou mulher com interesse próprio, de acordo com a teoria econômica convencional, deveria ficar com todo o dinheiro que recebeu. Mas isso raramente acontece.

Em média, o Jogador Número Um envia cinco dólares.

Aproximadamente um terço das vezes, o Jogador Número Dois envia mais de cinco dólares de volta. Esses resultados contradizem a teoria econômica convencional anterior à neurociência, mas os experimentos de Zak evocaram vez após outra o mesmo comportamento.

A economia convencional se baseia no assim chamado equilíbrio Nash, cujo nome vem de John Nash, matemático ganhador do Prêmio Nobel. Ele prevê confiança zero tanto na própria capacidade de confiar como de ser digno de confiança. Temos aqui, portanto, um mistério. Por que a maioria das pessoas age contrariamente ao modelo racional de escolha, mesmo com estranhos? Para aumentar o mistério, os participantes raramente conseguem explicar a "razão" de suas decisões. O mais próximo que eles conseguem chegar é "Simplesmente pareceu que era a coisa certa a fazer".

"O Jogo do Investimento é um tremendo golpe na teoria econômica da escolha racional", diz Zak. "Os participantes não decidem isso conscientemente, mas seguem algum tipo de instinto. E mais, sempre que as pessoas recebem um sinal de confiança, elas respondem, de acordo com os resultados alcançados, da mesma maneira. É realmente óbvio que quase todo mundo — aproximadamente 98% da população — quer retribuir a confiança."

A formação de Zak inclui economia, biologia geral e neurociência. Os estudos de biologia lhe mostraram que a ocitocina parece facilitar a predisposição a comportamentos sociais entre os mamíferos, especialmente em espécies monogâmicas em que os machos participam da criação dos filhotes. O rato silvestre é um animal que ilustra bem como a ocitocina influencia o comportamento social e, por isso, é usado em muitos estudos.

Considerando que os seres humanos, em sua maioria, são monogâmicos ou, pelo menos, são monogâmicos periodicamente, Zak achou que a ocitocina provavelmente os influenciaria da mesma maneira que os ratos silvestres. Ele procurou relatos de experimentos com a ocitocina nos seres humanos na literatura científica e descobriu que eles não existiam. Por razões técnicas, que por sorte Zak então ignorava, os efeitos da ocitocina nas pessoas ainda não haviam sido estudados.

"Eu entrei em contato com todos os que já haviam pesquisado a ocitocina no mundo", ele diz. "E todos eles me disseram: 'Nós entendemos que tudo o que descobrimos sobre os roedores vale para as pessoas'."

"Mas mesmo entre as diferentes espécies de mamíferos", diz Zak, "a distribuição dos receptores de ocitocina é totalmente diferente. Não há como usar os dados referentes aos roedores para entender os humanos. E sem estudos com humanos, eu não tenho como criar o modelo seguinte de confiança; não tenho dados em que apoiá-lo."

"Eu estava, portanto, impedido de prosseguir. E me sentia frustrado. Mas essa é uma questão realmente importante. Se conseguir entender isso, talvez eu possa ajudar a reduzir a pobreza. E contribuir para melhorar a vida das pessoas. Isso é muito importante, certo?"

Zak e seus colegas optaram por realizar seus próprios experimentos com ocitocina nos seres humanos. O problema era saber como fazer isso. Como a ocitocina é encontrada no sangue e no cérebro, e como a liberação dela pelo sangue e pelo cérebro ocorre coordenadamente, eles não precisavam fazer punções na coluna de suas cobaias para coletar dados. Essa era a boa notícia. Mas a ocitocina tem uma meia-vida de três minutos, e o sangue se degrada rapidamente em temperatura ambiente. E eles tinham de encontrar um laboratório que fizesse a análise dos dados.

Sem o conhecimento de Zak, pesquisadores da Emory University haviam acabado de criar um método altamente avançado para a detecção da ocitocina. Esse método era de cem a mil vezes mais sensível do que os anteriores. Ele foi criado mais ou menos um ano antes de a equipe da Claremont University começar a trabalhar e muito poucos laboratórios dispunham dele.

Quando Zak estava à procura de um laboratório para analisar as amostras de sangue de seus experimentos, eles escolheram o da Emory University por duas razões simples: baixo custo e vasta experiência em pesquisar ocitocina em roedores.

E foi a melhor escolha, pois a maior sensibilidade do teste daquele laboratório foi crucial para os experimentos com humanos. Os níveis de ocitocina no sangue humano são, na maioria das vezes, próximos de zero. É preciso haver algum estímulo para que ela seja produzida. Com os antigos e menos sensíveis métodos de testar, os dados poderiam não ter revelado nada definitivo. A pesquisadora da UCLA Sue Carter, pioneira em estudos de ocitocina com roedores, disse mais tarde a Zak: "Você teve uma sorte extraordinária! Se não tivesse enviado as amostras de sangue para o laboratório de Emory, não teria obtido nenhum resultado".

A equipe de Zak decidiu realizar o Jogo do Investimento num ambiente em que as pessoas não pudessem ver umas às outras, olhar nos olhos, apertar as mãos nem ter qualquer outro contato que desse algum caráter pessoal à interação. Restaria apenas a intenção de confiar, sem nenhum dos outros elementos.

Quando terminou a primeira e última experiência realizada com o Jogo do Investimento e os pesquisadores avaliaram o sangue dos participantes, as amostras de sangue tiradas após a sua conclusão revelaram exatamente o que a equipe esperava. Os resultados se mantiveram consistentes desde então. Quando alguém recebe uma transferência anônima de dinheiro, denotando confiança, os níveis de ocitocina aumentam; simplesmente dar dinheiro às pessoas não funciona. Quanto mais forte é o sinal de confiança, mais a ocitocina aumenta. E quanto mais a ocitocina aumenta no Jogador Número Dois, maior é a probabilidade de reciprocidade no Jogador Número Um.

Os participantes não passam muito tempo ponderando; o cérebro deles simplesmente os leva a ser merecedores de confiança. Isso prova que os seres humanos têm apurados mecanismos inatos capazes de interpretar sinais sociais e responder a eles. Somos os únicos mamíferos que cooperam regularmente com outros não aparentados que nem conhecemos. E nós fazemos isso o tempo todo. Estamos dispostos a gastar tempo, energia e outros recursos para isso. Nenhuma outra espécie age dessa maneira. Quando abelhas e formigas, por exemplo, cooperam, ela o fazem apenas em grupos muito próximos em termos genéticos. O que os resultados do Jogo do Investimento sugerem, portanto, é que o nosso cérebro está equipado para nos prover de decisões positivas ou negativas rápidas, sem um longo processo de raciocínio: "Esta pessoa não é confiável. Aquela é."

Por meio desse mecanismo cerebral, os seres humanos são capazes de dispor de economias com interconexões amplas, e até mesmo globais, e conviver com elas.

"Esse velho hormônio", diz Zak, "nos permitiu expandir de grupos estritamente familiares para aldeias e, então, para pequenas cidades. E isso possibilitou a especialização das profissões, que levou à geração de recursos excedentes. De repente, a sobrevivência deixou de ser a ocupação por tempo integral de todo o mundo. Com isso, as pessoas puderam se dedicar a buscar conhecimentos e a outras atividades avançadas."

Um outro aspecto interessante com respeito à ocitocina é que o stress aumenta realmente a sua liberação, de maneira que uma quantidade razoável de stress pode fortalecer os vínculos entre os membros de um grupo, família e empresa. Isso explica as amizades por toda a vida que podem ser desenvolvidas entre pessoas que prestam juntas o serviço militar, por exemplo. Mas o excesso de stress faz com que as pessoas se afastem do grupo. O cérebro delas simplesmente as orienta nesse sentido.

"É por isso que o almoço é a refeição mais importante do dia, do ponto de vista da produtividade", Zak diz. "É quando você interage com seus colegas. Quando eu trabalhava em casa, depois de passar alguns dias isolado, eu precisava simplesmente sair para encontrar alguém. Um de meus vizinhos também trabalhava em casa. Eu saía para dizer a ele: 'Olá, Steve, hoje me aconteceu uma coisa boa.'"

Esse curto relato de um incidente particular tem enormes implicações. Os projetos arquitetônicos deveriam levar em conta os modos de funcionamento de nosso cérebro. Deveriam estimular a liberação de ocitocina.

Os seres humanos não querem viver isolados. É estressante tanto em termos fisiológicos como psicológicos. Os ambientes de trabalho que isolam, como os pequenos compartimentos, foram criados para aumentar a eficiência, mas na realidade reduzem o contato entre as pessoas. No sistema penitenciário, os prisioneiros com mau comportamento são punidos com o isolamento. No entanto, por mais eficientes que esses métodos possam ser em outros sentidos, eles eliminam a oportunidade de proporcionar um convívio social que incentive atitudes e comportamentos mais positivos.

"Em um nível fundamental", diz Zak, "a minha pesquisa sobre a confiança demonstra que a base da sociabilidade humana, que requer uma arquitetura neural capaz de 'distinguir a integridade de caráter', é o amor. A ocitocina é a base do 'amor materno'. Ela passa da mãe para o bebê durante a amamentação. Como os seres humanos, em comparação com todos os outros mamíferos, têm um período extraordinariamente longo de adolescência, o nosso vínculo materno e paterno precisa ser especialmente forte e resiliente. Ele deve se estender para fora, nos encorajar a formar vínculos temporários com outras pessoas e nos permitir viver em grupos sociais mais

138

amplos. Faz sentido, portanto, o fato de a ocitocina ter impelido a aquisição de inteligência e o desenvolvimento das primeiras economias baseadas na troca nos seres humanos. Tudo isso vem do amor materno!"

Os humanos podem ser extremamente desconcertantes às vezes, mas há uma coisa louvável que a maioria de nós faz habitualmente. O Jogo do Investimento prova que a maioria de nós se dispõe, por reflexo, a ajudar estranhos, mesmo que isso acarrete algum custo. Dos participantes do experimento que receberam quarenta IUs de ocitocina — a mesma dose que eu recebi —, 80% deles se mostraram mais generosos para dividir seu dinheiro com um estranho do que os participantes que receberam um placebo.

"Na realidade", Zak diz, "nós testamos a confiabilidade de alguém o tempo todo pela observação de sua linguagem corporal, seu olhar, seus gestos e tudo mais. Com exceção das crianças pequenas e da maioria dos autistas, nós sabemos como fazer isso automaticamente, sem nem pensar. É por isso que as pessoas preferem se encontrar pessoalmente sempre que há uma decisão importante a ser tomada, e por isso que assistimos à expansão da prática de videoconferência."

Outro aspecto da confiança, que hoje afeta a vida de muitas pessoas e que também contradiz a teoria econômica convencional, diz respeito à questão de se poder confiar ou não num funcionário que não é diretamente supervisionado. De acordo com a teoria convencional, as pessoas que interagem por meios eletrônicos esquivam-se o máximo possível de suas responsabilidades, para disporem do máximo de tempo e energia para seus interesses pessoais. Essa atitude resultaria no que é chamado de "fluxo de utilidade negativa". Mas a comunicação por meios eletrônicos é hoje uma parte imensamente importante da vida profissional de muitas pessoas. Em alguns casos, ela pode resultar num total de muitos dias a cada mês. Em muitos outros, ela representa quase 100% de uma função.

Se a teoria econômica convencional estivesse certa, o trabalho que envolve a comunicação eletrônica e outras atividades que exigem um mínimo de supervisão simplesmente deixaria de existir. Mas elas se encontram em franca prosperidade, especialmente depois do surgimento da internet. O Jogo do Investimento sugere que essa é uma troca baseada na confiança. As pessoas às quais são confiados valiosos bens e tempo tendem a se empenhar para retribuir a confiança da empresa e, com isso, estimular *feedbacks* positivos.

Talvez seja possível a pessoa acionar o seu próprio fluxo de ocitocina. Pelo menos, essa é uma possível interpretação de um estudo realizado em 2007 pelo professor de economia William Harbaugh da University of Oregon. Em colaboração com membros do departamento de psicologia dessa universidade, Harbaugh usou imagens funcionais de ressonância magnética para estudar como as pessoas são afetadas pelo ato de contribuir com instituições beneficentes.

Usando estudantes do sexo feminino como participantes do teste, os pesquisadores deram a cada uma 100 dólares. Elas podiam ficar com a quantia que restasse, mas antes teriam que doar parte do dinheiro para uma instituição de caridade local. Se elas não contribuíssem voluntariamente, parte do dinheiro seria de qualquer maneira enviada para lá.

Em ambos os casos — tanto na doação voluntária quanto na compulsória —, as áreas do cérebro relacionadas com sentimentos positivos foram estimuladas. A teoria econômica convencional sugere que apenas os muito ricos são capazes de fazer caridade, e isso quando serve para melhorar sua imagem e, consequentemente, a longevidade de seus negócios. "Mas isso não é o que acontece", diz Harbaugh. "Há um alto nível de participação e mesmo as pessoas com poucos recursos doam parte de suas rendas."

Assim como os participantes dos estudos de Claremont, as pessoas foram aparentemente guiadas por suas emoções — ser bom e generoso simplesmente lhes pareceu o mais certo a fazer. O ato de fazer caridade produziu sentimentos positivos.

Read Montague, que realizou aqueles importantes experimentos da Coca-Cola *versus* Pepsi-Cola, tem realizado nos últimos quatro anos estudos sobre confiança recíproca. Seu método consiste em envolver duas pessoas num jogo comercial de várias rodadas enquanto ele visualiza o cérebro de ambos os jogadores simultaneamente, observando como seus sinais vão mudando durante o processo de negociação.

Então, ele teve a ideia extremamente ambiciosa de estender o estudo para o plano internacional, numa abordagem intercultural. Quando falei com ele pela última vez, Montague estava perto de concluir um experimento de dois anos e meio, no qual alguns participantes do Texas interagiam com outros de Hong Kong. Considerando as treze horas de diferença de fuso horário, além das complicações inerentes a um estudo envolvendo diferentes culturas, aquele foi um projeto tremendamente complexo. Montague acha que sua equipe está fazendo descobertas de grande impacto para o comércio internacional e, talvez mais do que isso, com possibilidades de entendimento das relações inter-raciais.

Os pesquisadores estruturaram o jogo comercial com três variações. Algumas vezes, os jogadores se mantiveram em completo anonimato. Ninguém sabia se a pessoa com quem estava negociando era norte-americana ou chinesa. Em outra versão, apenas o chinês sabia que estava jogando com alguém de outra cultura, enquanto o norte-americano não sabia a identidade cultural de seu parceiro de negócios. Na terceira modalidade, era o norte-americano que sabia que estava negociando com alguém de outra cultura. A ideia era ver de que maneira os sinais culturais produziriam mudanças que pudessem aparecer nas imagens do cérebro, como também no comportamento.

O estudo ainda não foi concluído, mas Montague revelou o que ele considera ser sua "grande descoberta". Quando o chinês jogava anonimamente — isso é, sem saber se seu parceiro era um norte-americano ou outro chinês —, ele o fazia exatamente como o norte-americano quando jogava anonimamente. E tampouco as imagens de seu cérebro mostravam qualquer diferença. Mas quando o jogador/negociante sabia a identidade cultural do outro, tanto o comportamento como a ativação do cérebro mostravam alterações.

"Eu ainda não conheço todas as nuances", diz Montague, "mas, em termos essenciais, o fato é que ocorre uma mudança dramática." Aparentemente, com ou sem o nosso conhecimento, o cérebro humano funciona como um computador que muda automaticamente seu modo de operar quando começa a interagir com outro que opera um *software* cultural" diferente.

A edição de janeiro de 2008 da revista *Psychological Science* publicou uma matéria sobre outro estudo intrigante que desvenda algumas variantes de *software* cultural. John Gabrieli, professor de neurociência e ciência cognitiva do Instituto de Tecnologia de Massachusetts e diretor do Martinos Imaging Center do McGovern Institute for Brain Research também do MIT, é um cientista brilhante, calmo e despretensioso, cuja pesquisa abarca o

141

espectro da sociedade neurocientífica. Ele dirigiu uma equipe de pesquisadores que estudou as respostas do cérebro de dois diferentes grupos. Dez participantes eram imigrantes recém-chegados da Ásia Oriental; os outros dez eram norte-americanos. Os testes impunham a ambos os grupos que fizessem rápidos julgamentos perceptivos.

Pesquisas anteriores haviam confirmado que os norte-americanos, como membros de uma cultura que valoriza o indivíduo, tendem a ver os objetos como coisas que existem independentemente do meio. As sociedades da Ásia Oriental dão ênfase aos aspectos coletivos da vida e os membros daquelas culturas tendem a perceber os objetos como partes de seu meio. Estudos realizados por psicólogos comportamentais provaram que essas diferentes maneiras de ver podem influenciar tanto a percepção geral como a memória. Gabrieli e sua equipe queriam saber se essas diferenças culturais resultariam em diferentes padrões de atividade neural.

Com ambos os grupos foram feitos testes visuais simples de dois tipos. Um dos testes envolvia julgar o comprimento relativo das linhas posicionadas próximas a quadrados, sem referência ao tamanho dos quadrados. O segundo envolvia julgar se algumas linhas eram do mesmo tamanho dos quadrados próximos. O primeiro teste requeria um julgamento absoluto, do tipo que os norte-americanos em geral gostam de fazer. O segundo requeria um julgamento relativo, do tipo que em geral é mais fácil para os asiáticos orientais.

As neuroimagens mostraram diferenças muito maiores de ativação do que a equipe esperava. Quando os norte-americanos tinham de fazer julgamentos relativos, as regiões de seu cérebro usadas para realizar tarefas mentais que exigem atenção eram altamente estimuladas. Essas mesmas regiões se acalmavam quando eles faziam julgamentos absolutos. Os padrões de ativação do cérebro dos asiáticos orientais revelaram o contrário — mais ativados ao fazerem julgamentos absolutos e menos ativados ao julgarem os tamanhos relativos das linhas que lhes eram apresentadas.

O que surpreendeu os pesquisadores, além das pronunciadas diferenças nos padrões de ativação, foi o fato de sempre que a parte do cérebro responsável pela atenção de um participante tinha de atuar fora de sua "zona de conforto" cultural, ele passava a agir de uma maneira surpreendentemente ampla. Em certo sentido, o estudo produziu imagens concretas do que acontece quando uma pessoa sente um choque cultural — aquela estranha sensação que você tem ao mergulhar em outra cultura e se surpreender com o modo diferente de pensar e agir das pessoas. Mas em vez de uma anedota sobre a experiência individual de uma pessoa, ou mesmo sobre a experiência coletiva de um grupo, o estudo produziu provas de uma verdade científica. Transpor as diferenças culturais exige de nosso cérebro um esforço suplementar.

"Creio que o mais importante disso tudo", comenta Montague, "é que agora se pode estudar essas coisas. Você não tem de ficar preso a um impasse de opiniões, em que cada um luta para mostrar quem tem mais poder político."

Esse é apenas um exemplo de como a pesquisa neuroeconômica sobre a confiança tem o potencial de levar o nosso futuro comum para uma direção melhor. Os experimentos realizados por uma porção de pesquisadores brilhantes espalhados por todo o globo, alguns dos quais você conheceu neste capítulo, estão começando a abrir as portas para possibilidades de políticas públicas e decisões pessoais que poderão acelerar radicalmente o crescimento do capital social e, consequentemente, nos deixar mais satisfeitos com nossas diferentes instituições globais e locais.

Temos conhecimento desse hormônio chamado ocitocina há pouco mais de meio século e apenas recentemente começamos a estudar como ele atua nas interações humanas. Coincidentemente, estamos num momento da história em que é realmente possível usar o potencial benéfico da ocitocina como suporte para levar os já avançados comportamentos da humanidade a se desenvolverem ainda mais. Talvez, enquanto avançamos para uma interconexão ainda maior e mais generalizada, os estudos da ocitocina possam nos ensinar a fazer as transições necessárias de uma maneira mais fácil, natural e baseada na confiança. Por exemplo, os estudos de Montague e Gabrieli poderiam ser o começo de uma reformulação básica das políticas e procedimentos entre diplomatas, empresários, professores e outros que trabalham em culturas muito diferentes das suas.

As pesquisas em torno da confiança acabarão ampliando a ciência da ergonomia. Iremos além do *design* de móveis, utensílios e ferramentas que seja meramente confortável para o corpo humano para criarmos um *design* que seja também confortável para o cérebro humano nas instituições que afetam nossa vida mental e social.

Do ponto de vista econômico, se o teste da ocitocina fosse barato e de fácil acesso, o resultado seria uma redução das fraudes. Só isso já elevaria os padrões de vida. Temos também de considerar os recursos gastos para fazer valer contratos, em nível nacional e estadual, além de pessoal como indivíduos. Essa é uma tremenda perda econômica, que poderia ser evitada pela medição científica precisa da confiabilidade.

Quando soubermos mais sobre a neurobiologia da confiança — como as pessoas tomam decisões e todos os componentes das interações sociais humanas que fazem parte dos processos de tomada de decisão, desde o desenvolvimento de contratos até a resolução de disputas —, o custo das transações comerciais cairá de maneira surpreendente. Será possível reorganizar as unidades empresariais, corporações e economias inteiras sobre uma base mais sólida de confiança. A sociedade neurocientífica será caracterizada por organizações mais horizontais, com menos hierarquia e mais heterarquia. Atualmente, os salários dos diretores presidentes podem ser mais de cem vezes superiores ao da média dos empregados. Na sociedade neurocientífica, a riqueza de uma corporação irá circular de forma mais horizontal, reduzindo a diferença entre os que têm e os que não têm recursos, ampliando a classe média e reduzindo a pobreza. Esse desenvolvimento irá aumentar o nosso capital social, fazendo que a prosperidade seja mais duradoura.

A neurotecnologia também proverá novas ferramentas para a administração dos negócios, que terá menos a ver com capacidade pessoal de improvisar e mais a ver com ciência. Os melhores gestores de hoje são mestres em entender a motivação humana. Eles adequam seu tom, atitude, estratégias e táticas às necessidades de cada situação individual. Mas muitas pessoas que chegam ao cargo de administrador são com frequência os competidores mais ferozes e nem sempre são dotadas de talentos para a empatia. No futuro, haverá mais pessoas equipadas com melhores ferramentas — treinadas, talvez em usar os recursos da neuroimagem, e até mesmo no uso de neurocêuticos com finalidades altamente específicas —, que contribuirão para que elas tenham a mesma capacidade administrativa que é hoje privilégio apenas dos que possuem naturalmente esse dom. Os estilos de liderança serão marcados por um alto nível de confiança individual, estabilidade emocional e clareza mental. Com isso, teremos equipes trabalhando com melhor desempenho e sentindo prazer em trabalhar para realizar metas comuns.

Imagine alguns dos outros benefícios que seriam possíveis se a pesquisa neuroeconômica conseguisse cumprir um pouco do que a ocitocina promete. A possibilidade de as pessoas se sentirem ligadas umas às outras poderia fazer parte da vida cotidiana. Os estudantes poderiam ter tanto razões emocionais como práticas para desenvolver seus potenciais. Eles teriam mais interesse na escola e nas amizades que ali são nutridas e, portanto, prefeririam continuar nela a abandoná-la. Os empregados perceberiam uma relação direta entre a prosperidade de seus empregadores e a melhoria de sua própria vida, e teriam prazer em investir seus recursos para que essa relação continuasse sendo compensadora. As famílias se ocupariam mais com o fortalecimento dos laços e menos com as disputas.

Tudo isso porque a experiência de bem-estar induzido pela ocitocina, que eu tive no laboratório da Claremont Graduate University, não seria mais algo só para poucos.

CAPÍTULO SEIS

VOCÊ ESTÁ VENDO O QUE EU ESTOU OUVINDO?

A arte está mais próxima da vida do que qualquer realidade jamais conseguiu chegar.

— Ananda K. Kumaraswamy

A capacidade para se deixar confundir é a premissa de toda criação, seja na arte ou na ciência.

— Erich Fromm

No contexto atual de ensino direcionado para "passar nas provas", a arte é uma forma de alívio para o cérebro, uma ideia secundária com a qual entreter a mente, um belo parque em algum lugar fora dos interesses mais vitais da vida. Você pode visitar alguma forma de arte de vez em quando, em busca de alguma diversão para meninos e meninas, em dia de chuva.

No alto de nosso cérebro complexo, a arte é muito mais que isso. É a principal via de informação da humanidade. É o nosso modo particular de lidar com tudo o que somos capazes de pensar e sentir como pessoas e também o meio social de expressar tudo o que pensamos e sentimos. A arte transmite ideias com matizes variados sobre o que significa — em qualquer momento da história — ser mulher, homem, menina, menino, participante da aventura da vida, viajante cujo destino é a morte e possivelmente além dela, ou para explorar qualquer outro conceito que deixa seus rastros ao atravessar as quase infinitas redes neurais de nosso cérebro. Ela é parenta próxima (essa atribuição fortuita do gênero feminino vem das Musas gregas) da religião que, apesar de não se levar muito a sério, sabe que importa muito.

Como a arte é uma das atividades mais complexas e significativas que o nosso cérebro inventou, ela é também uma das principais fontes de questionamento a respeito de como e por que a nossa mente faz o que faz.

Jonah Lehrer examinou a vida e a obra de oito gigantes da criação artística (Whitman, Eliot, Escoffier, Proust, Cézanne, Stravinsky, Stein e Woolf) no livro *Proust Was a Neuroscientist*, lançado em 2007, com base na ideia de que cada um desses artistas imaginou independentemente algo vital com respeito ao cérebro humano e à percepção sensorial, cuja veracidade a ciência está hoje comprovando. Entretanto, é também importante saber que os neurocientistas têm prazer em seguir as sugestões imaginadas por esses grandes artistas. Eles não se sentem intimidados pelo fato de estarem fazendo experimentações com as diversas ideias sobre a natureza da mente com as quais os artistas vêm brincando há milênios. Os neurocientistas se sentem encorajados pelas pistas deixadas pelos artistas e entusiasmados com a possibilidade de desenvolver conhecimentos que surgiram pela primeira vez por meio da expressão do cérebro do artista que os concebeu intuitivamente.

Assim como os nossos prédios são erigidos pelos recursos da tecnologia da construção disponíveis, as obras de arte são concebidas pelas habilidades funcionais de nosso cérebro. A nossa experiência tanto de criar quanto de desfrutar uma obra de arte é definida pelas capacidades de nosso cérebro. Uma nova disciplina chamada de "neuroestética" usa a arte como via para o entendimento das funções organizatórias de nosso cérebro — em particular, como os nossos sentidos transmitem suas mensagens para o cérebro e o que acontece com essas informações sensoriais quando são combinadas, reestruturadas e assimiladas.

Até onde sabemos, toda cultura humana produziu arte. Esse é um fato curioso. A arte não é necessária para a sobrevivência da nossa espécie — pelo menos não num nível evidente. A arte não mata a fome física nem impede que o frio congele nosso corpo. Ela não espantava os lobos nem os tigres-dentes-de-sabre para longe das cavernas de nossos ancestrais. Por

147

que, então, toda sociedade humana produz obras de arte e artistas? Como algo tão prescindível pode fazer circular com seu comércio anual bilhões de dólares? Por que as obras de arte e os artistas mais influentes são considerados sagrados tanto pelas pessoas comuns quanto pelas nobres de nascimento? Por que são temidos pelos autocratas? (Quando certos contadores de histórias e cantores especialmente poderosos da África Ocidental morriam, os caciques tribais colocavam seus cadáveres dentro de buracos de árvores bem longe da aldeia, por temor de que seus poderes se prolongassem para além da vida.)

De um modo ou de outro, os artistas incitam mudanças culturais, pessoais e políticas em nosso cérebro desde que começaram a misturar pigmentos, vibrar sons, estalar ossos secos, bater tambores, tirar fotos, cantar ou escrever versos, e assim por diante.

Os filósofos se empenharam durante séculos em tentar definir a natureza e a importância da arte. Em *A Crítica da Faculdade do Juízo*, Immanuel Kant explora as funções da mente através da arte. Grande parte de *O Mundo como Vontade e Representação*, de Schopenhauer, é dedicada à arte. Ele definiu "gênio" como um dom que todos nós possuímos, alguns mais, outros menos, e considerava a nossa capacidade de alcançar a experiência estética um sinal de genialidade.

Antes de as tecnologias de neuroimagem terem alcançado o nível atual de desenvolvimento, as ideias sobre arte eram tão improváveis quanto intrigantes. Atualmente, os estudantes de neuroestética podem imaginar experimentos provocativos para testar teorias sobre por que somos afetados pela arte. Eles começaram descartando as teorias que não funcionam e estão aprofundando o estudo daquelas que parecem funcionar.

Com os avanços acelerados das pesquisas em neuroestética, a combinação da expressão artística com a tomografia do cérebro nos permitirá chegar a um conhecimento mais sólido e comprovado da humanidade. As satisfações sensoriais proporcionadas por um chocolate de excelente qualidade, as complexidades inerentes aos vinhos produzidos artesanalmente, a exaltação de uma arquitetura arrojada, de peças musicais que — nas palavras de Shakespeare — "conseguem levar a alma humana para fora do corpo", quadros que nos instigam a contemplá-los demoradamente, danças que parecem impelir a própria rotação do planeta, histórias que prendem a atenção tanto de leitores como de ouvintes: todas essas forças podem ser hoje visualizadas como ativações do cérebro nos monitores dos equipamentos de neuroimagem.

A sinestesia é um excelente ponto de partida para o entendimento de como a ciência e a arte se cruzam atualmente. É uma condição neurológica que obscurece as fronteiras que tradicionalmente usamos para dividir os vários territórios do domínio de nossos sentidos. A sinestesia, que é transmitida geneticamente, conduz harmonicamente a muitas outras facetas da neuroestética e permite os primeiros vislumbres das ideias verdadeiramente surpreendentes que estão hoje sendo investigadas.

A sinestesia é a condição — considerada por muitos de seus portadores como uma bênção — que ocorre quando alguém, ao receber uma mensagem sensorial, tem também impressões simultâneas em outros sentidos que aparentemente não têm relação com ela. Por exemplo, a experiência de ouvir uma música pode despertar sensações reais de cores, imagens, sabores ou alguma outra experiência sensorial fora do sentido da audição. Chamamos a pessoa portadora dessa condição (ou bênção) de sinestésico.

O primeiro cientista a descrever a sinestesia foi Francis Galton, um primo mais jovem de Charles Darwin que deu grandes contribuições para a análise estatística no âmbito da ciência e, também, ao estudo da capacidade mental humana, a psicometria, campo criado por ele. Foi Galton quem descobriu que a sinestesia é hereditária.

Numa pesquisa recente, Simon Baron Cohen comprovou as descobertas de Galton. (Enquanto isso, o irmão não cientista de Simon, Sacha Baron Cohen, provou que as pessoas tendem a se mostrar crédulas diante de um ator que se apresenta como jornalista do Casaquistão de nome Borat ou de um falastrão chamado Ali G. É fascinante ver que, enquanto um dos irmãos testa a capacidade mental, o outro testa os limites do gosto e do decoro, ambos realizando um trabalho memorável.)

Alguns sinestésicos têm apenas um pequeno traço dessas respostas sensoriais múltiplas, talvez uma resposta emocional a certas letras com que alguns nomes começam. Outros têm uma experiência mais completa da sinestesia, abrangendo sons, formas, sensações e cores numa sinfonia de percepções sensoriais por todo o dia.

Existe uma outra espécie de sinestesia chamada "espelho-toque" [*mirror-touch*]. Michael Banissy e Jamie Ward do University College London publicaram um estudo em 2007 detalhando como alguns observadores têm seu cérebro ativado, nas mesmas áreas que são ativadas pelo toque, simplesmente por verem alguém sendo tocado fisicamente.[1] Essa pode simplesmente ser a estrutura neural por trás da compaixão, uma avançada e importante característica humana, e a tendência a se importar com o bem-estar de outros, para figurativamente, e talvez também um pouco literalmente, *sentir* o que eles sentem. Os pesquisadores descobriram que as pessoas que obtiveram resultados elevados nos testes de sinestesia espelho-toque também tiveram pontuação alta nas respostas a um questionário com o propósito de medir a empatia.

Wassily Kandinsky, o iniciador da arte abstrata, não precisava de um iPod nem de um CD-player ligado para encher seus ouvidos de música quando pintava. As cores de sua paleta evocavam sua própria música vibrante. Kandinsky nasceu em Moscou em 1866 e desde pequeno sabia tocar tanto piano quanto violoncelo. A pintura lhe possibilitou formalizar a relação que ele percebia entre as cores e os sons. "A cor é o teclado", ele explicou certa vez. "Os olhos são as harmonias, a alma é o piano com muitas cordas. O artista é a mão que toca, tocando uma ou outra tecla para causar vibrações na alma." O amarelo evocava a nota Dó para ele, no timbre de um instrumento de sopro. (O "timbre" refere-se ao caráter vocal de um instrumento ou vocalista. Ele faz com que um Dó tocado no violino soe diferente do Dó saído de uma tuba, apesar de tecnicamente ser a mesma nota.)

Kandinsky pintou sua última grande obra, *Composition X*, durante o período tumultuado da Segunda Guerra Mundial. Ele escolheu um fundo preto porque essa cor tinha para ele o som de uma nota final. Ele ouvia combinações de cores como se fossem cordas, mais dissonantes em algumas combinações, mais agradáveis e assonantes em outras. As formas também desencadeavam associações, das quais o círculo invocava pensamentos pacíficos.

Outro gigante das artes também vindo da Rússia, o escritor Vladimir Nabokov, também era um sinestésico. Há muitos sinais de "elasticidade mental" em seus escritos, inclusive um personagem que compara a palavra "lealdade" com um garfo de ouro exposto ao sol e outro que ouve "o som inconfundível de música de cor alaranjada em sua mente". A sinestesia de Nabokov associava números a cores. Ele descreveu essas sensações incomuns em seu livro de memórias, *Speak, Memory*. Sua esposa, Vera, tinha o mesmo tipo de sinestesia, mas via diferentes cores. Para o filho deles, Dmitri, os números eram combinações das cores percebidas por seus pais, fato esse que ressalta a natureza genética da sinestesia.

No meio do verão de 2007, eu tive o prazer de andar pelas ruas de Boston com Marcia Smilack, fotógrafa artística com doutorado em literatura inglesa pela Brown University. A sinestesia dela é de camadas múltiplas e as fotos nas quais ela registra suas percepções únicas têm sido amplamente expostas. Parece que Smilack tem todas as formas possíveis de sinestesia, com exceção da relativamente comum que associa cores a números. Quando olha para um mapa topográfico, ela vê o tempo. Ela visualiza conceitos em termos de formas. Ela vê o ano, por exemplo, com forma oval.

Antes de me contar isso, Smilack propôs uma pergunta interessante: que forma eu achava que tinha um ano? Depois de pensar por um momento, eu respondi que oval. Será que isso significa que eu tenho uma espécie muito branda de sinestesia? Talvez. Um neurocientista diria que a importância não está propriamente na forma escolhida por mim, mas na intensidade com que a relação entre o conceito e a forma surgiu em minha mente e se ela é reproduzível.

Aconteceu de passarmos, como é comum ocorrer nas ruas de Boston — onde se encontra o Berklee College of Music — por músicos tocando nas calçadas em troca de gorjetas. O primeiro encontro foi com um dueto jazzístico destacando uma jovem que tocava violino. Não conheço música o suficiente para criticar seu desempenho; posso apenas dizer que não gostei. Smilack concordou e viu linhas coloridas no ar, vindas da mulher e de seu instrumento. As linhas eram recortadas, fazendo curvas abruptas que não pareciam ter nenhum propósito consciente.

Alguns quarteirões adiante, nós nos deparamos com uma jovem tocando saxofone ao ar livre. Gostei de sua música. Minha companheira também gostou, e viu linhas curvas dando voltas ao redor da saxofonista, expressões visuais da beleza de sua execução.

Quando Smilack era ainda pequena, ela estendeu o braço para tocar uma única nota no piano da família. A nota saiu verde. Ela achou que todo mundo também visse cores nas notas. Vinte e cinco anos depois, em 1979, achando que estava sozinha numa lavanderia, ela começou a dançar seguindo o ritmo das vibrações da secadora. Então, ela percebeu a presença de outra mulher, uma estudante de psicologia que estava assistindo a sua dança espontânea.

Elas conversaram por um tempo sobre música e arte. Smilack jamais tinha falado com alguém sobre suas percepções sensoriais múltiplas, mas no final da conversa, a mulher disse: "Eu acredito que você seja sinestésica". Intrigada, Smilack se preocupou com a questão por um tempo, mas acabou desistindo.

Vinte anos mais tarde, em 1999, ela leu um artigo no *New York Times* sobre Carol Steen, uma artista nova-iorquina que também é sinestésica. As palavras de Steen expressavam o que Smilack sentia, mas nunca havia articulado. Ela percebeu que usava a sinestesia em seu trabalho artístico havia anos, intuitivamente, sem saber que estava lidando com algo extraordinário. Ela se apressou a enviar um e-mail para Steen dizendo: "Eu ouço com os olhos."

Steen respondeu imediatamente: "Bem-vinda ao clube; você está em ótima companhia".

Smilack desenvolveu um processo artístico em torno de sua sinestesia. Ela vai a algum lugar que parece interessante e ali fica observando e escutando até perceber a chegada de uma reação sinestética. Ela pode surgir em forma de movimento, sabor, textura ou uma combinação de sensações. Quando a forma aparece, ela tira fotografias da cena que evocou sua resposta. Ela é arrastada para as superfícies refletivas da água e espera até o reflexo entrar em sintonia com o movimento do vento. Em suas palavras, o mar é sua tela, o vento é o pincel, enquanto a estação do ano e o lugar dão a coloração. Os prédios que comumente surgem têm formas intrigantemente onduladas.

Smilack acredita que os sinais intuitivos virão mais rapidamente e de forma mais confiável do que os pensamentos manifestos. Em lugar de escolher conscientemente um tema e decidir qual ângulo, composição e luz criarão a foto mais eficiente, ela faz o máximo possível para *não* pensar enquanto aguarda os sinais de seu corpo. Ela evita olhar diretamente para a cena diante de sua lente. Sua intenção é mostrar, e lembrar sempre, que a

152

beleza está em tudo ao nosso redor, "no tempo, no espaço e em todas as coisas entre um e outro, inclusive a consciência", à espera de ser percebida.

V. S. Ramachandran, um proeminente pesquisador da University of California, em San Diego, acredita que a dança sensual da sinestesia possa nos ensinar muito sobre como a linguagem evoluiu, como também a capacidade humana para o pensamento abstrato.

A observação de como a sinestesia ocorre no cérebro apresenta um punhado de pistas quanto aos aspectos de nosso cérebro que apreciam a arte e ajuda a explicar por que nos deleitamos com música, culinária, peças de teatro, filmes e as muitas outras formas de nossa atividade pan-humana chamada arte, a qual os balineses se referem com a bela expressão "trazer os deuses para a Terra".

A maioria de nós conhece este ditado "Quem tem telhado de vidro não deve atirar pedras no vizinho" (embora um derrame ou outro dano cerebral possa às vezes obstruir a nossa capacidade para decifrar linguagem figurada). Quase todos concordam que certas cores, comentários críticos, queijos envelhecidos ou camisas havaianas podem ser cortantes, embora não cortem de fato. A música é às vezes fria. Ideias interessantes e corpos sensuais são quentes.

Esse modo comum de pensar, nossa capacidade de encontrar sentido em linguagem *nonsense*, é uma pista. Ela sugere que talvez todos nós tenhamos um pouco de sinestesia, possivelmente uma versão em pequena escala das mesmas circunstâncias cerebrais que produzem a verdadeira e plenamente desenvolvida sinestesia.

Passei meses procurando entrevistar Ramachandran. (Talvez ele tenha se tornado um pouco avesso à mídia depois de algumas de suas descobertas — como veremos no próximo capítulo — que foram divulgadas de modo espalhafatoso e equivocado pela imprensa popular.) Ramachandran acredita que uma pessoa em cada vinte possui algum grau de sinestesia, mas que ela é sete vezes mais comum entre os artistas, poetas e romancistas. Ele pergunta "Por que isso acontece?"

Algumas pessoas sugeriram que a sinestesia envolvendo números e cores seja simplesmente uma lembrança persistente, possivelmente de uma associação feita a partir de um livro preferido na infância. Ramachandran e sua equipe, em vez disso, preferiram a ideia de que a sinestesia ocorre porque nos sinestésicos, as ativações transpõem as áreas do cérebro que são decisivas para a percepção sensorial. Testando sinestésicos, eles descobriram que, quando mudavam o tamanho ou a forma de uma letra, eles viam uma cor diferente da vista anteriormente. Portanto, não tinha nada a ver com a memória. Era algum tipo de ativação independente e incomum que ocorria no cérebro deles.

Desde então, outros pesquisadores conseguiram mostrar que de fato os sinestésicos têm uma maior quantidade de fibras nervosas entre uma região e outra do cérebro. "Portanto", diz Ramachandran, "é mais ou menos como chegar perto de poder confirmar uma teoria." Ele e seus colegas observaram alguns tipos de sinestesia numa estrutura do cérebro situada nos lobos temporais. Nela, a área que percebe a cor está bem ao lado, quase tocando uma importante área que faz o reconhecimento visual dos números. Os sinestésicos que percebem cores associadas a números têm alguma conectividade extra nessas partes do cérebro que estão próximas.

Segundo a teoria de Ramachandran, a sinestesia ocorre devido a um gene secretor. Num feto, tudo está ligado a tudo. Normalmente, durante o desenvolvimento do feto ou posteriormente na infância, os genes secretores entram em ação e cortam as conexões supérfluas, criando módulos separados que executam diferentes tarefas nos seres humanos adultos. Se há alguma mutação nesse gene e a supressão não atua como deveria, o resultado será uma comunicação cruzada. Se essa comunicação cruzada é extensa o bastante, o resultado é a sinestesia.

"Agora", ele prossegue, "é preciso explicar por que isso ocorre mais comumente em poetas, artistas e romancistas. E a resposta é esta: se a mutação ocorre de forma difusa por todo o cérebro, haverá mais ativações transpondo as diferentes regiões. Como os diferentes conceitos e ideias são representados em diferentes regiões do cérebro, que tal se a metáfora — a grande qualidade que os poetas, artistas e romancistas têm em comum — resulte da associação de palavras e ideias aparentemente sem relação? A mutação daria a você mais oportunidades para criar metáforas."

Para desenvolver seu exemplo, Ramachandran sugere que cada palavra representa um aglomerado de associações, uma penumbra. Quando Shakespeare escreveu "Julieta é o Sol", ele queria que sentíssemos como as penumbras da associação de duas coisas diferentes na realidade se sobrepõem.

Julieta é uma mulher, o Sol não. Julieta vive em Verona, o Sol está a milhões de quilômetros de distância. Mas Julieta é ardente, nutriz e radiante, assim como o Sol também é.

"Essa sobreposição de duas penumbras", continua Ramachandran, "é a base da metáfora: extraímos o que é comum entre Julieta e o Sol. Se as ativações no cérebro de uma pessoa deixam as penumbras mais próximas, então há uma maior sobreposição e, portanto, mais oportunidade para a metáfora, ela se torna artista. É isso que nós achamos ser a causa da persistência desse gene. Por que outro motivo uma pessoa em cada vinte teria sinestesia? Se fosse um gene inútil, ele seria eliminado pela força genética. Mas isso não ocorreu. Eu acho que em função dos propósitos ocultos do gene. Ele faz que algumas pessoas sejam mais criativas."

"O que", eu arrisco, "tem uma vantagem seletiva?"

"Sim", ele responde. "É por isso que os artistas falam tanto sobre sinestesia. De acordo com a ideia antiga, eles eram todos malucos. Agora, eles podem perceber que suas diferenças das pessoas normais são valiosas."

Os pesquisadores de neuroestética tendem a ver os primeiros mecanismos fisiológicos básicos como pistas para o entendimento de por que somos sensíveis à arte. Ramachandran observa também os processos cognitivos superiores. Por exemplo, certas partes do cérebro são ativadas quando olhamos para rostos, mas reagem com mais intensidade diante de rostos criados artisticamente do que diante de rostos corriqueiros. "Por que o rosto em uma grande obra de arte é mais evocativo do que qualquer face conhecida?", Ramachandran pergunta. Ele acha que há três coisas importantes em ação quando sentimos uma reação estética.

A primeira é a anatomia do cérebro, o *hardware* físico do nosso computador mental. A segunda é o conjunto de leis psicológicas por trás de nossas respostas — como, por exemplo, quando temos uma típica reação de surpresa ao ver, reunidos, grupos de coisas relacionadas. A maioria dessas leis psicológicas ainda não foi descoberta, mas pelo uso de neuroimagens, os cientistas podem fazer previsões específicas delas e chegar a testá-las, o que só se tornou possível na década passada. "Você pode, portanto, fazer um monte de perguntas sobre coisas diferentes", diz Ramachandran. "É a primeira coisa que se faz em ciência. Em seguida, você descobre que há alguns padrões, leis perceptivas ou estéticas, e consegue defini-las."

O terceiro aspecto diz respeito à evolução. Por que essas leis evoluíram? De que maneira elas contribuíram para a sobrevivência e reprodução dos primeiros seres humanos? Aqui, temos uma pista surpreendente. Em um ensaio amplamente citado de 1999, Ramachandran e seu colega William Hirstein prenunciaram que o cérebro responderia com ainda mais intensidade a caricaturas, desenhos como charges políticas, que exageram imensamente os traços de um rosto.[2] Pesquisas recentes confirmaram essa ideia. Ramachandran acredita que a razão dessa peculiaridade da percepção humana possa ser encontrada no livro *The Herring Gull's World*, escrito pelo cientista holandês Nikolaas Tinbergen, ganhador do Prêmio Nobel de 1973.

"Por que", pergunta Ramachandran, "você reage a uma caricatura distorcida? A explicação pode estar no exemplo do filhote de gaivota de Tinbergen. Ele notou que os filhotes de gaivota, quando querem comer, começam a bicar o bico da mãe. A mãe então regurgita comida para eles."

"O bico da mãe é longo e amarelo com uma mancha vermelha na ponta." Tinbergen descobriu que bastava agitar um bico ao redor para os filhotes avançarem em busca de comida. Em seu entendimento, bico é sinônimo de mãe. Simplesmente, um atalho para o reconhecimento de sua fonte alimentar. Mas então Tinbergen descobriu que nem precisava ser um bico. Bastava que ele pegasse uma vareta longa e amarela e pintasse nela três listas vermelhas para os filhotes responderem com ainda mais intensidade. Isso tem a ver com uma espécie de código relativo ao bico da mãe no cérebro dos filhotes. Com um bico artificial extraordinário, você excita mais o filhote do que com o bico verdadeiro.

"Eu acho que quando respondemos à arte abstrata, ou semiabstrata, estamos respondendo da mesma maneira que os filhotes de gaivota. Estamos vendo uma versão estilizada e exagerada de algum tipo de padrão que nos proporciona uma surpreendente experiência de excitação ou prazer. Isso parece ocorrer em muitos níveis diante de grandes obras de arte e esses níveis parecem se harmonizar uns com os outros, criando o clímax último e final da experiência de surpresa diante de uma grande obra de arte."

Como eu sempre quis saber como uma pesquisa nova pode ser aplicada à vida cotidiana, perguntei a Ramachandran se ele achava que os artistas vão começar a usar esse tipo de conhecimento para ajudá-los a criar uma arte mais evocativa.

"Eu acho que sim", ele respondeu. "Muitos artistas, ao tomarem conhecimento da pesquisa, dizem: 'Magnífico! Agora eu sei que não sou maluco! Estou na realidade seguindo essas leis'. À medida que têm mais consciência do que estão fazendo, eles começam a fazer ainda mais."

"Para avançar mais um passo", eu pergunto, "você imagina esse conhecimento sendo aplicado a tentativas de criar novas formas de arte?"

"Sim, e muito. Eu acho que um artista extremamente talentoso pode tirar proveito desses princípios e mesmo ampliá-los. Tem um sujeito chamado Bruce Gooch no noroeste dos Estados Unidos que desenvolveu algoritmos de computação que imitam algumas das leis."

Visitando o site de Gooch na internet, eu descobri que ele está realizando um trabalho que vai além de sua tese de doutorado de 2003 intitulado "Human Facial Illustrations: Creation and Evaluation Using Behavioral Studies and fMRI". Olhando para suas imagens e publicações, lembrei-me do que Ramachandran havia dito: "Em teoria, portanto, no futuro distante, você poderá ter um computador que crie belas obras de arte abstrata com base nesses princípios."

A linguagem é evidentemente um meio de expressão artística, como também a música. Por meio de neuroimagens foi demonstrado que ambas usam muitas regiões do cérebro e que muitas delas são de uso comum. Charles Darwin acreditava que nossos ancestrais tivessem um bom entendimento de música antes de desenvolverem a linguagem. Ele achava que a música possa tê-los ajudado a encontrar seus pares, permitindo-lhes que — por meio de sons memoráveis, exatamente como os compositores de hoje tentam introduzir "refrões" em verso e melodia em suas composições, para dificultar o seu esquecimento — eles se sobressaíssem dos concorrentes. Supostamente, quando um homem ou mulher retornava à caverna tribal após passar o dia em busca de alimento, o possível companheiro lembrasse o conjunto de sons agradáveis e ficasse feliz ao vê-lo — talvez feliz o bastante para misturar as peças do jogo de dados genéticos e, com isso, assegurar outra geração de amantes de música.

Quase todos reconhecem a ligação entre música e emoção. Mas antes do surgimento da neuroimagem, muito poucos acadêmicos se dispuseram a investigar essa confluência. A emoção é vista como oposta à racionalidade, algo que deve ser dominado em vez de valorizado.

Lidar bem com as emoções envolve um conjunto de habilidades que requer muito trabalho, mas as próprias emoções podem ser vistas como nossos primeiros sinais de advertência, mecanismos importantes de resposta para lidar com a mudança. Como mostra o processo artístico desenvolvido por Smilack, os impulsos têm a vantagem da rapidez. Eles chegam mais rapidamente do que somos capazes de combinar as impressões dos sentidos em completas estruturas coerentes. Para as situações que requerem decisões imediatas, as emoções nos dão uma resposta mais rápida.

Em seu livro lançado em 2005, *The Singing Neanderthals: The Origins of Music, Language, Mind, and Body*, Steven Mithen sugere que a linguagem e a música se desenvolveram mais ou menos ao mesmo tempo. O fato de ambas se encontrarem em várias áreas do cérebro indica que elas têm um alto grau de importância evolutiva. É possível que, mesmo perdendo a função, certas áreas do cérebro retenham aspectos importantes da linguagem e da música. A linguagem e a música levam nosso cérebro a se harmonizar em muitas regiões. Isso vale tanto para as situações em que criamos com base na música ou na linguagem como para quando somos meros ouvintes.

Daniel J. Levitin observou em seu livro *This Is Your Brain on Music: The Science of a Human Obsession*, publicado em 2007, que as vítimas do mal de Alzheimer podem perder grande parte da memória e continuar lembrando-se de canções, especialmente as canções de seus primeiros anos de vida. De acordo com Levitin, os centros emocionais do cérebro trabalham juntos com neurotransmissores para "recuperar" as lembranças da música que teve importância emocional para nós. Isso explica por que cada geração sente nostalgia da música de seu tempo e por que é fácil encontrar rádios com programas dos "velhos bons tempos". Os anos da adolescência são carregados de emoções — para não dizer que são voláteis — e as conexões com a música dessa fase ficam profundamente gravadas. Levitin foi um guitarrista de *rock* que chegou à neuroestética por um caminho tortuoso. Anos atrás, sua banda assinou um contrato de gravação com um estúdio de San Francisco, mas então implodiu. Por sorte, os engenheiros de som perceberam o fascínio de Levitin pelo trabalho deles e ensinaram o suficiente para ele poder começar a trabalhar profissionalmente em sua área. Mais tarde, os cursos que fez em Stanford o motivaram a percorrer o caminho até o doutorado. Hoje, ele ensina na McGill University, com especialidade em neurociência e música.

Essa universidade é atualmente um centro importante de estudos de música e neurociência, juntamente com a University of Montreal, especialmente depois de ter aberto, em 2007, um centro em Montreal de 14 milhões de dólares, chamado BRAMS. Essas cinco letras que dão nome ao centro de pesquisa referem-se a BRAin, Music, and Sound. Entre os principais idealizadores da concepção do centro estão Robert Zatorre, neurocientista da McGill, e Isabelle Peretz, psicóloga da University of Montreal.

No BRAMS há um auditório, onde os cientistas observam como os ouvintes respondem à música, e um estúdio à prova de som equipado com um piano especial Bösendorfer conectado a um computador e circundado por 24 câmaras com a finalidade de registrar a menor nuance física dos pianistas enquanto tocam.

Oliver Sacks fez da música e da neurociência o foco de seu livro mais recente, *Musicophilia*. Sacks cita a pesquisa que Zatorre fez com neuroimagem, na qual os participantes apresentaram, enquanto se imaginavam ouvindo música, ativação numa área importante de seus cérebros, o córtex auditivo, de maneira quase tão intensa quanto nos participantes que realmente ouviram a música executada.

Sacks explica que as atividades de ouvir, compor e executar música ativam o córtex auditivo, como também o córtex motor e outras regiões do cérebro envolvidas nas atividades de escolher e planejar. O fato de essas regiões serem ativadas pela música mesmo na ausência de sons explica um dos fenômenos mais intrigantes da história da arte — Beethoven continuou compondo música mesmo depois de ter ficado surdo.

Não é apenas a combinação de sons e capacidades motoras e de planejamento que faz uma música ser memorável. Outro ingrediente-chave é o talento para combinar elementos musicais de maneiras imprevistas, porém plenamente satisfatórias.

Em San Francisco, minha cidade natal, vive um cantor e compositor chamado Jesse De Natale. Ele cria algumas combinações de sons e imagens que eu aprecio muito, mas jamais consegui eu mesmo criar. Por exemplo, "Nightingale" é uma canção que fala de morte, mas que é também animada e bastante alegre. A canção diz aos ouvintes que procurem ser amorosos, porque todos que conhecemos acabarão "desaparecendo no arco-íris". Nós costumamos pensar que as pessoas que morrem vão para dentro da terra, num caixão. Parece que De Natale os vê radiantes, em algum lugar no céu, talvez visíveis a nós apenas de vez em quando. Somente alguém com um cérebro incrivelmente atípico seria capaz de articular tal ideia para o resto de nós numa melodia bem afinada.

De acordo com o altamente respeitado pesquisador britânico Semir Zeki, a criatividade está na capacidade de ver relações que ninguém jamais viu. Ele acredita, muito à maneira de Ramachandran, que os artistas e outras pessoas criativas tenham no cérebro uma capacidade para estabelecer relações que o resto de nós não tem, mas que é possível até certo ponto desenvolvê-la. Se isso é verdade, nós apenas temos de admirar a criatividade deles; podemos aprender a também desfrutar esses estados criativos. Afinal, como dizem os músicos, você não "trabalha" um instrumento musical. Você o *toca*.

Zeki é um sinestésico. As letras de uma palavra podem mobilizar suas emoções em vários sentidos. Especificamente, ele sente a personalidade da palavra, inspirado antes de tudo por sua primeira letra. Quando a cidade que antes se escrevia Calcutá teve sua ortografia modificada para Kolkata, ela começou a evocar uma sensação bem diferente, e menos agradável, em sua mente.

Zeki vive em Londres e durante toda a sua vida foi fascinado por ópera, arte e literatura. Ele é também um dos neurobiólogos visuais mais reconhecidos do mundo, um dos pioneiros em pesquisas neuroestéticas e professor do University College London. No mês de janeiro de todos os últimos anos, eu o tenho encontrado em Berkeley, onde ambos participamos anualmente da Conferência de Neuroestética promovida pela Fundação Minerva. Zeki foi de fato o ganhador do primeiro Golden Brain Award que a Fundação Minerva concedeu, em 1985. É uma espécie de Oscar da neuroestética.

As conversas com Zeki são sempre intensas, reveladoras e extremamente divertidas. "A sinestesia foi por muito tempo considerada uma aberração", ele me disse recentemente. "E de fato é. Mas eu ficaria tremendamente desapontado se algum dia ela me fosse tirada. Ela enriqueceu a minha vida de maneira significativa."

Empolgado, embora de uma maneira perfeitamente britânica e educadamente ajustada, Zeki revelou que acabara de receber a primeira subvenção relacionada a humanidades a ser concedida pela Welcome Trust, a maior instituição médica beneficente do mundo. (Transpor as fronteiras tradicionais nas universidades, hospitais e outras instituições é uma façanha característica da revolução neurotecnológica.)

"Eu acho que o que vai acontecer nos próximos três ou quatro anos", Zeki me disse, "é o entendimento de que há problemas *comuns* que as diferentes disciplinas vêm simplesmente tratando de maneiras *diferentes.*"

Por exemplo, ele observou, embora a primeira ideia que ocorre a alguém com respeito às experiências estéticas tenha provavelmente relação com o prazer, essas experiências podem também evocar dor. "Os centros do cérebro responsáveis pelo prazer e recompensa estão sendo estudados em grandes detalhes, mas sabe-se também que uma grande obra de arte, como a *Pietà* de Michelangelo, é profundamente tocante, mas cuja contemplação é também dolorosa."

Michelangelo criou muitas esculturas sobre o tema da retirada de Jesus da cruz, inerte e sem vida nos braços de sua mãe Maria. A mais famosa *Pietà* é a que está exposta na Basílica de São Pedro no Vaticano. Ela apresenta uma imagem em mármore opaco do mais profundo sofrimento e perda inimaginável. Ainda assim, essa estátua reflete uma espécie de serenidade, talvez na compostura da face de Maria. Ela parece saber que seu filho irá ressuscitar.

"Como podemos apreciar uma obra de arte que nos provoca dor? Essa pergunta tem sido colocada pelos filósofos há pelo menos dois mil anos", Zeki disse. Mas apenas recentemente passou a ser considerada uma questão apropriada para um neurobiólogo, pela "razão extremamente simples de que tais perguntas são da esfera das humanidades. Mas é óbvio", Zeki prossegue, "que não são. Essas questões pertencem à esfera da ciência. Elas são próprias da mente inquisitiva."

Logo no início de sua carreira, Zeki parou para se perguntar: por que estudar o cérebro visual em tantos detalhes se, como cientista, ele não poderia expressar uma única palavra sobre o que acontece em nosso cérebro quando contemplamos algo que nos parece belo? Em 1994, ele foi convidado a dar a famosa palestra Woodhull para a Royal Institution da Grã-Bretanha.

Ele aproveitou a oportunidade para perguntar ao diretor se poderia falar sobre arte e cérebro. "Achei que ele fosse me insultar", Zeki lembra, "e me responder com algo do tipo 'Convenhamos, esta é uma instituição científica!'" Mas ao contrário do que esperava, Zeki recebeu uma aprovação entusiasmada, que o incentivou a continuar explorando cientificamente seus interesses estéticos.

Nos últimos anos, e de maneira mais decisiva desde o advento das imagens funcionais por ressonância magnética, a neurociência conquistou terreno em quase todas as esferas científicas, incluindo química, farmacologia, fisiologia, ciência da computação e anatomia. As humanidades são a última fronteira.

Para Zeki, as humanidades e a neurociência *andam juntas* e uma tem poder para estimular o crescimento da outra.

"Certos problemas colocados pelas humanidades, ou pela filosofia ou pela arte", ele diz, "são de enorme interesse para a neurociência." Por exemplo, o pintor francês Cézanne gostava de retratar tanto a paisagem como as pessoas simples de Aix-en-Provence, na região rural do sul da França. Ele voltava frequentemente ao mesmo tema, como o pico da montanha nas proximidades, mas o pintava de maneiras sutilmente diferentes a cada vez. Cézanne tem relações estreitas com impressionistas como Pissarro, seu grande mestre. Mas sua arte evoluiu aos poucos em direções que apontavam para o cubismo que Picasso e outros desenvolveram.

"A preocupação de Cézanne", Zeki me disse, "era tentar ver como a forma é modulada pela cor. Hoje, sabemos que forma e cor são resultados de diferentes funções do cérebro. Um dos problemas da neurobiologia visual é saber como as duas funções separadas interagem para nos proporcionar percepções aparentemente unificadas, com as cores reatadas com as formas."

A arte cinética, cujos exemplos têm a propriedade da mobilidade, também exerce fascínio sobre Zeki, tanto como amante das artes quanto como cientista.

Marcel Duchamp construiu a primeira peça de arte cinética em 1913. Chamada de *Bicycle*, ela é simplesmente uma roda dianteira de bicicleta montada sobre um conjunto convencional de forquilhas e fixada de cabeça para baixo no assento de um banquinho de quatro pernas pintado de branco. O mais famoso artista cinético foi o escultor norte-americano Alexander Calder. Quando estava com vinte e tantos anos, ele mudou-se para Paris, onde passou a frequentar festas, sempre levando consigo um rolo de arame e um alicate. Ele conseguia torcer o arame de maneira a criar formas extravagantes, brinquedos e objetos circenses. Calder inventou o móbile, uma escultura suspensa cujas partes se movem independentemente.

Com o desenvolvimento da arte cinética, a forma e a cor tornaram-se menos importantes para as obras, enquanto o movimento ganhou mais importância. Segundo Zeki, "A ênfase passou realmente a ser colocada no movimento dos objetos. Coisas que não faziam nenhum sentido". A arte cinética era muito apreciada pela vanguarda, mas a maioria das pessoas não a entendia.

Atualmente, quase todas as crianças nos Estados Unidos crescem vendo móbiles girando no espaço sobre seus berços. A invenção de Calder é considerada um estímulo ao desenvolvimento do cérebro e um meio de fazer a criança dormir.

Segundo Zeki, há um fato neurobiológico que pode explicar por que a arte cinética exerce fascínio tanto em bebês quanto em adultos. Todos nós temos no cérebro uma região voltada para o movimento visual, mas não interessada em formas ou cores.

A neurociência, Zeki acredita, será "senão a rainha das ciências no próximo século, com toda probabilidade uma das princesas. Não há nenhuma dúvida quanto a isso. As pessoas estão muito interessadas no cérebro e em suas funções. Mas elas podem ter dificuldades para entender a estrita terminologia científica. Seria muito mais fácil para as pessoas entender algo do tipo 'Falemos hoje sobre amor e beleza — a neurobiologia do amor e da beleza'. Não existe assunto mais fascinante do que esse. Assim, o amor pelo belo se tornará um meio de aproximar as pessoas de disciplinas e métodos científicos que serão de enorme importância no futuro".

Zeki acredita que assistiremos a aplicações práticas da neuroestética no futuro próximo. Por exemplo, há uma aventura irresistível, ainda que muitas vezes complicada, que os nossos antecessores chamaram de "busca da felicidade". A maioria de nós gostaria de ter uma vida mais feliz; só que nem sempre sabemos o que nos faria mais felizes. Fomos treinados para acreditar, pelas escolas e religiões, pais e outras figuras influentes, que o prazer e o pecado andam de mãos dadas. O que pode ser verdade, às vezes, mas também uma fonte de confusão e má orientação. Essa crença pode levar ao que ficou conhecido como Visão Listerine da Vida: algo que lhe proporciona muito prazer não pode ser muito bom para você.

"Em que situação", Zeki pergunta, "uma pessoa pode ser considerada, em termos neurobiológicos, feliz e satisfeita?"

Essa é a questão central do livro de Sigmund Freud, lançado em 1930, *Das Unbehagen in der Kultur*, cujo título em português é *O Mal-Estar da Civilização*, mas os leitores de língua inglesa o conhecem como *Civilization and Its Discontents* (título descaradamente parodiado pela banda de rock Fibonaccis em seu álbum lançado em 1987, *Civilization and Its Discotheques*).

Freud observou que as pessoas, apesar de todas as conquistas extraordinárias e que continuam sendo acumuladas pela civilização ocidental, em geral não estão muito satisfeitas. O que elas buscam, então? Elas buscam felicidade. Mas o que significa buscar felicidade? Freud chamou isso de "satisfação do Princípio do Prazer". Esse importante, porém vago, *insight* é algo que a neurobiologia pode hoje nos ajudar a entender. Por exemplo, podemos criar algum tipo de escala emocional relativa para ajudar as pessoas a saber quais são as condições que mais as satisfazem. Isso não é algo que existe apenas no plano da imaginação.

Alguns dias antes de nos encontrarmos, Zeki enviou um manuscrito intitulado "Esplendores e Misérias do Cérebro" para uma editora acadêmica. O título foi inspirado no romance *Esplendores e Misérias das Cortesãs*, de Gustave Flaubert. O livro de Zeki trata rigorosamente de ideias em torno do futuro da neuroestética. Ele prevê que em vinte anos talvez, ao lerem *Madame Bovary* de Flaubert ou *Os Irmãos Karamazov* de Dostoievski, as pessoas se deparem com alguma descrição que as leve a entender quão próxima elas estão das descobertas neurobiológicas que a essa altura já serão de conhecimento comum.

A neuroimagem também irá nos ajudar a definir exatamente como e por que uma obra de arte realmente genial nos afeta de maneira diferente que uma obra mais prosaica. "Grande parte da música é improvisada", Zeki prosseguiu. "Há também muito conhecimento por trás dela. Mas os grandes improvisadores, como John Coltrane e Ray Charles, obtiveram alguns efeitos mágicos. Eu os ouço sempre de novo, muitas e muitas vezes. Eles conseguem acertar precisamente o tom e sua música permanece fascinante e perfeita para sempre."

"Então, seria extremamente interessante ver no tomógrafo as pessoas ouvindo notas produzidas com tal perfeição e, em seguida, outras versões do mesmo material que não têm a mesma qualidade. Em que lugar do cérebro a ativação seria diferente? Será possível chegarmos a alguma medida objetiva da satisfação que eu obtenho, e que outros obtêm? Porque existem milhões de ouvintes que jamais se cansam de Coltrane, Louis Armstrong e Ella Fitzgerald. Eu ouço Ella há anos e simplesmente não consigo detectar nela nenhuma nota errada. A inflexão de sua voz em certos momentos é obra de gênio. Mas é improvisada."

Submeter as pessoas a exames de tomografia para entender detalhes tão delicados é algo que os estudiosos de neuroestética farão com muito mais frequência nos próximos anos. Ampliando a visão da sociedade neurocientífica, é possível vislumbrar toda uma série de desdobramentos que surgirão dessa pesquisa para transformar o nosso modo de perceber o mundo ao nosso redor.

Com os avanços da neurotecnologia, teremos condições de trabalhar no sentido inverso, reviver as experiências geradas pela arte e usar alguma futura variante das imagens funcionais por ressonância magnética para nos mostrar como criar belas canções, peças de teatro e pinturas. Chegará o dia em que, para tornar-se um grande artista, a pessoa terá de conhecer os fundamentos da neuroestética. Isso quer dizer que surgirão novas formas e estilos de criatividade artística que ainda não foram concebidos. Talvez até algo tão novo quanto a arte cinética repouse à sombra de nossos neurônios. Além disso, muitas novas ferramentas e tecnologias irão mudar o nosso modo de perceber a arte e o entretenimento, indo além dos aparelhos neurossensórios de *videogame* capazes de ler as emoções, que mencionamos no Capítulo 3.

Ao nos livrarmos da neurobiologia que está por trás da dor, da dependência e do prazer, surgirão outras formas de "cêuticos" específicos para o prazer, capazes de estimular um novo tipo de experiência. Esses neurocêuticos indutores do prazer, sem causar dependência, serão acessíveis em forma de pequenas doses. No início, eles poderão aumentar, mas logo substituirão as escolhas viciadas e destrutivas da era pré-neurocientífica.

165

Esses novos recursos terão potenciais altamente refinados para induzir, por exemplo, experiências sinestéticas específicas por um determinado período de tempo, ou até mesmo um período perfeitamente programado de empatia para o momento de compaixão de um concerto.

Neurotecnologias de todos os tipos, incluindo dispositivos não invasivos que estimularão diferentes regiões do cérebro a induzirem suavemente sensações, serão usadas em sintonia com ambientes de realidade virtual para gerar cenários experimentais de entretenimento também criados com a ajuda da neurotecnologia. Parece exagero? Basta observar a história para constatar que novos instrumentos tecnológicos possibilitaram o surgimento de formas totalmente novas de arte. Por exemplo, a eletricidade tornou possível o advento do cinema (no começo, sem som e depois, inacreditavelmente, o cinema sonoro), e o *microchip* possibilitou os efeitos de animação virtual que constituem a espinha dorsal dos jogos de videogame e da música eletrônica, ouvida por centenas de milhões de pessoas em todo o planeta.

Evidentemente, há muitos obstáculos ao desenvolvimento dessas novas ferramentas, dos quais o menor não é uma estrutura básica de políticas globais em relação às drogas, estabelecida por três convenções da ONU, em 1961, 1981 e 1988. Entre outras, essas convenções estabeleceram regras proibindo, em quase todas as circunstâncias, "a produção, manufatura, comércio, uso ou porte de drogas não medicinais e potencialmente prejudiciais, naturais ou sintéticas, além do tabaco e do álcool". É interessante notar que essas convenções não fazem nenhuma menção a meios externos não invasivos de estimulação.

Recentemente, muitos países, entre eles a Austrália e o Canadá, começaram a questionar a lógica dessa proibição global e estão considerando a legalização de certas drogas ilícitas, enquanto acentuam a ênfase em programas de "redução dos danos". Embora seja interessante observar que os governos estão colocando algumas perguntas certas, legalizar drogas nocivas e substâncias que causam dependência é sem dúvida alguma a resposta errada. O conhecimento está à nossa disposição para desenvolvermos novos meios recreativos e sem risco de dependência que sejam capazes de induzir uma imensa variedade de experiências específicas de prazer sensorial. O impacto do desenvolvimento desses meios que não causam dependência irá muito além das possibilidades de expandir a expressão artística, das decisões judiciais, das salas de aulas e salas de reunião de diretorias de todo o planeta.

O domínio dos sentidos é também o domínio do prazer. A revolução neurotecnológica nos permitirá adentrar muito mais, e com muito mais satisfação, esse território infinito.

CAPÍTULO SETE

E DEUS ONDE ESTÁ?

Preocupa-me onde esta noite se encaixa no Esquema Cósmico das coisas.
Preocupa-me [a possibilidade de] não existir nenhum Esquema Cósmico das coisas.

— Lily Tomlin

Passar mais tempo aprendendo é melhor do que passar mais tempo orando.

— Maomé

Com muito cuidado — porque este é o território mais perigoso do mundo — mas decididamente — porque a ciência tem muito orgulho do que fez para a humanidade avançar até aqui —, a neurotecnologia começou a adentrar o território do sagrado.

Esses passos estão sendo dados com cuidado e metodicamente, com um respeito saudável pela profundidade inescrutável da religião na vida dos crentes, e com pleno conhecimento de que na história do pensamento humano não existe nenhum outro campo minado que seja mais traiçoeiro do que a religião. Como comentou certa vez Lily Tomlin: "Falar com Deus é orar. Mas ouvir Deus é loucura."

A metade absoluta dos norte-americanos confessa ter tido alguma experiência espiritual que considera um momento decisivo que mudou o rumo de suas vidas. Mas de acordo com o National Opinion Research Center, quase um em cada cinco americanos relata experiências que poderiam ser listadas nas páginas do DSM-IV, o manual básico para diagnóstico de doenças mentais, como ouvir a voz de Deus, ter experiências fora do corpo ou receber visitas de pessoas mortas.

Apesar de a frase mais citada de Nietzsche ser "Deus está morto", muitos pesquisadores de diferentes orientações religiosas e não religiosas acreditam hoje que aquilo que chamamos de divino vive nos circuitos de nosso cérebro e que a ciência pode hoje tanto evocar sua presença quanto nos ajudar a entendê-lo mais plenamente. A consciência, e em particular sua conexão com o infinito, sempre guardará mistérios intransponíveis para nós. Mas a consciência se manifesta em regiões do cérebro que podem ser visualizadas e suas imagens registradas quando em atividade. Essa combinação de neuroimagem e religião possibilitou o surgimento da neuroteologia, um campo da ciência que estuda o cérebro quando ocupado em buscar resposta para a origem de toda criação.

O primeiro livro a tratar desse tema foi *Neurotheology: Virtual Religion in the 21st Century*, publicado em 1994 por Laurence O. McKinney. É um entre os pelo menos nove livros sobre neuroteologia lançados nos últimos anos. McKinney é diretor do American Institute of Mindfulness, em Arlington, Massachusetts, e um dos fundadores da revista *New Age*. Ele acredita não haver necessariamente conflito entre teologia e tecnologia. Como ele observa com respeito ao Budismo Reformado para o Ocidente: "O fato de ele se basear mais na neurociência moderna do que nas provas antigas não nega a importância de Gautama [mais conhecido como Buda] nem de nenhum dos talentosos escritores e poetas das mais diversas orientações [...] Somos simplesmente práticos com respeito às necessidades espirituais de um mundo globalmente interconectado do século XXI."

O teólogo Brian Alston tem, no entanto, um ponto de vista discordante. Ele publicou recentemente um escrito polêmico intitulado *What is Neurotheology?*, no qual sustenta que esse novo campo tem uma falha básica. Ele tenta unificar duas visões diferentes do ser humano numa única disciplina, o que não é possível porque — citando o filósofo do século XIX Friedrich Schleiermacher — "a ciência é acessada pelo conhecimento, e a religião pelo sentimento".

Mas Schleiermacher não sabia que um dia seríamos capazes de ver os sentimentos no momento em que eles ocorrem no cérebro.

169

Aldous Huxley, o autor de *Admirável Mundo Novo* e *As Portas da Percepção*, usou o termo "neuroteologia" já em 1962, no último romance de sua carreira. A trama de *A Ilha* se desenrola em Pala, uma ilha imaginária no Oceano Pacífico, cuja população é capaz de fundir tradição e ciência de maneira muito eficiente. O governante da ilha tem um livro intitulado *Notas sobre o Que é o Que*, com base nos princípios do budismo Mahayana. No prefácio de seu livro *A Ilha*, Huxley descreve esse espaço fictício como um lugar em que os avanços científicos e tecnológicos seriam usados como se tivessem sido criados para o benefício da humanidade e não como se a humanidade tivesse de se adaptar ou se deixar escravizar por eles.

Eu ainda não conheci nenhum pesquisador que se acreditasse capaz de desvendar os mistérios supremos do universo ou substituir os tradicionais estudos de religião. Mas todos eles acreditam que farão avançar o nosso entendimento do que significa ser humano neste cosmos e, possivelmente, até ajudar as pessoas a entender como os atributos que Abraham Lincoln chamava de "os melhores anjos da nossa natureza" — como a compaixão, o perdão, o amor e a serenidade — podem ser fortalecidos nos emaranhados de nossa vida.

No momento atual, os neuroteólogos não estão empenhados em buscar respostas para as questões supremas, mas antes em fazer as perguntas certas e criar os melhores projetos experimentais para explorá-las.

Evidentemente que a religião explora um manancial de questões fascinantes que literalmente são infinitas. Relatos de momentos espirituais, epifanias religiosas e experiências místicas são constantes em todas as culturas, eras e crenças religiosas. Por que isso ocorre? Se existe um Deus, teria ele implantado em nosso cérebro algum programa específico para acreditarmos nele? Qual é a natureza neural da fé e da crença?

Como diz uma anedota antiga: "Qual é a diferença entre a mente e o cérebro? A mente é o que o cérebro faz para viver."

Os cientistas se perguntam se essa piada reflete alguma verdade fundamental: será a mente algo que surge de nosso cérebro, como uma espécie de *software* autoprogramado? Será que ela é parte integral do sistema nervoso? Ou será ela uma espécie de canal de comunicação com territórios extraterrestres, algo como uma galena, um receptor de rádio que sintoniza frequências adicionais e acessa fontes de informação além da percepção direta de nossos cinco sentidos?

Alguns neuroteólogos empenhados em investigar essas questões esperam conseguir finalmente provar a existência de Deus. Outros esperam dar legitimidade científica ao ateísmo. O neurologista James Austin é uma pessoa espiritualmente devota, enquanto Matthew Alper, autor de *The God Part of the Brain*, é ateu. Ambos estão empenhados em desvendar se Deus existe em nossa cabeça — ou em algum outro lugar.

É claro que usar o cérebro para estudar o próprio cérebro nos coloca diante de uma espécie de cilada. Os limites de nosso cérebro e sua capacidade de receber e processar informações definirão os limites de nosso entendimento. Mas visualizar as neuroimagens funcionais de nossas tentativas de entender e nos sentir conectados com o infinito continua sendo uma aventura surpreendente e enriquecedora. Ela pode ser a expansão mais completa que as mentes científicas conseguem alcançar.

Em todo o mundo, existem muitas pessoas que, apesar de não seguirem nenhuma religião específica, empreendem formas variadas de busca espiritual. Existem outras que não seguem absolutamente nenhuma crença no sobrenatural. Há quase dois bilhões de pessoas no mundo que se autodeclaram cristãos e mais de um bilhão de muçulmanos, além de mais de 750 milhões de hinduístas, mais de 300 milhões de budistas e mais de 14 milhões de judeus. Todos esses números são consideráveis. Eles representam bilhões de fortes motivos que justificam o uso da neurotecnologia para determinar o que sustenta toda essa crença.

Talvez cheguemos finalmente a descobrir como manter nossa natureza religiosa atuando em prol do bem, o que sempre foi o propósito original das religiões. Muitos crentes, em seu forte e zeloso empenho, levaram tão a sério os preceitos de suas doutrinas que as divergências sobre *quem* é Deus e *o que* Ele quer de nós se transformaram nas principais causas de derramamento de sangue. Quando o ex-presidente George W. Bush, cujas áreas do cérebro responsáveis pela articulação da fala parecem programadas para infortúnios, aplicou a palavra "cruzada" ao envolvimento militar dos Estados Unidos no Iraque, ele evocou fortes ressentimentos remanescentes da guerra entre cristãos e muçulmanos de séculos atrás.

A dinâmica entre crença religiosa e ciência também provocou guerras no interior das próprias culturas. A pesquisa envolvendo células-tronco é constantemente um campo em que são travadas as batalhas de nosso tempo. Os cientistas acusam alguns adeptos religiosos de tentar impedir progressos vitais da medicina, enquanto alguns religiosos acusam a comunidade científica de querer "brincar de ser Deus".

As tensões entre a ciência e a religião têm obviamente uma longa história. O livro eloquente e desafiador, *Cosmos and Psyche*, de Richard Tarnas, do California Institute for Integrative Studies, lançado em 2006, lembra tanto os desafios intelectuais como os perigos políticos de base religiosa enfrentados por Galileu e seus contemporâneos dos séculos XVI e XVII. Eles foram convencidos pelos escritos do sábio polonês Nicolau Copérnico de que a Terra girava em torno do Sol, teoria essa que os sábios gregos, muçulmanos e indianos já haviam apresentado muito antes. Copérnico havia relutado em publicá-los, sabendo que seria desdenhado pelas autoridades religiosas de sua época. Consta que Martinho Lutero tenha respondido à teoria heliocêntrica de Copérnico com o comentário: "Esse tolo pretende inverter toda a ciência da astronomia; mas a Escritura Sagrada nos diz que Jeová ordenou ao Sol, não à Terra, que ficasse imóvel."

Hoje, é totalmente reconhecido que Copérnico estava certo. Mas como na época a teoria heliocêntrica entrava em conflito com a crença vigente, as pessoas que a abraçaram passaram a ser perseguidas. As autoridades da época afirmavam que os movimentos dos corpos celestes eram demasiadamente complexos para que a mente humana pudesse entender. Caso encerrado, muito obrigado!

A teoria da evolução, difundida por Charles Darwin quase um século e meio atrás, é o fundamento da ciência da biologia. Um grande número de norte-americanos continua pensando que ela seja contrária às verdades fundadas na religião. Exatamente como Copérnico, Darwin esperou muitos anos para publicar suas descobertas, por ter plena consciência de que não seriam aceitas.

Em Santa Barbara, na Califórnia, na abertura de uma série de conferências conhecida como Mind/Supermind, em novembro de 2007, Tarnas dividiu o palco com o humorista John Cleese — famoso pelo programa humorístico Monty Python e pela série televisiva *Fawlty Towers*. Cleese expôs sua própria definição de religião: "Uma forma primitiva de controlar as massas." Ele havia estado com Tarnas na noite anterior no Esalen Institute na região de Big Sur, na costa do Pacífico, onde apresentara uma palestra com o título intencionalmente irônico: "Por que não há nenhuma esperança."

Mas não houve nenhum tom irônico no pedido que Cleese fez a Tarnas para que falasse sobre como podemos resgatar o contato com algo precioso das culturas primitivas, ou seja, o sentimento de que tudo no universo tem um valor sagrado. Essa é uma ideia que deixou de ter importância após o surgimento do pensamento científico. Cleese demonstrou claramente ter a esperança de que esse tipo de consciência possa contrabalançar algumas das forças que hoje ameaçam a continuidade da existência humana.

Enquanto eles falavam, eu pensava em como a neurotecnologia pode se tornar uma fonte luminosa de esperança, um meio de restabelecer com a ajuda da ciência a nossa conexão com o sagrado. Mas também acredito que o caminho que conduz a esse momento da história será extremamente pedregoso. Com o progresso da neuroteologia e o uso crescente de máquinas feitas pela mente humana para entender a mente humana, novos motivos de controvérsia e ressentimento político permearão o debate público. Resolver esses conflitos sem derramar sangue, arruinar carreiras ou acabar com pesquisas que poderiam eliminar muito sofrimento humano é um trabalho vital que requer colaboração. Provavelmente, ele não será fácil.

Mike McCullough, professor da University of Miami envolvido em estudos tanto de psicologia como de religião, acha difícil conseguir que cientistas e teólogos cheguem a um acordo, até mesmo com respeito a definições de termos básicos como "religião" e "espiritualidade". Mas ele vê uma importância de potencial enorme na superação do estágio de discórdia. Uma colaboração, ou mesmo uma trégua razoavelmente amigável entre ciência e religião, poderia gerar paz e salvar vidas de diferentes maneiras em escala global. Por exemplo: se a neurotecnologia contribuir para o esclarecimento de experiências religiosas ou mesmo místicas, que outros sentimentos e emoções nós poderíamos aprender a utilizar e controlar?

McCullough pronunciou em outubro de 2007 uma palestra na conferência intitulada "Forgiveness, Generosity, and Sacrifice", um encontro memorável de neurocientistas e professores de teologia, promovido pela Claremont Graduate University.

Os temas focados por McCullough foram, sobretudo, perdão e vingança, gratidão e religião. "O fio provocativo que liga a minha pesquisa atual", ele disse, "é a evolução dos sentimentos morais humanos e das instituições morais." Ele se vale de estudos antropológicos para mostrar que as pressões sofridas por uma cultura determinam os ideais de seu povo. Tribos e nações que foram subjugadas tendem a considerar a vingança como seu valor supremo. Culturas que são relativamente prósperas e seguras em geral desejam que os transgressores que ameaçam a sua estabilidade sejam severamente punidos. Isso ressalta por que a religião, que é depositária de valores e ideais, além de uma referência na qual as pessoas esperam encontrar verdades perenes, é também um produto da cultura. Enquanto procuramos por um Deus que criou o homem à sua imagem e semelhança, encontramos exemplos do processo no sentido contrário: o homem criando deuses à sua imagem e semelhança.

Andrew Newberg, da University of Pennsylvania, dirige ali o Center for Spirituality and the Mind e é coautor de um livro, *Why We Believe What We Believe: Uncovering Our Biological Need for Meaning, Spirituality, and Truth*, publicado em 2006. Ele tem usado uma técnica de imagem conhecida como tomografia computadorizada pela emissão de fóton simples (SPECT) para estudar o cérebro.

A tomografia é um método de fazer múltiplas imagens revelando partes de um cérebro ou de outro órgão (a palavra grega *tomos* designa seção, parte ou corte), que são reunidas por um computador potente para criar uma imagem em três dimensões. Newberg, apesar de ter apenas 41 anos, tem trabalhado com essas imagens SPECT por mais de uma década. Ele procura detectar e medir o que acontece dentro da cabeça das pessoas quando estão mergulhadas numa experiência religiosa. Entre os participantes, há meditadores budistas, freiras franciscanas e cristãos pentecostais capazes de produzir por autoindução o estado de exaltação chamado glossolalia, mais conhecido como "fala espontânea de línguas desconhecidas".

Por acaso ou predestinação, uma mulher que faz parte da equipe de pesquisas de Newberg é uma cristã convertida que tem a experiência da glossolalia. Em 2006, ela disse a um repórter do *New York Times* que considera essa experiência como um "dom".[1] Ela permanece consciente do meio circundante quando em transe e se sente no controle de si mesma — embora não do evento. "Você simplesmente flutua", ela diz. "Você se encontra num estado de paz, e a sensação é maravilhosa."

A equipe de Newberg foi a primeira a aplicar a neuroimagem a tais situações.

Existem duas formas diferentes de glossolalia. Uma delas é bastante controlada. A outra resulta numa efusão apaixonada que não tem nada a ver com as estruturas de nenhuma língua do mundo, mas que muitas vezes é extremamente rítmica. A glossolalia foi observada historicamente como originária das igrejas pentecostais fundadas há mais ou menos um século, mas pode ter raízes mais profundas que foram mantidas vivas por escravos vindos da África. Apesar das terríveis condições de repressão em que viviam, os escravos gozavam em geral de bastante liberdade para realizar suas atividades dentro dos limites de suas igrejas. O cristianismo proveu a eles uma matriz para a preservação de aspectos musicais, espirituais e outros de suas culturas africanas. Por exemplo, os donos de escravos proibiram o uso de tambores quando descobriram que esses eram meios eficientes de comunicação a longas distâncias e que podiam ser usados para coordenar o desencadeamento de revoltas. Bater em uníssono com os pés no assoalho de madeira da igreja era uma maneira de manter vivos os elementos rítmicos das culturas africanas.

A equipe de Newberg estudou cinco mulheres, inclusive a cristã convertida. Todas eram fisicamente saudáveis e frequentavam regularmente uma igreja. Foram tiradas imagens de cada mulher cantando um hino evangélico e de novo durante o fenômeno em que se expressaram em diferentes línguas. As imagens SPECT mostraram que seus lobos frontais — onde o cérebro realiza grande parte de seu trabalho voluntário "executivo", processando informações e mantendo o controle — se mantiveram relativamente calmos enquanto elas falavam línguas. Surpreendentemente, e ironicamente, o mesmo também ocorreu nas áreas do cérebro normalmente envolvidas com a linguagem. As regiões que mantêm a autoconsciência permaneceram totalmente ativas. A região do cérebro que se mostrou menos ativa foi uma que é importante para o controle das funções motoras e emocionais. Pode ser que o relaxamento nessa região tenha permitido que as mulheres literalmente "se soltassem", escapando a possíveis restrições de algum condicionamento social programado em seu cérebro sobre o que é comportamento "apropriado", mas de uma maneira que é valorizada no contexto de sua comunidade religiosa.

Isso coloca uma questão importante: de fato, ciência e religião não estão predestinadas e nem têm obrigatoriamente de estar em conflito. Elas têm maneiras fundamentalmente diferentes de ver as coisas, mas ainda assim podem chegar a acordos relativos em certas áreas. As neuroimagens captadas por Newberg não contradisseram a crença das mulheres quanto ao que estava acontecendo, a ideia de que Deus estava falando por meio delas. Elas simplesmente documentaram alguns fatos biológicos com respeito ao que aconteceu em seu cérebro durante a experiência religiosa — aumento ou redução do fluxo sanguíneo em regiões específicas do cérebro. Essa não é, portanto, uma situação do tipo ou isto ou aquilo, mas antes duas maneiras diferentes e não conflitantes de descrever a mesma experiência.

As neuroimagens de meditadores e freiras revelam que seu tipo de atividade espiritual cria no cérebro dessas pessoas padrões bem diferentes em comparação com os das pessoas que têm a experiência da glossolalia. Os meditadores e as freiras revelaram muita atividade no lobo frontal, o que é um resultado típico da concentração mental. Em outra parte do cérebro, em que os sentidos contribuem para que nos vejamos como seres separados e para coordenar nossos movimentos através do ambiente circundante, a atividade se mostrou consideravelmente reduzida. Para Newberg, a redução da atividade nessa região permite que as pessoas que estão meditando ou orando se sintam imersas em sua atividade, de maneira que tanto elas como a meditação ou oração estão integradas a um todo maior.

As descobertas de Newberg estão de acordo com as do Dr. Les Fehmi, psicólogo e especialista em *biofeedback*, cujo livro de 2007, *The Open-Focus Brain*, ele escreveu em coautoria com Jim Robbins. O método de Fehmi não faz absolutamente nenhuma referência à religião. O propósito dele é sincronizar a atividade das ondas cerebrais, induzindo uma produção da atividade de ondas alfa por todo o sistema. O método envolve meditações guiadas que instruem o ouvinte a observar as sensações nas diferentes partes do corpo, bem como em espaços internos e externos ao corpo, desde os mais próximos até os infinitamente distantes. Por exemplo, o ouvinte pode ser instruído a começar observando sua percepção das sensações em seus polegares; depois de alguns instantes, observar a presença dos dedos indicadores; e em seguida, passar para a percepção da ausência, ou espaço, entre o polegar e o indicador. Tendo essa série inicial como modelo, o ouvinte é guiado a observar as sensações em vários outros lugares, tanto dentro como fora de seu corpo.

O método de Fehmi está baseado em sua crença de que fomos culturalmente treinados para focar de maneira demasiadamente estreita a nossa atenção. O resultado, ele acredita, é a nossa mente sofrer de maneira muito semelhante a um músculo quando é mantido contraído. A ampliação do foco de atenção tem como propósito relaxar a mente ao mesmo tempo em que a mantém ocupada. Embora Fehmi e seus colegas não tenham testado sua metodologia com o uso de imagens funcionais por ressonância magnética, eles envolvem a cabeça dos participantes de seus experimentos com faixas repletas de eletrodos de EEG para medir a sincronicidade dos comprimentos de onda em todo o cérebro. O equipamento do laboratório de Fehmi emite um débil sinal sonoro quando o cérebro de um participante entra no estado de ondas alfa, estado este associado ao repouso alerta e à liberação das tensões. Os participantes podem tentar aumentar o tempo passado no estado de ondas alfa, procurando reproduzir o sinal sonoro.

Uma pessoa que teve sessões de treinamento com Fehmi me contou que, em sua terceira sessão de meia hora, o equipamento indicou o estado de ondas alfa quase o tempo todo. Segundo Fehmi, muitos praticantes do programa Open Focus relatam experiências transpessoais (fora do corpo ou fora do tempo). Estas não são experiências muito diferentes das relatadas pelos meditadores e freiras dos experimentos de Newberg, apenas com a diferença da terminologia religiosa. Seria fascinante ver o que revelariam as imagens funcionais por ressonância magnética com respeito a quais áreas seriam ativadas e quais seriam desativadas durantes os exercícios do programa Open Focus.

O cérebro das freiras testadas por Newberg revelaram um aumento de atividade nas regiões da linguagem, o que faz muito sentido. Elas estavam focadas nas palavras de suas orações. Os meditadores budistas estavam focados em imagens visuais e, consequentemente, o cérebro deles se mostrou mais ativado nos centros visuais.

Uma pesquisa semelhante à de Newberg foi realizada pelo Dr. Mario Beauregard da University of Montreal, tendo como participantes freiras carmelitas. Ele e sua equipe extraíram imagens funcionais por ressonância magnética de um grupo de 15 carmelitas enclausuradas com idade entre 25 e 64 anos. Em lugar de tentar induzir um estado religioso — algo que as freiras não se sentiam capazes de fazer voluntariamente — os pesquisadores pediram a elas que revivessem uma experiência mística anterior. As neuroimagens revelaram o envolvimento de uma dúzia de diferentes regiões do cérebro.

A ativação e desativação de regiões do cérebro é o centro de um evento incrível que não teve nada a ver com nenhum experimento realizado por qualquer pesquisador, mas com algo dramático que aconteceu com uma cientista. Jill Bolte Taylor descreve em seu livro, *My Stroke of Insight*, publicado em 2008, como o lado esquerdo de seu cérebro teve uma súbita paralisia numa manhã de 1996 em consequência de um derrame que ela havia sofrido.

Com 37 anos na época, ela fazia pesquisas biomédicas em Harvard. Um vaso sanguíneo se rompeu em seu cérebro logo pela manhã. Formou-se um coágulo, provocando dores terríveis e inibindo severamente as funções do hemisfério esquerdo de seu cérebro.

Em termos gerais, o lado esquerdo de nosso cérebro se ocupa mais com os aspectos racionais e analíticos da vida, enquanto o lado direito se ocupa com os aspectos emocionais, criativos e intuitivos. As atividades do lado esquerdo são predominantes em nossa cultura. As experiências místicas de Taylor, que ela consegue expressar em termos científicos, sugerem que essa predominância pode obstruir o nosso potencial para a felicidade.

Taylor conta que à dor inicial seguiu-se uma sensação de liberdade, como se sua mente tivesse sido desconectada do corpo. O diálogo interno, em torno de seus interesses vitais e afazeres, silenciou, deixando-a com uma sensação tão profunda de alívio que ela a chama hoje de nirvana. Ela estava, em essência, vivendo apenas no lado direito de seu cérebro.

Doze anos mais tarde, ela retornou à vida acadêmica, dessa vez como professora da Faculdade de Medicina da Universidade de Indiana, em lugar de pesquisadora em Harvard. Taylor fez muito conscientemente a escolha por manter ativo o lado direito de seu cérebro. Ela diz ter desenvolvido a capacidade de "sair" do lado esquerdo do cérebro sempre que necessário, sempre que ele parece pronto a entrar em colisão com sua satisfação. Embora pudesse ter continuado vivendo naquele estado de êxtase, ainda que inativo, ela preferiu se esforçar para retornar à vida ativa, porque queria que outras pessoas soubessem que é possível se viver mais em paz.

Em fevereiro de 2008, Taylor fez numa conferência conhecida como TED, sigla para *Technology, Entertainment, Design*. De acordo com o *New York Times*, um vídeo de seu pronunciamento que foi disponibilizado no site da TED já foi visto por aproximadamente dois milhões de espectadores e continua atraindo cerca de duas mil visitas diárias.[2] O jornal a cita como uma das cem pessoas mais influentes do mundo, e o site de Oprah* publicou sua própria entrevista com Taylor. "O nirvana está bem aqui e agora", Taylor disse ao *Times* numa entrevista por ocasião do lançamento de seu livro. "Não há nenhuma dúvida de que é um estado maravilhoso que podemos alcançar."

Da perspectiva da biologia evolutiva, o cérebro tem duas funções principais: preservação e transcendência de si mesmo. Em outras palavras, o egoísmo é até certo ponto necessário para a sobrevivência, mas ele coloca um difícil dilema. Ele pode também limitar e frustrar a própria pessoa egoísta. Israel Zangwill, autor da peça de teatro *The Melting Pot*, de 1908, que deu à América do Norte uma das melhores identificações de si mesma, expressou essas funções compensatórias do cérebro da seguinte maneira: "O egoísmo é o único ateísmo verdadeiro; a aspiração, o altruísmo, a única religião verdadeira."

Newberg diz gracejando que Deus não irá embora, porque nosso cérebro não permitiria. Ele acredita que a religião evoluiu como uma ferramenta para ajudar o cérebro a equilibrar sua dupla carga de trabalho. Talvez sua função seja nos manter atentos, através de seus rituais, observâncias e ocasionais experiências misticamente interpretadas, de uma perspectiva maior: o egoísmo nos ajuda a sobreviver neste mundo, mas seu excesso é um erro que nos causa frustração. Talvez seja por isso que o satirista Ambrose Bierce tenha definido "solidão" como "estar em má companhia".

---

* A apresentadora de televisão e atriz norte-americana Oprah Winfrey possui o site *Oprah. com*, criado pela produção da apresentadora e que fornece recursos e informações sobre o programa e a vida de Oprah. (N. E.)

Os biólogos evolucionistas focalizam as razões para os organismos mudarem com o tempo e um de seus principais interesses é a mudança sociocultural. Eles são fascinados pelo porquê da crença religiosa e especulam se o que ocorre em nosso cérebro poderia provar que a evolução às vezes recompensa os indivíduos que cooperam com os outros. E acham que a religião talvez seja um desdobramento dessa peculiaridade.

O livro *The Mystical Mind: Probing the Biology of Religious Experiences*, publicado em 1999, Newberg escreveu em coautoria com o falecido Eugene D'Aquili, também ligado à University of Pennsylvania. Nessa obra, eles dizem que duas classes de mecanismos neuropsicológicos constituem a base do desenvolvimento das experiências e comportamentos religiosos. Ao discorrerem sobre esses mecanismos, Newberg e D'Aquili usaram os termos "operador causal" e "operador holístico" para definir duas diferentes redes de regiões do cérebro que desempenham uma tarefa específica. O operador causal vê de perto e focaliza em como uma coisa leva diretamente a outra. O operador holístico vê de longe, permitindo-nos distinguir os padrões presentes nos diversos acontecimentos. Essa ideia de dois operadores ajuda a explicar como constantemente fazemos escolhas entre motivações extremamente egoístas e altamente altruístas.

D'Aquili e Newberg esboçaram um contínuo de possíveis estados de consciência, desde o estado mais básico — que percebe apenas o que é experienciado diretamente — até o que eles chamam de Ser Unitário Absoluto. Nesse estado de unidade absoluta ocorre a perda total da percepção de ser um *eu* separado no espaço e no tempo, de maneira que tudo fica parecendo indiferenciado e infinito. As pessoas que tiveram a experiência desse estado de unidade absoluta, mesmo aquelas que tinham nível educacional elevado e orientação materialista antes dessa experiência mística, chegaram a sentir que o estado desprovido de *self* e de tempo é mais "real" do que a realidade do estado básico. Entretanto, D'Aquili e Newberg não tomaram partido quanto a que lugar do contínuo da consciência é melhor, dizendo que cada estado da mente é real à sua própria maneira e, do mesmo modo, cada um serve para nos adaptar à vida.

Tudo isso deixa uma questão fundamental sem resposta: Provém um determinado tipo de euforia de uma fonte imaterial, de um criador? Estranhamente, Newberg observa que a mais surpreendente imagem de uma pessoa absorta numa experiência religiosa seria aquela que não mostrasse absolutamente quaisquer ativações diferentes no cérebro. Isso seria extremamente difícil de explicar em termos puramente científicos.

Enquanto não tivermos registrado nenhum experimento desse tipo, resta-nos considerar o fato de que experiências religiosas intensamente eufóricas vêm acompanhadas de certos sinais neurológicos, elementos biológicos que podem ser visualizados em nosso cérebro.

Uma coisa fascinante com respeito a ativações do cérebro e experiências religiosas é que coisas muito semelhantes ocorrem durante outros tipos de euforia. O comediante Franklyn Ajaye conta uma piada graciosamente *nonsense* na qual Deus insiste em dizer a seus anjos que acrescentem mais milhares e milhares de terminais nervosos às partes genitais de seus protótipos de homem e mulher. Finalmente, alguns anjos perguntam: "Por que tantos?", e Deus responde: "*Quero ouvi-los invocar meu nome*".

O cérebro é de fato um mecanismo bastante eficiente no uso de energia. Uma de suas estratégias é usar as mesmas áreas para funções similares. A euforia pode resultar de diferentes tipos de estímulo e sua experiência pode ser sentida em muitos níveis, de brando a intenso. Atletas profissionais e amadores e treinadores despendem enormes esforços físicos e mentais para vencer jogos, divisões e campeonatos. Parte da recompensa é a elevada disposição de espírito resultante da vitória e a satisfação emocional duradoura, que em geral eles valorizam mais do que o dinheiro. É comum a muitos veteranos independentes, que são cortejados por muitos times, aceitarem milhões a menos para participar de uma equipe com chances reais de conquistar um título. Mesmo quando a alegria da vitória acaba custando milhões em perda de salário, treinadores e atletas raramente se arrependem da escolha que fizeram.

Isso não resolve o mistério das experiências transcendentais e místicas, mas abre a nossa percepção. Nós sabemos que os sentimentos religiosos, como também a busca de sentido para a vida, são comuns a uma grande parte da humanidade, talvez até mesmo a cada um de nós. Se continuarmos encontrando padrões semelhantes de ativação do cérebro ocorrendo a tipos semelhantes de atividades entre as muitas diferentes religiões e práticas espirituais do mundo, talvez nos seja mais fácil aceitar as diferenças culturais, possibilitando que todos esses diferentes tipos de jornadas transcendentais se dirijam para um mesmo destino final. William James escreveu em seu livro *As Variedades da Experiência Religiosa* (Editora Pensamento), publicado originalmente em 1902, com base nas aulas que havia dado na University of Glasgow: "O divino pode não envolver uma qualidade única, mas tem de envolver um grupo de qualidades e, sendo campeões em cada uma alternadamente, diferentes homens podem todos encontrar missões notáveis".

As religiões politeístas podem simplesmente usar um grupo de divindades para representar um grupo de qualidades. Na crença havaiana pré-cristã, cada divindade separada se manifestava tanto em forma masculina como feminina. De acordo com o *kahuna* (palavra que tanto pode significar "especialista" quanto "sacerdote") Aupuni Iw'iula, o atual representante de uma tradição familiar de duzentos anos, existe também uma palavra havaiana antiga, ainda que pouco conhecida e raramente usada, para designar um único Deus todo-abrangente. É provável que a neurociência acabe finalmente provando que as diferentes religiões do mundo têm muito em comum, o que poderá abrir caminho para uma maior tolerância.

Pelo fato de provocar ocorrências dramáticas no cérebro, a epilepsia constitui um estímulo para o desenvolvimento de estudos neuroteológicos. Estima-se que 50 milhões de pessoas em todo o mundo sofram de epilepsia, doença que pode se manifestar e desaparecer ao longo da infância, mas também persistir por toda a vida. Desde os antigos registros da história, as pessoas estabelecem uma relação entre a epilepsia e as experiências religiosas, das mais aprazíveis até as mais aterrorizantes. A epilepsia foi chamada de "a doença sagrada" e as pessoas acreditavam que os epiléticos pudessem alcançar poderes xamânicos por meio da doença.

Em 1936, quando uma menina inglesa chamada Ellen White tinha 9 anos, ela foi perseguida por uma garota mais velha quando voltava da escola para casa. Quando Ellen olhou por cima do ombro para ver se a sua perseguidora estava se aproximando, ela tropeçou e bateu com o nariz numa pedra. E ficou sem enxergar pelas três semanas seguintes. Quando recuperou a visão, acreditou que a forma de seu rosto estivesse mudada. Ela jamais pôde voltar à escola e sua personalidade sofreu uma transformação. Oito anos mais tarde, ela começou a ter visões. Às vezes, sua expressão mudava subitamente e ela olhava para o alto, aparentemente inconsciente do meio circundante, e outras vezes fazia movimentos ou gestos repetidos dos quais não se lembrava depois. Para os estudiosos, esses movimentos descrevem a epilepsia do lobo temporal, mas Ellen escreveu cerca de mil páginas sobre suas crenças e tornou-se um dos fundadores da Igreja Adventista do Sétimo Dia.

A maioria dos adventistas do sétimo dia rejeita a ideia da epilepsia e acredita que o que Ellen teve foi a experiência de uma verdadeira conexão com o divino. A ciência tem uma visão mais prosaica da epilepsia, ou seja, como resultado de uma mudança de comportamento das redes neurais provocada por uma sobrecarga elétrica. Entretanto, a ciência também observa uma fascinante relação entre epilepsia e religião. Um estudo apresentado em 2002 num encontro da American Neurological Association, produzido pelo dr.Thomas Hayton do Hospital Universitário de Nova York e seus colaboradores, descreveu o procedimento pelo qual 91 pacientes de epilepsia foram solicitados a responder a um questionário padrão sobre espiritualidade e crenças religiosas. Os resultados revelaram uma probabilidade acima do normal de os pacientes terem experiências religiosas, como sentir a presença de Deus, paz interior, espanto ante a beleza da vida e da criação, e amor. As pontuações resultantes das medições da intensidade da crença também revelaram valores acima do normal.

Num estudo realizado em 2003, dois professores de neurociência da Norwegian University of Science and Technology, os doutores Asheim Hansen e Eylert Brodtkorb, examinaram onze pacientes epilépticos típicos. Eles relataram experiências de sensações eróticas, alucinações, experiências religiosas e espirituais e outros sintomas que estavam além de sua capacidade de descrever. Oito deles queriam ativamente continuar tendo ataques. Cinco deles tinham capacidade de se autoinduzir ataques e quatro recusaram-se deliberadamente a seguir os tratamentos, preferindo manter abertos e ativos os canais que lhes proporcionavam experiências de êxtase.[3]

Há pouco mais de uma década, estudos que investigavam a relação entre epilepsia e espiritualidade provocaram manchetes dizendo que pesquisadores haviam encontrado um "módulo de Deus", uma área do cérebro reservada exclusivamente para experiências religiosas. Aquelas notícias eram exageradas. A equipe de pesquisas, dirigida por V. S. Ramachandran, ressaltou que estava publicando dados preliminares e que seriam necessários estudos subsequentes para comprovar suas descobertas. "Pode haver um mecanismo neural no lobo temporal concernente à religião", dizia o repórter. "Ele pode ter evoluído para impor ordem e estabilidade à sociedade."

A expressão "módulo de Deus" nunca foi usada pelos próprios pesquisadores. Mas a ideia era empolgante e o "módulo caçador de notícias" da mídia foi atiçado pela especulação. Desde então, testes têm demonstrado repetidamente que muitas áreas participam das experiências religiosas e que elas são acionadas em diferentes graus e combinações, dependendo de muitas variáveis.

A equipe de Ramachandran estudou um grupo de epilépticos que relatou a ocorrência de arrebatamentos religiosos simultaneamente aos ataques. A equipe descobriu que os episódios místicos e a devoção intensa à espiritualidade tinham forte correlação com os ataques epilépticos nos lobos temporais, um grupo de neurônios situado acima dos ouvidos. A teoria dizia que a superestimulação elétrica dessa rede neural era responsável pelas experiências. De fato, os pesquisadores constataram que, por meio de toques suaves nos lobos temporais de alguns pacientes, eles conseguiam induzir sensações de uma "presença" sobrenatural. A chave, Ramachandran especula, pode estar no sistema límbico, regiões internas do cérebro que controlam as emoções e a memória emocional. A atividade epiléptica pode despertar sentimentos religiosos devido aos impulsos elétricos que fortalecem a conexão entre o lobo temporal e esses centros emocionais.

O fato de não existir um "módulo de Deus" não chega a ser um fracasso científico. Ele simplesmente reforça quão importante a religião e a espiritualidade são para nosso cérebro. Toda função altamente importante — como música ou linguagem — envolve muitas regiões do cérebro, e estas devem combinar suas informações de maneira a ajudar a pessoa que as recebe a entender sua experiência. O cérebro faz uso dessa estratégia para que um dano em uma de suas partes não prejudique necessariamente todo o sistema ou mesmo paralise uma determinada função. Se houvesse um único "módulo de Deus", uma simples lesão poderia nos desconectar de algo que nós, seres humanos, consideramos irresistivelmente importante desde os tempos mais remotos.

Seguindo a descoberta de Ramachandran sobre o que os impulsos elétricos podem fazer ao cérebro, alguns tratamentos cirúrgicos da epilepsia envolvem o implante de eletrodos numa região profunda do cérebro. Em outubro de 2006, o *New York Times* publicou uma matéria relatando que uma estimulação elétrica branda por meio desses eletrodos proporcionou a uma mulher a sensação de que estava fora do corpo, pendurada no teto e olhando para baixo.[4] Outra vez, aquela velha mágica transpessoal. Outra paciente sentiu como se alguém estivesse atrás dela, querendo interferir no movimento de seu corpo. O dr. Peter Brugger, da unidade de neuropsicologia do Hospital Universitário de Zurique, especula: "A pesquisa mostra que o *eu* pode se afastar do corpo e viver uma 'existência fantasmática própria', como numa experiência fora do corpo, ou percebida fora do espaço pessoal, como na percepção de uma presença".

Nas proximidades de Ontário, no Canadá, experimentos semelhantes foram iniciados no final da década de 1970 pelo dr. Michael Persinger, organizador do curso de Neurociência do Comportamento da Laurentian University. Realizados antes do advento da imagem funcional por ressonância magnética, aqueles experimentos representaram alguns dos primeiros esforços para encontrar um terreno comum para a química, a psicologia e a biologia.

Os experimentos de Persinger dirigiram impulsos elétricos de baixa potência para três áreas muito importantes do cérebro, usando o que ele chamava de "capacete de Deus". O capacete excitava o cérebro do usuário com cargas eletromagnéticas que imitavam as ondas cerebrais dos pacientes epiléticos durante suas visões religiosas. O capacete de Deus, cuja vívida tonalidade amarela sugeria ter um dia pertencido a um dos dois times, Oregon Ducks ou Green Bay Packers, produzia nos pacientes repetidas respostas de aparência espiritual, inclusive alucinações e visões, experiências fora do corpo e de percepção de presenças.

É interessante lembrar que Persinger testava previamente os usuários do capacete de Deus com um questionário psicológico, cujo propósito era descobrir o grau de sensibilidade que eles tinham em seus lobos temporais. Quando ele testou o capacete de Deus no famoso ateu Richard Dawkins — autor do livro *The God Delusion* — tudo o que resultou da experiência de Dawkins foi uma dor de cabeça. Persinger observou então que o grau de sensibilidade no lobo temporal de Dawkins era extremamente baixo. Isso sugere que Persinger pode ter descoberto um indicador neurobiológico do

185

ateísmo. Ou, visto pelo lado contrário, que um cérebro com lobos temporais altamente sensíveis seriam alvos fáceis de pregadores religiosos.

No futuro próximo, provavelmente será lugar-comum para as pessoas que ainda não tenham dedicado anos de suas vidas à meditação e à oração alcançarem estados místicos com a ajuda de algum dispositivo. O sentido não estaria nas experiências místicas por si mesmas, mas nos importantes e possivelmente duradouros efeitos posteriores: libertação da depressão, fortalecimento das funções imunológicas e uma visão mais positiva da vida.

Na verdade, estudos já demonstraram que as práticas religiosas e espirituais trazem benefícios diretos para a saúde. William James, que lutou contra a depressão em seus anos de juventude, escreveu certa vez: "Acredite que a vida vale a pena e sua crença ajudará a criar a realidade". O pensamento de James vai ao encontro do fato de a prática da meditação aumentar progressivamente a resistência a doenças induzidas pelo stress. A redução dos níveis de pressão sanguínea e dos batimentos cardíacos, assim como dos níveis de ansiedade e depressão, é fato comprovado. Com respeito a isso, os cientistas passaram hoje a acreditar em algo que os budistas já acreditavam há muito tempo. Como todos nós funcionamos de acordo com certos "níveis" de nossos termostatos internos, todos nós tendemos a níveis maiores ou menores de ansiedade, depressão, e assim por diante. A prática da meditação pode ser como contratar um técnico para acessar o painel de controle e lentamente sintonizar estações mais interessantes.

Alan Wallace, presidente do Santa Barbara Institute for the Study of Consciousness, doutorou-se em Estudos da Religião e também ordenou-se monge budista tibetano. Certa vez, quando eu assistia a uma de suas palestras, alguém lhe perguntou: "Você alcançou a iluminação?"

"Não", Wallace respondeu, "mas mudei em muitos sentidos e me alegra o fato de ter aos poucos me afastado de algumas tendências e, finalmente, as deixado para trás." De maneira similar, a dra. Elizabeth Garcia-Gray, psiquiatra e ex-presidente do American College of International Physicians, compara meditar com "operar um programa de desfragmentação no próprio computador mental".

Certas práticas espirituais tendem a não ser amplamente aceitas. O uso de drogas que alteram a mente e de práticas religiosas tem uma longa história que continua hoje em rituais através do mundo. As drogas com esses poderes podem resultar tanto em experiências de horror como de êxtase. As culturas tradicionais continuam dispondo de conhecimentos para orientar as pessoas sobre essas experiências difíceis e como contorná-las ou atravessá-las, em direção a uma possível recompensa espiritual. O que não acontece com muitas culturas modernas.

Em algum ponto desse enorme problema, pode haver pistas para a sua solução. É possível que o uso abusivo de drogas em busca da transcendência seja uma forma lamentável de equívoco. A neuroteologia gostaria de saber mais sobre as drogas que alteram a mente e como elas podem provocar experiências religiosas. A recompensa última pode ser a descoberta de meios que eliminam o perigo sem eliminar os ganhos. Nesse caso, o enorme problema social causado pela dependência poderia se tornar aos poucos um problema relativamente pequeno.

O Professor Roland Griffiths da Johns Hopkins University divulgou um estudo, em 2006, no qual foi ministrado psilocibina — o princípio psicoativo encontrado em certos cogumelos — ou metilfenidato — uma droga usada para focar a atividade do cérebro em pessoas com transtorno de déficit de atenção e hiperatividade — a sessenta voluntários interessados em religião e/ou espiritualidade. Os voluntários participaram de duas sessões, de oito horas cada uma e a um intervalo de sessenta dias entre uma e outra. Eles não foram informados sobre que droga receberam, mas foram solicitados a descrever detalhadamente quaisquer efeitos imediatos ou duradouros. Dez dos participantes que receberam psilocibina relataram a experiência como sendo a mais importante experiência espiritual de suas vidas. Vinte deles a colocaram entre suas cinco experiências de vida mais significativas. Mais da metade deles definiu o episódio com a psilocibina como "uma experiência mística plena". As descrições deles corresponderam quase perfeitamente às fornecidas pelas pessoas que tiveram suas experiências místicas sem o uso de drogas. Os participantes que tomaram metilfenidato não relataram experiências místicas.

Griffiths é cauteloso, como seria qualquer pessoa com um pé no campo minado da religião e outro no terreno dos dispositivos explosivos improvisados das drogas psicoativas. Sabendo que o estudo poderia alimentar controvérsias em torno da existência de Deus, ele e seus colaboradores escreveram na revista *Psychopharmacology*: "Este trabalho não pode e não segue esse caminho". Mas afirmaram que "sob certas condições definidas e preparação cuidadosa, as pessoas podem com segurança e relativa confiança ocasionar o que é chamado de experiência mística primária que pode resultar em mudanças positivas em uma pessoa. É um primeiro passo para o que esperamos vir a ser um vasto corpo de conhecimentos científicos que poderá ajudar as pessoas".

Ramachandran vê motivo de esperanças nos neurônios-espelho, que são os responsáveis pela sinestesia espelho-toque descrita no capítulo anterior. Todos nós temos neurônios-espelho, e Ramachandran diz que eles são "a chave para o entendimento da percepção e da ação humana".

"Pode parecer quase ficção científica", ele diz. "Quando eu toco você, o neurônio é ativado. O mesmo neurônio é ativado quando eu toco outra pessoa. Só que, quando eu toco outra pessoa, você não *sente* o toque. E isso me fez perguntar por quê."

"Eu acredito que esta seja a resposta: Você tem seus próprios receptores subcutâneos dizendo a muitos outros neurônios relacionados ao toque em seu cérebro, aqueles que não são neurônios-espelho: 'Ei, eu não estou sendo tocado!' Então essa mensagem veta a ação dos neurônios-espelho."

"Bem, em parte ela ocorre, é claro. É por isso que você consegue sentir empatia e dizer: 'Oh, ele está sendo tocado da mesma maneira que eu estou sendo.'"

Ramachandran teve a ideia de estudar amputados, pessoas que haviam perdido um braço ou uma perna e que, por isso, não tinham mais receptores subcutâneos em certas partes do corpo. "Acredite se quiser, pois eu sei que fica parecendo coisa tirada da antiga série de ficção científica *Arquivo X*", ele diz, "se você toca uma outra pessoa, o amputado sente o toque no seu membro ausente. Você acaricia outra pessoa e ele sente a carícia no lugar de seu membro amputado. Você dá um soco em outra pessoa, ele sente o soco em seu membro ilusório. Existe, portanto, um neurônio que, neste contexto da síndrome do membro fantasma, dissolve literalmente a barreira entre outros seres humanos e você. E esses neurônios existem para as emoções e a dor física. Eu os chamo de 'neurônios Gandhi'. E não consigo imaginar nada que seja mais importante para a sociedade, especialmente nos dias de hoje, com todos os atos de terrorismo e guerras acontecendo."

O entendimento desses neurônios Gandhi e dos neurônios-espelho pode ser de importância vital para o entendimento da empatia social, que poderia levar à dissolução das barreiras entre as pessoas. Esse é o propósito da maioria das religiões do mundo, se não de todas. Muitas tradições religiosas afirmam que na realidade somos todos parte de uma mesma unidade.

Ramachandran vê possíveis aplicações desses neurônios Gandhi em tratamentos de doenças mentais. Um dos aspectos mais cruéis da depressão é o sentimento de solidão, uma impossibilidade que impede a pessoa deprimida de se relacionar ou mesmo de se preocupar muito com qualquer outra coisa que não sejam seus próprios problemas. Qualquer coisa que pudesse fortalecer o sentimento de conexão poderia ser uma poderosa terapia.

"É preciso realizar pesquisas com drogas como o ecstasy, que eu venho há muito tempo considerando como uma possibilidade para fortalecer o sentimento de empatia. Ela tem outros efeitos colaterais* e evidentemente que a molécula teria de ser modificada. Mas ela poderia ser um "empatógeno", uma substância que poderia nos ajudar a sentir mais empatia. Ela provavelmente atua pela estimulação dos neurônios-espelho da empatia. É, portanto, possível que intervenções farmacológicas ou outras com base nessa pesquisa venham ajudar algumas pessoas a gozarem de melhor saúde mental. Ou talvez intervenções mais diretas pudessem intensificar essa atividade e, com isso, contribuir para que as pessoas sentissem mais empatia."

Quando minha conversa com Ramachandran está se aproximando do fim, lembro-me subitamente de algo fascinante que ocorre todos os finais de semana em San Francisco, a mais ou menos cinco quilômetros de onde eu moro. Em uma igreja ali, os cultos religiosos se transformam em animadas sessões de jazz. Os membros da igreja são inspirados religiosamente pelo falecido saxofonista John Coltrane e o consideram um santo.

A obra mais conhecida de Coltrane é *A Love Supreme*, gravada com seu quarteto em 1964 numa única sessão de jazz. Os amantes de jazz a colo-

---

* Os efeitos físicos são taquicardia, aumento da pressão sanguínea, secura da boca, diminuição do apetite, dilatação das pupilas, dificuldade em caminhar, reflexos exaltados, vontade de urinar, tremores, transpiração, câimbras ou dores musculares. Em longo prazo, podem ocorrer efeitos tais como: lesões celulares irreversíveis, depressão, paranoia, alucinação, despersonalização, ataques de pânico, perda do autocontrole, impulsividade, dificuldade de memória e de tomar decisões. (N. E.)

cam unanimemente em suas listas dos melhores álbuns de jazz. É uma suíte a quatro vozes, incrivelmente rica em harmonia, com faixas intituladas "Acknowledgement", "Resolution", "Pursuance" e "Psalm". Os membros da igreja não a consideram um álbum, mas uma inspiração, e dizem em seu site na internet: "Agradecemos a Deus pelo som universal sagrado que saltou da própria mente de Deus no trono celestial para encarnar num Sri Rama Ohnedaruth, o poderoso místico conhecido como Saint John Coltrane".

Fiquei pensando no fato de os membros daquela igreja terem encontrado na música seu caminho para a transcendência. E assim que exponho meu pensamento a Ramachandran, ele o vê como algo que vai perfeitamente ao encontro do que vem pesquisando há anos. "Não sabemos por que, mas eu acho que a música e as artes visuais podem transportar a pessoa para um plano transcendental. E ali, ela começa a se fundir numa experiência religiosa."

Quando voltamos o olhar atento para a emergente sociedade neurocientífica, podemos perceber muitas maneiras de a neurociência vir a causar impacto na vida religiosa e espiritual de bilhões de indivíduos por todo o planeta. Enquanto o advento de drogas e dispositivos capazes de estimular experiências espirituais e fora do corpo de maneira segura irá prender a atenção de certos buscadores espirituais, outros usarão as tecnologias de respostas neurais, como as imagens funcionais de ressonância magnética em tempo real, para acelerar sua capacidade natural de alcançar experiências elevadas que transcenderão os limites da busca pessoal. Essa tecnologia poderá servir de guia visual para alcançar um estado mental indescritível, como um mapa mostra o melhor caminho para se chegar a algum lugar até então desconhecido.

No nível global, a exploração neurotecnológica repetida de experiências espirituais, religiosas e místicas de todas as religiões do mundo revelará que somos todos dotados dos mesmos instintos morais e intuições, como o senso de probidade e empatia. Esses traços que nos unem serão desvelados e amplamente promovidos como um fio de esperança que conduzirá a humanidade através dos crescentes conflitos religiosos em direção ao futuro. Espera-se que no futuro a neurotecnologia venha alterar significativamente o modo como as pessoas veem a fé, a vida espiritual e o mundo cultural ao seu redor, desafiando diretamente aspectos específicos das tradições de muitas religiões do mundo. O surgimento da tradição neuroespiritual irá naturalmente aumentar ainda mais a rigidez de determinados grupos reacionários que se aferram a suas crenças pré-neurocientíficas.

Mas assim como a visão heliocêntrica do universo defendida por Copérnico é hoje uma verdade incontestável, a revolução neurotecnológica propiciará o surgimento de novas ideias sobre espiritualidade humana que mudarão para sempre o nosso modo de entender o papel e o lugar da humanidade no universo. Uma transformação silenciosa já está ocorrendo, embora ela possa levar séculos para se manifestar em sua plenitude.

CAPÍTULO OITO

TRAVANDO A GUERRA COM ARMAS NEUROTECNOLÓGICAS

A corrida armamentista está fundada numa visão otimista da tecnologia e numa visão pessimista do homem. Ela pressupõe que não haja nenhum limite para a ingenuidade da ciência, como tampouco nenhum limite para a perversidade humana.

— I. F. Stone

Cabe a Deus julgar os terroristas. A nossa missão é promover o encontro.

— Frase divulgada pela Marinha dos Estados Unidos em adesivos para carros.

Alguns parágrafos adiante, a atmosfera será impregnada pelo perfume de incenso e flores, assim como pela música da Califórnia da geração *hippie*. Mas antes de descrever os feitos da neurociência e os preparativos bélicos que provocaram uma explosão contracultural, as breves referências históricas a seguir servem para demonstrar por que temos de considerar como inevitável uma futura interação da neurociência com a guerra.

Uma canção animada que muitas crianças londrinas sabem de cor, "London Bridge Is Falling Down", cuja tradução livre seria "A ponte de Londres está ruindo", na realidade celebra um ataque militar que destruiu uma ponte sobre o Rio Tâmisa. Por sua superioridade tecnológica em construção naval, os vikings conseguiam aterrorizar a Inglaterra, a Irlanda, a Escócia e muitos outros lugares. As naus vikings eram leves e construídas de maneira a seguir a linha da quilha. Essa leveza e flexibilidade lhes davam velocidade sobre águas turbulentas e lhes permitia também usar uma tática traiçoeira. Os atacantes cobriam propositadamente seus barcos com lona, cobrindo-se eles mesmos com peles e cobertores, para se lançarem às águas. Quando a nau mal se tornava visível acima da superfície, eles remavam para a margem, empurravam a embarcação para a terra, atacavam de surpresa e corriam de volta para o mar antes que os defensores locais percebessem o que estava acontecendo.

Com frequência, eles também deixavam vestígios de seu material genético, para dizer isso da maneira mais educada possível, que continua visivelmente presente ainda hoje nos escoceses, irlandeses e ingleses de tez mais clara.

Em terra, outras nações recorreram a diferentes meios tecnológicos bélicos para romper as linhas inimigas, como treinar cavalos e soldados de infantaria. Mais tarde, em barcos maiores do que os dos vikings, equipados com peças de artilharia, as nações com forças navais mais poderosas passaram a dominar. E ainda mais tarde, surgiram as vantagens de combate proporcionadas por trens, veículos motorizados terrestres e aéreos, radiotransmissores, arsenais mais potentes e, mais recentemente, a possibilidade de se disparar uma bomba guiada a laser praticamente para dentro da gaveta de meias do inimigo.

A fronteira hoje é o próprio sistema nervoso central dos seres humanos, conectado à emergente neurotecnologia, ou intensificado ou desbaratado por ela. Há algumas décadas estamos explorando essa fronteira e já presenciamos a ocorrência de uma gigantesca guinada cultural, significativamente abastecida por materiais que resultaram da pesquisa neurocientífica.

Na primavera de 1965, sob o sol ardente de Palo Alto, os estudantes de Stanford dançavam no terraço da Tressider Student Union ao som de música ao vivo tocada pela banda de rock dos Warlocks.

Os fãs daquela banda são movidos pelo balanço da batida constante explorada por seu principal guitarrista. Ele prolonga um solo multimodal do tipo que o romancista Ken Kesey descreveria posteriormente como a versão musical de uma serpente deslizando por entre uma pilha de lenha. Essas danças hipnóticas serpenteadas logo darão a esse guitarrista o apelido de Capitão Trips.

Os Warlocks são elétricos em todos os sentidos da palavra, embora até muito recentemente os seus principais membros — cuja banda ficou conhecida como Mother McCree's Uptown Jug Champions — tocassem baladas de estilo folclórico numa livraria local. Dentro de um ano — pelo que consta, enquanto cheiravam dimetiltriptamina (DMT), um alucinógeno reconhecido por sua capacidade de provocar experiências místicas e espirituais — eles reencarnariam como a banda de rock Grateful Dead, que se tornaria a "banda doméstica" das festas infames de Kesey como as descritas em *Electric Kool-Aid Acid Test**.

Ken Kesey iria financiar suas festas regadas a LSD com os direitos autorais do romance que publicou em 1962 *One Flew Over the Cuckoo's Nest*, livro que ele escreveu depois de vastas experiências com psicofármacos — incluindo dimetiltriptamina, psilocibina, mescalina, LSD e cocaína. Kesey começou a experimentar essas drogas quando participou como cobaia do Projeto MK-ULTRA, um estudo de substâncias químicas que alteram a consciência financiado pela CIA e realizado nas proximidades do Hospital dos Veteranos de Menlo Park.

Mais tarde, em 1975 e por meio do relatório da comissão Rockefeller, os norte-americanos tomariam conhecimento de que seu governo havia com frequência administrado drogas a membros da população em geral, como também a prostitutas, pacientes com problemas mentais e vários membros das forças armadas, médicos e empregados da CIA, sem que, na maioria das vezes, as pessoas fossem informadas.

Experimentos radicais com drogas, estilos de vida, roupas, música e políticas centradas em protestos já haviam sido iniciados antes do evento festivo de Stanford, mas estavam então a ponto de se espalharem muito rapidamente por toda a cultura jovem da Califórnia e além, como "agitações nas águas paradas", para citar a letra de uma música do Grateful Dead. De acordo com estimativas posteriores, o químico que logo ficaria famoso,

---

* *Electric Kool-Aid Acid Test* é um livro de Tom Wolfe. (N. E.)

Owsley Stanley, acabaria produzindo aproximadamente cinco milhões de doses de LSD, contendo cada uma 100 miligramas.

No início de 1970, quando usa o brilho de seus olhos e seu charme irresistível no papel de governador da Califórnia, Ronald Reagan dirá a alguns ruralistas reunidos no histórico Hotel Ahwahnee no Vale de Yosemite que, se um banho de sangue é necessário para acalmar os protestos dos radicais das universidades, ele é a favor que ele ocorra imediatamente. "Apaziguamento", ele afirma, "não é a resposta." Mais tarde, no entanto, ele irá apaziguar as pessoas que não concordam muito com tal atitude de obrigar estudantes americanos a engolir chumbo quente, explicando que havia usado "banho de sangue" como "figura de linguagem".

Todos sabem que da confluência de drogas psicodélicas, política e cultura popular surgiram lendas extraordinárias. Menos conhecido, no entanto, é o fato de que essas lendas sobre efeitos colaterais e consequências indesejadas pudessem ser rotuladas como "o dinheiro de impostos em ação".

As pesquisas de drogas psicodélicas foram motivadas pela busca dos Estados Unidos de alcançar superioridade tecnológica na guerra. Aparentemente, os líderes políticos e militares da época não imaginavam as consequências, mas o movimento psicodélico e seus apóstolos — Timothy Leary, os Beatles, Rolling Stones, as bandas Jefferson Airplane e Steppenwolf, Jimi Hendrix, Charles Manson e outros — atingiram seu apogeu máximo em grande parte devido a essas fascinantes drogas psicodélicas que os programas de pesquisas do governo tornaram populares, em pelo menos dois sentidos. Se o governo norte-americano tivesse tomado providências para extrair uma percentagem de cada canção, livro ou filme inspirado em suas pesquisas de drogas psicodélicas, a dívida pública dos norte-americanos poderia ser hoje uma lembrança remota. Havia tanto uso fortuito de drogas na sociedade que alguns psicólogos chegaram a acreditar que se um jovem ainda não havia experimentado nenhuma substância psicotrópica era porque tinha algum problema de personalidade reprimida. Ou, como cantava Dylan, "Everybody must get stoned" [A ordem é "todo mundo chumbado"].

Ironicamente, quando o governo, numa reação rápida, proibiu o LSD no dia 6 de outubro de 1966, os projetos de pesquisa que poderiam ter significado muito foram definitivamente suspensos. O potencial de liberação da consciência — uma ideia que atraía as pessoas a ponto de elas se disporem a arriscar seu cérebro com drogas caseiras produzidas por químicos amadores — poderia ser atualmente uma realidade, como esperavam os pesquisadores da época, através de medicamentos para milhões de pessoas que sofrem de depressão ou outras doenças mentais.

Afinal, a transferência do conhecimento militar para beneficiar a população civil é algo louvável. A Primeira Guerra Mundial foi responsável pela criação do Conselho Nacional de Pesquisas, fundado em 1916 como parte da Academia Nacional de Ciências, que em 1863 foi instituída por Abraham Lincoln para ser a principal referência científica e tecnológica, como também das políticas de saúde pública do governo.

A perda do potencial de cura das drogas psicoativas atualmente proibidas não apenas incomoda, mas também causa preocupações com o que pode dar errado nos dias atuais, quando neurociência e governo pesquisam os mesmos campos, cercados de instrumentos muito mais perigosos. O site da Agência de Pesquisas Avançadas de Projetos de Defesa (DARPA) na Internet indica um link no alto de sua *home page* para a pergunta: "Você é um cientista ou engenheiro com uma ideia (ou ideias) radical que acredita ser capaz de provocar uma ruptura nas Forças Armadas dos Estados Unidos? Saiba mais..."

E, de fato, a maior parte das pesquisas que estão hoje criando a nossa emergente sociedade neurocientífica é financiada com verbas da defesa dos Estados Unidos. O neuroeconomista Read Montague da Universidade Baylor não aceita dinheiro da DARPA, mas ele representa uma ínfima minoria. De acordo com a Associação das Universidades Americanas, quase 350 faculdades e universidades tinham contratos de pesquisas com o Pentágono em 2002, representando 60% das verbas básicas para pesquisas. O primeiro lugar em obtenção de verbas foi em 2003 o Instituto de Tecnologia de Massachusetts (MIT), com meio bilhão de dólares. Como membro da diretoria do McGovern Institute for Brain Research do MIT, um novo centro de pesquisas neurocientíficas que custou 350 milhões de dólares, e pelas visitas que fiz a muitas outras universidades e laboratórios particulares de todo país, eu sei que existem muitos cientistas brilhantes que têm tanto ideias como força de vontade para acelerar radicalmente o nosso conhecimento do cérebro, se tiverem o necessário apoio financeiro.

Enquanto isso, uma quantidade incrível de inovações já foi alcançada como resultado direto de pesquisas e empregos financiados pela DARPA. Foi exatamente esse o propósito com o qual a agência foi criada em 1958 (até 1972, ela era chamada ARPA), em resposta à onda de medo que tomou de assalto os norte-americanos quando a Rússia nos pegou de surpresa arrebatando as primeiras grandes manchetes da era espacial com o lançamento do satélite Sputnik. O país foi tomado por um sentimento de premência de uma resposta e, em particular, de acelerar o ensino de ciências nos Estados Unidos. Algumas comunidades construíram novas escolas desprovidas de janelas, em que cada sala de aulas tinha apenas três paredes de lajes de concreto de frente para um quadro-negro e um pódio, como se eliminando as possibilidades de devaneio, os Estados Unidos pudessem voltar a ocupar sua posição de superioridade.

Quando a ARPA deu início às pesquisas com mísseis de caça, ela solicitou aos cientistas que descobrissem como computadores em diferentes locais poderiam se comunicar. O sistema de conexão resultante foi chamado inicialmente de ARPANET, que hoje chamamos simplesmente de Internet. Nós nos conectamos a ela com um clique no mouse do computador, outro resultado de estudos financiados pela DARPA. Entre outras importantes inovações tecnológicas resultantes do extenso orçamento (estimado em aproximadamente 3,2 bilhões de dólares) da agência estão: o rifle M16, os jatos secretos, os computadores portáteis, os aviões teleguiados de longo alcance, o radar terrestre, o foguete Saturno e os instrumentos de visão noturna.

A DARPA procura não ser excessivamente reservada, chegando talvez a correr riscos com respeito ao que algum país adversário ou inimigo sem pátria possa fazer com os resultados das pesquisas facilmente acessíveis, porque ela está convencida de que faz parte da cultura de uma agência que promove o uso comum das descobertas incentivar continuamente a geração de novos conhecimentos. Acrescente-se a essa crença da DARPA, o fato de essa agência dispor de poder e recursos humanos para permanecer quilômetros à frente do resto do mundo.

O que você vai ler neste capítulo talvez desperte o seu entusiasmo pelos possíveis benefícios proporcionados pela DARPA e outras agências similares. Mas também pode evocar pesadelos quanto aos possíveis efeitos colaterais e consequências futuras não intencionadas. O costume de longa data da humanidade, sancionado de cima para baixo, de matança e retaliação em massa está sendo revolucionado pela neurociência e ganhará armas e táticas sobrenaturais nunca antes vistas.

A guerra com armas neurotecnológicas já é uma realidade. Sua expansão é tão inevitável quanto são as mudanças colossais que estão ocorrendo em todos os outros segmentos da sociedade. Por isso, este capítulo poderá também despertar nas pessoas fortes sentimentos com respeito a quem elas desejariam ver no comando da aquisição e controle desta neurotecnologia capaz de transformar o mundo.

Exatamente como o que já fez a fissão nuclear, as armas neurotecnológicas irão criar um estado permanente de tensão entre promessa e perigo. Preocupações, debates e conjecturas sobre quais serão seus efeitos últimos irão ocupar nossa mente.

Por exemplo, colocando-se de lado todas as questões de ética, natureza prática e bom senso, suponhamos que o governo dos Estados Unidos tivesse conseguido pacificar Osama bin Laden e os mulás muçulmanos, ou Saddam Hussein e a Guarda Republicana, sem derramamento de sangue, por meio, quem sabe, de alguma invasão psicoativa. Se tivéssemos conseguido passar para eles algo que transformasse toda a sua agressividade em desejo de passar horas apreciando *heavy metal* tocado em seus iPods, ou se tivéssemos conseguido transformá-los num bando de almofadinhas extremamente delicados — ou o que quer que a CIA tenha colocado em sua lista de prioridades quando criou o projeto MK-ULTRA? Ou suponhamos que uma quantidade ilimitada de ocitocina, com um mecanismo de liberação discreto, porém eficiente, pudesse inspirar os sunitas a confiar nos xiitas, induzir os fundamentalistas do mundo dispostos a matar e/ou a morrer pela causa a respeitar seus semelhantes de todo o mundo? E se algum produto da pesquisa neurocientífica pudesse convencer todos os países — incluindo os rotulados como vilões, Satanás ou os países membros do Eixo do Mal* — a eliminar inteiramente suas armas de destruição em massa?

---

* *Eixo do Mal* foi uma designação usada pelo ex-presidente George W. Bush, em seu discurso de 29 de janeiro de 2002, para se referir a países contrários aos Estados Unidos que ele diz terem programas nucleares. O mandato de Bush ficou marcado por ter usado esse conceito para justificar a sua Guerra ao Terrorismo. O *Eixo do Mal* de Bush inclui o Irã, o Iraque e a

Imagine o grau de promessa inserido no mesmo conjunto de pesquisas que pode também criar armas tão repulsivas que nós mal conseguimos imaginar. Quando comecei a escrever este livro, esbocei uma espécie de parágrafo geral que dizia: "É como se estivéssemos a ponto de despencar no abismo, mas graças à curiosidade e ao empenho de nossos ancestrais e de bilhões de pessoas trabalhando hoje em conjunto, podemos em breve ser capazes de construir uma ponte suficientemente vasta para sobrevivermos todos". De todas as facetas da sociedade neurocientífica em desenvolvimento, a guerra com armas neurotecnológicas é a que mais me faz esperar que eu esteja certo em ser otimista.

Governos com incontáveis bilhões a sua disposição estão permanentemente aumentando seus investimentos em neurotecnologia. Estamos diante de desdobramentos sinistros e perturbadores que parecem ter saído diretamente do filme *Sob o Domínio do Mal**. Armas neurotecnológicas sofisticadas para a detecção da verdade por meios coercivos e o apagamento de memórias já se encontram no horizonte. Uma pesquisa soviética revelada recentemente, realizada com o nome de "Projeto Flauta" incluiu planos para explorar um agente neurotóxico que permaneceria adormecido até ser ativado pelo stress ou por emoções intensas, quando então danificaria o sistema nervoso, alteraria os estados de ânimo, desencadearia mudanças psicológicas e até mataria. O "Projeto Fogueira", também desenvolvido na União Soviética nos tempos da guerra fria, manipulou neuropeptídios e hormônios que regulam o nosso sistema nervoso.

É provável que as autoridades do Pentágono tenham tido conhecimento dos projetos Flauta e Fogueira há muito tempo e que estejam trabalhando intensamente para tomar medidas e contramedidas equivalentes. Será que esses desenvolvimentos irão garantir uma maior segurança nacional às sociedades tecnologicamente avançadas? Irão eles "nivelar o campo de ação", permitindo aos pretensos megalomaníacos dos vários continentes endossar suas investidas desumanas contra o cérebro de forma maciça? A segunda batalha de Ypres, travada por um período de cinco semanas na primavera de

---

Coreia do Norte. No *Eixo do Mal*, conforme John R. Bolton, foram incluídos Cuba, a Líbia e a Síria. (N. E.)

* *Sob o Domínio do Mal* narra a história de um soldado que, em meio à Guerra do Golfo, é sequestrado pelo inimigo, juntamente com sua tropa. (N. E.)

1915, ficou na história como a primeira vez em que se fez uso maciço de gases tóxicos. Ela acabou empatada, mas enquanto as forças alemãs perderam aproximadamente 35 mil soldados, as forças aliadas perderam por volta de 60 mil. Esse é um diferencial impressionante, suficiente para convencer muitas pessoas a ignorar as leis internacionais proibindo o uso de armas químicas e bacteriológicas.

Combatentes equipados com ferramentas avançadas resultantes das pesquisas neurocientíficas acabarão provendo as respostas sobre como as futuras guerras serão travadas, porque, na realidade, tanto os "mocinhos" como os "bandidos" já estão de olho nas possibilidades.

A OSNAZ, força altamente secreta da Rússia, uma versão muito mais clandestina dos Boinas Verdes norte-americanos, fez ao mundo uma apresentação prévia no final de outubro de 2002, quando usou armas neurotecnológicas para responder ao desafio de cerca de 42 militantes chechenos que, conforme noticiado, mantiveram 850 pessoas, homens, mulheres e crianças, reféns num teatro na área croata de Moscou. A audiência estava assistindo à apresentação do espetáculo *Nord-Ost* (Norte-Leste, em alemão), um musical baseado na história russa. Durante o segundo ato, os militantes subiram ao palco e disseram que estavam com o corpo carregado de explosivos e que haviam plantado mais bombas por todo o prédio. Todos que estavam no teatro seriam mortos, ameaçaram os militantes, se Vladimir Putin não concordasse com a retirada imediata e incondicional de todas as tropas russas da Chechênia. Eles entregaram à mídia uma fita de vídeo em que declaravam: "Nós decidimos morrer aqui em Moscou. E levaremos conosco a vida de centenas de pecadores". Os atores que escaparam por uma janela dos fundos disseram que mais ou menos a metade dos militantes eram mulheres usando burcas.

Na manhã do dia 26 de outubro, depois de dois dias e meio de prontidão do lado de fora, as forças da OSNAZ lançaram um gás pelo sistema de ar-condicionado do teatro. Até hoje, as autoridades russas não informaram que gás era aquele. Há o consenso de que foi uma forma relativamente nova de opiáceo sintético chamado fentanila, que ataca o sistema nervoso central humano com oito vezes a potência da morfina. O que quer que eles tenham usado conseguiu sedar muitos militantes e reféns, fazendo-os dormir profundamente, e matar muitos outros. Embora os terroristas soubessem que estavam sendo intoxicados pelo gás, e tiveram muitos minutos para reagir, a ameaça de destruição do teatro não se concretizou. Em vez disso, houve um tiroteio entre os soldados da OSNAZ e os militantes que aparentemente usavam máscaras antigases. Os disparos, que no início eram esporádicos, foram intensificados quando os soldados arrombaram as entradas principais do saguão para ocuparem o prédio.

As notícias divulgadas pelas diferentes fontes são conflitantes, e o governo russo suspendeu sua investigação do cerco à apresentação do musical *Nord-Ost* em julho de 2007 com pouco a dizer, mas foi amplamente noticiado que 33 militantes e 129 reféns morreram. Dos reféns, apenas um morreu baleado. Os outros morreram, de acordo com o diagnóstico dos médicos, por insuficiência respiratória. Muitas vítimas poderiam ter sido salvas. Existe um antídoto ao envenenamento por fentanila. Mas como as autoridades não se dispuseram a identificar o veneno, os médicos presentes não puderam administrar o antídoto.

Dois dias depois, os soldados russos mataram 30 rebeldes chechenos nos arredores de Grosny. Quatro dias depois do incidente, a Câmara dos Comuns do Parlamento Russo, a Duma, aprovou restrições mais severas à cobertura pela imprensa de eventos envolvendo terroristas. No ano seguinte, os chechenos que viviam em Moscou foram perseguidos mais do que nunca pela polícia, de acordo com relatórios da organização Human Rights Watch.

A Rússia é signatária da convenção contra a proliferação de armas químicas, pactuada em 1973 e, até o presente, assinada e ratificada por 183 das 195 nações do mundo. É um tratado contra o uso de armas químicas, segundo o qual, toda substância química usada para controle de distúrbios internos deve ter efeitos que desapareçam logo após a exposição. O fentanila, ou o que quer que os russos tenham usado, viola claramente essa determinação do tratado.

A reação no caso que ficou conhecido como Nord-Ost ressalta um fato que é ainda mais importante do que a mera violação de um tratado: a guerra tende a suprimir as tendências a respeitar as regras. Quando se perde o controle da situação, temos de contar com o jogo sujo e a imprudência no uso da neurotecnologia, seja do lado dos rebeldes ou dos conservadores, dos criminosos ou dos chefes de governo. O general George Patton fez uma declaração que ficou famosa: o sentido da guerra não é morrer pela pátria, mas fazer com que o outro bastardo morra pela dele. Se tivessem alguma oportunidade, os rebeldes chechenos provavelmente não teriam hesitado em ministrar qualquer tipo de neurotoxina às forças da OSNAZ.

Richard Nixon supervisionou o desmantelamento das pesquisas de armas biológicas dos Estados Unidos em 1969. Elas estavam sendo realizadas desde a década de 1950, ou de 1940 (dependendo da interpretação das informações consultadas). Mas de acordo com relatos colhidos de desertores russos, o que a equipe norte-americana de pesquisas de armas biológicas fazia era jogar pelada enquanto o objetivo dos russos era jogar no Super Bowl*. Os russos tinham quatro importantes centros de produção de antraz, localizados em Kurgan, Penza, Sverdlovsk e Stepnogorsk. Consta que depois de ter interrogado o dr. Kanatjan Alibekov, que desertou em 1992, Bill Patrick, um veterano norte-americano com experiência em pesquisas de armas biológicas, tenha deitado a cabeça sobre a mesa em que estavam sentados e sussurrado: "Oh, meu Deus!"

Alibekov trabalha hoje subordinado a Ken Alibek, e usa sua experiência para promover a imunidade humana em vez de destruí-la. Ele havia sido o encarregado pelas instalações de Stepnogorsk, que estavam perto de alcançar uma produção anual de mil toneladas de antraz para servir como arma. Não apenas a produção russa de antraz era três vezes maior do que a dos Estados Unidos, mas seus muitos cientistas também estavam explorando inovações que iriam fazer o antraz, a toxina botulínica e outras formas "tradicionais" de armas biológicas parecerem relíquias de tempos passados.

Sergei Popov, outro cientista da antiga União Soviética que desertou em 1992 e atualmente trabalha nos Estados Unidos com pesquisas em prol da saúde, conseguiu modificar a bactéria *Legionella* para que provocasse doenças graves no sistema nervoso, semelhantes à esclerose múltipla. Aplicados os tratamentos convencionais, a doença passaria a apresentar muitos dias depois sintomas novos e desconhecidos. Popov trabalhou em um centro

---

* Super Bowl é um jogo do campeonato da NFL (National Football League) norte-americana que decide o campeão da temporada do ano anterior. Disputada desde 1967, a partir da junção das duas principais ligas do desporto no país (NFC e AFC), é o maior evento desportivo e a maior audiência televisiva do país, assistido anualmente por milhões de pessoas nos Estados Unidos e em todo o mundo. (N. E.)

de pesquisas na Sibéria com milhares de outros cientistas, centenas deles com doutorado. Ele e seus colegas eram constantemente informados de que a Rússia estava muito atrás dos Estados Unidos e que eles tinham de ser agressivos para alcançá-los. Como efeito de muitos níveis de sigilo, a maioria das pessoas conhecia apenas a "versão restrita", uma história plausível que ocultava a verdadeira natureza de cada projeto.

O projeto de nome Bonfire brincava com as estruturas de bactérias para produzir mutações que os antibióticos não podiam curar. Outro projeto, chamado Hunter Program, trabalhava para fazer de dois vírus um híbrido. A intenção era criar bombas de fragmentação autoprogramadas em forma de bactérias que continham vírus dentro de suas paredes celulares. As bactérias deveriam produzir uma doença terrível; depois, ao matar essas bactérias, elas liberariam aos poucos uma infecção viral. O que Popov conhecia do Hunter Program era limitado, mas ele sabia que os pesquisadores estavam trabalhando para colocar os vírus da varíola e do Ébola dentro das bactérias causadoras da peste bubônica.

Em um artigo publicado há uma década pelo U.S. Army War College, ao qual o analista militar Timothy Thomas deu o título "The Mind Has No Firewall", ele lança o seguinte desafio: "Este artigo examina as armas de base energética, armas psicotrópicas e outros desenvolvimentos destinados a alterar a capacidade do corpo humano de processar estímulos. Uma consequência dessa afirmação é que a acepção que comumente damos à expressão 'guerra de informações' não cabe quando é o soldado, e não seu equipamento, que se torna o alvo do ataque".

Thomas observou que os estrategistas militares, pelo menos até a publicação de seu relatório em 1998, consideravam basicamente só o embuste e as trapaças como meio de brincar com a capacidade de raciocínio lógico do inimigo. (Isso, é óbvio, foi antes das revelações vindas da guerra no Iraque.) Mas, ele diz, a mente e o corpo humanos têm de ser vistos como um processador de informações e dados e, como tal, também protegido por uma parede corta-fogo. "O corpo pode não apenas ser enganado, manipulado ou informado erroneamente, mas também paralisado ou destruído — exatamente como qualquer outro sistema de processamento de dados", comentou Thomas. E, como já foi comprovado de modo confiável por neurocientistas, os dados vindos do ambiente circundante — como ondas eletromagnéticas e de energia acústica, assim como os dados originados no interior da mente e do corpo pelas próprias respostas eletroquímicas do corpo — estão sujeitos à manipulação e à alteração exatamente como os dados de um computador. Luzes estroboscópicas, por exemplo, podem ser usadas para induzir ataques epilépticos. Num estranho incidente ocorrido alguns anos atrás no Japão, muitas crianças que estavam assistindo aos mesmos programas de desenho animado em diferentes locais tiveram ataques ou se sentiram mal.

De acordo com Thomas, um escritor russo chamado N. Anisimov, trabalhando para uma instituição de Moscou com o nome espantoso de "Centro Antipsicotrônico", inventou o termo "psicoterrorismo" para descrever as armas que estavam sendo desenvolvidas na então União Soviética. Anisimov definiu como armas psicotrônicas aquelas que podem remover, editar e substituir memórias do cérebro humano. Um antigo major do exército russo relatou na edição de fevereiro de 1997 de uma publicação militar que muitas armas que cabiam na definição de psicotrônicas estavam sendo desenvolvidas em todo o mundo. Algumas já estavam então em estágio de protótipos.

O artigo de Thomas continua provocando respostas e é amplamente citado em sites da Internet por autores que poderiam parecer, digamos assim, "excessivamente vigilantes" para a maioria de nós, embora já houvessem sido realizadas pesquisas concernentes a uma possível guerra psicotrônica entre a União Soviética e os Estados Unidos antes mesmo de o artigo "The Mind Has No Firewall" ter sido publicado. Com o nome perturbador de Projeto Pandora, a pesquisa foi realizada pela divisão de psicologia subordinada ao departamento de psiquiatria do Instituto Walter Reed de Pesquisas do Exército. O Projeto Pandora foi iniciado depois de tomarmos conhecimento de que o governo soviético havia, de 1953 a 1976, irradiado microondas na embaixada dos Estados Unidos em Moscou.

Com o passar dos anos, em minha busca de informações sobre o que estava ocorrendo nas pesquisas neurocientíficas, comecei a ser convidado a participar de conferências cada vez mais fascinantes. Em agosto de 2007, em nome da Defense Intelligence Agency, eu representei um comitê especial sobre a situação presente e futura da neurotecnologia. O comitê, em convênio com a National Academy of Sciences, tem um nome que você será capaz de memorizar algum dia em que dispuser de duas ou três horas de folga: Committee on Military and Intelligence Methodology for Emergent Neurophysiological and Cognitive/Neural Science Research in the Next Two Decades, ou de forma abreviada CMIMEN&C/NSRNTD. Os membros desse comitê pretendem identificar tendências nas pesquisas do cérebro que possam ajudar os serviços de inteligência dos Estados Unidos a antecipar o nível que o progresso internacional da neurociência terá alcançado no ano 2027.

Em torno de doze oradores participaram daqueles dois dias de intensas discussões. Enquanto eu aguardava a minha vez na sala de estar, uma rápida conversa me alertou de que eu estava num encontro de extraordinário alto nível. Um cavalheiro, que posteriormente soube tratar-se do *Master Chief* Glenn Mercer, um veterano com vinte anos de SEAL [tropas especiais da Marinha dos Estados Unidos], ouviu minha observação — numa conversa casual — de que o carrinho de aço inoxidável com duas garrafas de café fumegante que estavam sendo levadas para dentro da sala de encontro "deve ter dezoito galões de café". "Cinco galões", ele corrigiu prontamente. Não sorriu nem deu trela para a conversa. Apenas uma dose rápida de realidade. É para isso que estamos aqui. Se não estiver 100% certo, senhor, não diga nada.

Glenn estava ali representando o comitê sobre as necessidades neurotecnológicas das Special Operations Forces, ou SOF dos Estados Unidos. Com mais de dez anos de experiência em operações avançadas, ele hoje tem uma função de liderança no Human Performance Management Program das SOF. As SOF incluem os combatentes de elite das quatro forças armadas: Exército, Marinha, Aeronáutica e o Corpo de Fuzileiros Navais. Glenn se refere a seus companheiros como "a NASCAR* de pessoas com mecanismos altamente refinados".

Ele trouxe um senso incrível de realidade às discussões ao focar as necessidades dos "atletas guerreiros" de nosso país nos próximos cinco anos. Ele não se ateve a nenhuma das questões éticas ou linguísticas em debate entre os membros do comitê sobre se a tecnologia envolvida deveria ser

---

* NASCAR (National Association for Stock Car Auto Racing) é a associação automobilística norte-americana responsável pelas corridas de stock car no país. (N. E.)

chamada de aperfeiçoamento do desempenho humano, otimização do desempenho humano, capacitação do desempenho humano, modificação do desempenho humano ou "a categoria que você preferir atribuir" ao desempenho humano. Glenn estava interessado apenas no impacto real da tecnologia sobre a capacidade tática, a capacidade de lutar de modo efetivo e eficiente. Ele descreveu a perspectiva dos combatentes nos seguintes termos: eles saem em pequenos grupos, no escuro, para realizar missões de 48 horas que às vezes incluem oito horas de excursões subaquáticas. As missões requerem que eles carreguem equipamento pesando cerca de vinte quilos e que analisem tudo o que estiver a cinco metros de distância da perspectiva de vida ou morte. Eles formam uma ordem fraterna, são profundamente leais uns aos outros, extremamente motivados pelo patriotismo e capazes de farejar ameaças a quilômetros de distância.

Muitos atletas de alto nível se consideram, metaforicamente falando, guerreiros. Mas essa analogia pode também ser aplicada no sentido inverso. Cada guerreiro é um atleta, um conjunto de habilidades inatas e aprendidas no interior de uma casca humana. Os atletas guerreiros precisam ter ótimo condicionamento físico e resistência para vencer — especialmente para os altos níveis de desempenho requeridos dos SEALs, dos Boinas Verdes e de outros esquadrões de elite.

O nosso governo investe uma tremenda quantidade de energia, tempo e dinheiro no treinamento desses atletas guerreiros. Pela própria natureza de sua função, cada um deles passa por eventos traumáticos. Se existe algum meio de fazer uma seleção prévia dos candidatos mais adequados para tais condições extremas, ou para aumentar a capacidade das pessoas que irão participar de missões extremamente difíceis, Glenn e seus colegas querem saber qual é. Um tema sobre o qual ele discorreu apaixonadamente foi como identificar indicadores biológicos seletivos da capacidade de aptidão cognitiva e resistência ao stress para ajudar a selecionar e avaliar os candidatos às Forças de Operações Especiais.

Um teste para identificar esses indicadores biológicos que recentemente se mostrou promissor é o do neuropeptídio Y. Ficou demonstrado que a presença de altos níveis do neuropeptídio Y tem relação com persistência e desenvoltura, particularmente no plano emocional e psicológico. Tais guerreiros seriam mais maleáveis em situações de stress e mais resistentes aos efeitos do stress pós-traumático, termo usado atualmente para designar o problema de ansiedade que antigamente se chamava "neurose de guerra". De acordo com um estudo recente do *Psychiatric News*, mais de 16% dos veteranos das guerras do Iraque e Afeganistão continuam sofrendo de stress pós-traumático um ano depois de terem voltado para casa. Provavelmente são altos os números de casos que não foram relatados por receio de que a decisão de recorrer à terapia poderia eliminar as chances de futura promoção.

O Ministério da Defesa está também investigando para descobrir os indicadores biológicos que revelem capacidades naturais de reagir rapidamente, de alta acuidade visual e de maior retenção possível de informações.

Glenn descreveu para o comitê muitos outros estudos que já foram realizados, inclusive sobre o uso de uma vasta gama de nutricêuticos — nutrientes naturais capazes de fortalecer o corpo e a mente dos atletas guerreiros. O dehidroepiandrosterona (DHEA), o hormônio natural que é o precursor tanto dos andrógenos como dos estrógenos, os hormônios masculino e feminino respectivamente, mostra-se muito promissor para aumentar a resiliência física e emocional; além dos muitos produtos disponíveis nas lojas de produtos naturais e de suplementos alimentares que supostamente aumentam os níveis hormonais. Muitos alegam que eles são feitos de extrato de inhame silvestre, mas ainda não se sabe ao certo se o organismo humano pode fazer uso de hormônios de inhame silvestre. Mais importantes são as preocupações com respeito à possibilidade de muitos cânceres sensíveis a hormônios, como os cânceres de ovários, próstata e mamas, serem estimulados por níveis de andrógeno e estrógeno acima do normal. Glenn diz que o Ministério da Defesa está hoje conduzindo o primeiro estudo de longo prazo do DHEA e espera obter em breve respostas que preencham as necessidades da guerra real, que não apenas vençam a batalha dos interesses comerciais.

Entre outros estudos em andamento, está a pesquisa com a intensificação da vigilância, comparando o uso de cafeína ao de dextroanfetamina, que existe sob o nome de marca Dexedrine, e uma droga desenvolvida mais recentemente, chamada modafinil, que é comercializada com o nome Provigil para narcolepsia e excessiva sonolência diurna.

Se alguma vez você já se excedeu no consumo de café expresso em tempo curto demais, sabe que excesso de cafeína causa nervosismo. Mas a cafeína também faz aumentar notavelmente a agilidade mental e a memória de curto prazo. O mesmo vale para a Dexedrine. O Modafinil foi pela primeira vez aprovado para uso no Canadá em 1999 e tem sido usado pelas tropas norte-americanas no Iraque. Ele parece, a curto prazo, não apresentar efeitos colaterais. Mas impedir o sono, aquele processo agradável que faz tanto melhorar o ânimo e a disposição, pode permitir que os demônios internos saiam das rédeas e assumam o comando. Os corpos que não tiveram permissão para dormir se rebelam e colocam a mente de seus donos em tremendas enrascadas. Se esse efeito é totalmente controlado pelo modafinil apenas o acompanhamento a longo prazo poderá dizer.

Essa questão foi enfatizada logo após a apresentação de Glenn pelo dr. Anjan Chatterjee do Center for Cognitive Neuroscience da University of Pennsylvania, que chama o uso de substâncias para aumentar o desempenho de "neurologia cosmética". Pode ser um termo perfeitamente adequado. A cirurgia cosmética, ou plástica, ganhou impulso na esteira da Primeira Guerra Mundial para ajudar os combatentes que haviam sido desfigurados nos campos de batalha. Como qualquer pessoa que já tenha assistido ao programa de TV a cabo *Nip/Tuck** sabe bem, o principal uso da cirurgia plástica ocorre hoje no contexto das batalhas pela reprodução, ajudando as pessoas a parecerem mais jovens do que de fato são. "Ninguém realizou estudos completos sobre como as drogas que estimulam o cérebro podem afetar pessoas saudáveis após anos de uso", Chatterjee disse ao comitê. Mas muitos estudos de uma única pessoa já estão sendo realizados.

Paul Phillips, um programador de computação que abandonou sua carreira para ser jogador profissional de pôquer, ficou orgulhoso com o diagnóstico oficial de déficit de atenção e hiperatividade que recebeu em 2003. Prontamente, ele passou a usar um psicoestimulante para aumentar os níveis de dopamina, a principal substância química do cérebro que faz a pessoa se sentir bem. Como os psicoestimulantes são uma mistura de anfe-

---

* Segundo a Wikipédia, seriado televisivo norte-americano que aborda o lado obscuro das cirurgias plásticas, mostrando os tortuosos caminhos que as pessoas percorrem em busca da beleza e perfeição. (N. E.)

taminas, podem criar dependência. A droga fez com que Phillips se sentisse como uma esponja de informações, absorvendo todas as sutilezas táticas de cada oponente, analisando-as com a velocidade exata para contra-atacar no ato seus argumentos e, ao mesmo tempo, se sentindo mais calmo, paciente e prudente em suas decisões quanto a pegá-las ou largá-las. Um ano depois, ele adicionou modafinil a seu arsenal químico. Em dezembro de 2007, ele disse a Karen Kaplan e Denise Gellene do *Los Angeles Times*: "Não há nenhuma dúvida a esse respeito. Elas fizeram de mim um jogador muito melhor."[1] Paul acrescentou que as drogas o ajudaram a ganhar mais de 2,3 milhões nas mesas de pôquer. Essa quantia corresponde a de uma extraordinária bolsa de estudos e, ao mesmo tempo, representa uma associação muito perigosa — entrada de dinheiro e estados de euforia provocados por substâncias químicas.

Uma semana depois da matéria publicada no *Times*, o *Journal of Neuroscience* publicou um relatório da Faculdade de Medicina da Wake Forest University. Em seus experimentos, os pesquisadores privavam os macacos de sono e, em seguida, davam a eles um peptídeo natural produzido no cérebro, a orexina-A. Apenas um pequeno número de neurônios produz a orexina-A, mas ela afeta várias regiões do cérebro. Sua função no cérebro é regular o sono. Quando você não dorme o suficiente, seu cérebro tenta produzir mais desse peptídeo, mas como ele não consegue continuar produzindo-o em quantidade suficiente para mantê-lo desperto, você acaba adormecendo.

Aos macacos era atribuída uma bateria de tarefas, para as quais haviam sido previamente treinados. Depois, eram bombardeados com vídeos e música, tentados com petiscos, incitados pelos auxiliares e mantidos acordados por períodos de 30 a 36 horas a fio. Em seguida, as mesmas tarefas eram outra vez atribuídas. Os macacos que não haviam recebido estimulantes se saíam muito pior, da mesma maneira que um ser humano privado de sono. Os macacos que recebiam a orexina-A, ou por meio de injeção hipodérmica ou por spray nasal, realizavam suas tarefas tão bem quanto na primeira rodada.

Samuel A. Deadwyler, professor de fisiologia e farmacologia da Wake Forest University, tirou esta conclusão óbvia: "Essa [droga] pode beneficiar pacientes que sofrem de narcolepsia e outros sérios distúrbios do sono, mas também pode ser aplicada a trabalhadores em turnos, militares e outras ocupações que costumam limitar as horas de sono, exigindo, no entanto, alto desempenho das funções cognitivas".

O que mais despertou meu interesse nas observações de Glenn na conferência foi quando ele disse que o objetivo principal da pesquisa não é aumentar o tempo de vigilância, mas intensificar a velocidade e a qualidade do sono. Na verdade, pesquisadores da Columbia University estão fazendo experiências com Estimulação Magnética Transcraniana (EMT), a mesma tecnologia usada por alguns neuroteólogos para induzir experiências religiosas, como meio de eliminar o cansaço. Uma unidade portátil dessa tecnologia EMT está em desenvolvimento.

O nível de desempenho exigido hoje dos atletas guerreiros os obriga a permanecer em atividade por 48 horas a fio, quando então têm 16 horas de sono antes de iniciar outro turno de 48 horas. Os tratamentos para mitigar a necessidade de sono são potencialmente tão benéficos para os destacamentos de soldados como para os jogadores de pôquer, mas continuam apresentando a possibilidade de efeitos negativos em longo prazo. Imagine, no entanto, uma droga que pudesse induzir rapidamente um sono tão profundo e repousante que duas ou três horas seriam suficientes para recarregar plenamente as baterias. Junte a ela a droga modafinil, ou alguma versão futura melhorada do mesmo tipo de droga. Você teria atletas guerreiros capazes de lutar por dois dias e duas noites a fio, ter todo sono reparador de que necessitam no tempo que levariam assistindo a um filme de longa metragem, voltariam a atacar seus inimigos com seu vigor máximo. Você teria a força de combate mais temível e implacável do mundo.

O relatório do comitê foi publicado na metade de agosto de 2008 sob o título "Emergent Cognitive Neuroscience and Related Technologies". Um de seus tópicos mais fascinantes é o que diz respeito às minas terrestres farmacológicas. Em vez de fazer alguém explodir nos ares, essas minas terrestres desestabilizariam o inimigo com substâncias químicas capazes de alterar as funções cerebrais. Imagine um pelotão avançando, esperando atacar de surpresa, mas em vez disso sendo sedado instantaneamente e impossibilitado de agir, possivelmente até obedecendo às ordens das pessoas que pretendia matar. Enquanto isso, no futuro, as pessoas submetidas a interrogatórios poderiam receber vibrações elétricas inofensivas que interfeririam em sua capacidade de mentir. E o uso de máquinas que farão interface com os seres humanos para criar níveis extraordinários de desempenho é "limitado apenas pela imaginação", de acordo com o relatório. Um pouco mais adiante, essas interfaces serão exploradas em mais detalhes.

Não muito tempo depois da conferência da qual Glenn, Chatterjee e eu participamos, a edição de janeiro de 2008 da [revista] *Aviation Week* publicou um artigo baseado numa entrevista com a cientista que supervisiona algumas das pesquisas atuais mais provocativas da DARPA.

A dra. Amy Kruse começou a trabalhar como consultora técnica do diretor da DARPA imediatamente após ter concluído seu doutorado em neurociência pela University of Illinois. Agora ela é responsável por algumas das pesquisas mais mentalmente instigantes da agência.

No seu currículo está a pesquisa por meio de análise computacional de ondas cerebrais captadas de satélites sem o conhecimento dos participantes. Espera-se que ela ajude os analistas de informações a identificar e localizar com precisão os alvos com base nos pensamentos hostis das forças inimigas, além de ajudar os líderes responsáveis pelas operações a saber se suas tropas estão suficientemente alertas para perceber a intensidade das situações que terão de enfrentar.

Como qualquer veterano das guerras do Afeganistão ou do Iraque poderia contar, a situação no campo de batalha torna-se às vezes extremamente arriscada: fogo sendo disparado pelo inimigo, ordens sendo dadas, companheiros sendo atingidos, armas emperradas e a probabilidade de ser atingido por *dispositivos explosivos improvisados* (DEIs) ou emboscadas no caminho de qualquer eficiente rota de fuga. Em tais situações de extrema tensão, a mente de um combatente pode ficar tão atarantada que se prende a apenas um aspecto de todos os estímulos. E ele pode até mesmo não assimilar o que o comandante está tentando comunicar.

Foram realizados experimentos com soldados cujas ondas cerebrais são visualizadas por seus comandantes via computadores sem fio. Quando um comandante vê que um soldado perdeu a capacidade de discernimento devido à sobrecarga de informações, ele sabe que tem de contar com outro para realizar as ações decisivas durante um ataque.

Eis como Kruse descreveu seu trabalho na conferência anual DARPA-Tech de 2005: "Como o ambiente operacional continuará sendo sobrecarregado de informações, é claro que nossos combatentes de guerra têm de ser capazes de administrar situações complexas com capacidades cognitivas mais rápidas, precisas e concentradas. Isso significa que problemas como de sobrecarga de informações, cansaço e tomadas de decisão sob pressão estão se tornando rapidamente fatores cruciais no desempenho".

Um projeto anterior chamado de Augmented Cognition, AugCog de forma abreviada, deu origem ao programa com o qual Kruse está trabalhando atualmente. Trata-se do programa Neurotechnology for Intelligence Analysts (NIA).

Sob um contrato multifásico de 4 milhões, a Honeywell Aerospace, uma importante empresa fornecedora tanto para o programa NIA como para o projeto AugCog, vem desenvolvendo o Honeywell Image Triage System (HITS) para a DARPA. O HITS divide as imagens via satélite em "chips" menores que os analistas de informações conseguem visualizar numa velocidade de cinco a vinte imagens por segundo.

Os eletrodos fixados no couro cabeludo do analista captam a atividade cerebral aumentada que mostra quando ele se depara com uma correlação significativa em sua visualização acelerada. O analista não precisa parar para pensar, formar sentenças, preencher algum formulário e nem mesmo registrar conscientemente o que pode ter percebido no nível subconsciente. O cérebro dele passa as informações diretamente para o computador, por meio do que é chamado de "interface homem/máquina".

De acordo com a Honeywell Aerospace, esse sistema permitirá que os analistas processem informações via satélite cinco a sete vezes mais rapidamente. Esse incremento é necessário para processar o grande volume de imagens que entram e transformá-las em informações práticas o mais rapidamente possível. Como é típico das inovações neurocientíficas, o desenvolvimento do sistema HITS exigiu a combinação de conhecimentos de muitas diferentes disciplinas, inclusive de psicologia, engenharia elétrica, engenharia mecânica e aviação.

A fase dois do Projeto NIA começou recentemente. O trabalho da Honeywell está sendo suplementado com a participação da Teledyne Scientific Imaging e da Columbia University, que está agressivamente construindo sua reputação neurocientífica.

A fase três tem a expectativa de produzir um protótipo que as agências de inteligência irão testar na prática. De acordo com a Honeywell, a tecnologia está quase pronta para entrar em operação.

Em conjunto, as pesquisas do AugCog e do NIA estabeleceram vínculos de muitas equipes corporativas e acadêmicas com os quatro diferentes serviços militares: a DaimlerChrysler com o Corpo de Fuzileiros Navais dos Estados Unidos, a Lockheed Martin com a Marinha, a Boeing com a Força Aérea e a equipe da Honeywell formada por onze parceiros industriais e acadêmicos com o Exército.

Uma pesquisa bastante similar com monitoramento computadorizado dos estados de percepção dos pilotos está em andamento há mais de uma década. Sensores colocados dentro do capacete do piloto captam a amplitude de suas ondas cerebrais — basicamente a mesma tecnologia usada nos estudos sobre como o cérebro reage ao relaxamento. O computador, ao perceber que o piloto está ficando excessivamente cansado, dá início a uma sequência de procedimentos. Primeiro, o painel de instrumentos fica mais luminoso. Em seguida, ele pode começar a acender e apagar num ritmo tão rápido que o cérebro do piloto responde subconscientemente. Finalmente, ele pode começar a acionar mais e mais funções até passar para o piloto automático.

Segundo Kruse, o Ministério da Defesa e todas as forças armadas estão interessados em saber o que mais a neurotecnologia poderá lhes oferecer no futuro.

Foi exatamente para isso que o CMIMEN&C/NSRNTD foi criado. Uma das invenções mais polêmicas e faladas das pesquisas recentes é, por exemplo, algo chamado de Active Denial System, ou ADS, que foi demonstrado no final de janeiro de 2007 na Base Aérea de Moody, na Geórgia. Trata-se de um armamento não letal, mas absolutamente aterrorizante que pode ser montado sobre um veículo aberto e emite radiação eletromagnética para alvos situados a mais ou menos cinco campos de futebol e meio de distância. Ele eleva instantaneamente a temperatura das moléculas de água sob a pele do alvo para 54°C. O efeito é tão doloroso e tão imediato que faz o indivíduo (seja ele, ela ou todos eles, pois o propósito original do ADS é controlar multidões) interromper o que estava tentando fazer para correr, mergulhar, enterrar-se ou fazer qualquer coisa para sair de seu raio de ação.

Ainda mais sinistro é o fato de o ADS ser um subproduto de uma pesquisa maior em desenvolvimento para criar uma tecnologia capaz de apagar as lembranças de uma pessoa e depois colocar outras em seu lugar. Essa última frase certamente fará qualquer fã de ficção científica lembrar-se de pelo menos três importantes filmes recentes com variações sobre o mesmo tema.

Outra realidade no horizonte parece ser de fato algo diretamente saído da ficção científica, mais especificamente do filme *Minority Report*. Nesse estrondoso sucesso de Steven Spielberg, de 2002, uma versão do longínquo ano 2054, Tom Cruise é um policial que trabalha com paranormais. No filme, os "precogs" (que recebem esse nome devido a seu talento, chamado de precognição) são filhos de mães viciadas em drogas e com isso sofrem uma conveniente mutação. Eles têm visões de assassinatos antes de estes serem perpetrados, inclusive sabem o nome do assassino e o da vítima e têm pistas visuais variadas. Nas visões, a revelação leva a pessoa a ser detida e trancafiada numa penitenciária lúgubre, mesmo que na realidade ela ainda não tenha praticado o crime.

E, no plano real da ciência, uma equipe de neurocientistas desenvolveu um método baseado na tomografia para descobrir pistas sobre o que uma pessoa tem a intenção de fazer. Os cientistas montaram suas pesquisas a partir de descobertas feitas por estudos anteriores que fizeram uso de imagens funcionais de ressonância magnética para saber o que se passa no cérebro humano quando o tema em questão é preconceito racial, violência ou mentira.

Esse é um passo gigantesco que traduz o conhecimento básico dos padrões de atividade do cérebro em pensamentos discerníveis e outro grande salto para a adoção oficial e aplicação do método. Mas qualquer um que considere a natureza humana a partir de seu lado sombrio — o que tem sido muito fácil encontrar nas manchetes atuais — pode imediatamente imaginar dezenas de possíveis usos e abusos da precognição. Os pesquisadores com os quais conversei acham que isso pode vir a se tornar realidade em trinta anos.

Ou talvez alguns anos antes. Na edição de 6 de março de 2008 da revista *Nature*, cientistas da University of California, em Berkeley, relataram o desenvolvimento de um método para decifrar padrões nas áreas visuais do cérebro e usá-los para saber para o que a pessoa está olhando.[2]

É fácil imaginar os potenciais assustadores dessa descoberta, mas os pesquisadores estão focados em seus usos benéficos, como entender as diferenças de percepção do mundo visível entre várias pessoas e, possivelmente, ter acesso ao conteúdo visual imaginado, como fantasias e sonhos, talvez para ajudar na psicoterapia.

Expondo os participantes de seus experimentos a imagens visuais e registrando a atividade de seus cérebros, os pesquisadores da University of California em Berkeley começaram a perceber uma série de padrões de ativação. Em seguida, eles construíram um modelo matemático, um algoritmo. As informações fornecidas pelos padrões possibilitam que os pesquisadores observem a ativação do cérebro e, com base nela, façam uma suposição bem precisa sobre que espécie de informação visual a provocou.

Esse foi um estudo pouco abrangente, com apenas dois participantes, ambos membros da equipe de pesquisas. Foi exibido um conjunto de 120 imagens diferentes que eles nunca haviam visto — a maioria delas era corriqueira, como animais, casas, pessoas, etc. O computador conseguiu descobrir 110 vezes para qual das imagens os participantes estavam olhando. Quando o número de imagens foi elevado para mil, o índice de sucesso do computador baixou 80%, uma redução notável, mas ainda assim um alto índice de êxito. "Isso indica", escreveram os pesquisadores, "que as imagens funcionais de ressonância magnética contêm uma quantidade considerável de informações de estímulo e que essas informações podem ser decifradas com sucesso na prática."

Solicitado a comentar, o pesquisador John-Dylan Haynes, professor do Centro Bernstein de Neurociência Computacional de Berlim e do Instituto Max Planck de Ciências Cognitivas e Neurociência, disse que o método criado pelos pesquisadores da University of California consegue decifrar apenas dados que podem ser localizados no espaço. Isso o restringe aos impulsos sensoriais e movimentos corporais dos participantes. Um modelo matemático muito mais complexo seria necessário para lidar com lembranças, emoções ou atos intencionais. No entanto, a publicação da pesquisa na *Nature* fará provavelmente com que os pesquisadores da DARPA e outros da área a vejam como um passo importante em direção a essa meta.

Já antes do episódio de 11 de setembro, os estrategistas da DARPA começaram a se concentrar em pequenas forças com poder de atacar rapidamente para combater inimigos como a Al Qaeda e o Talibã, agregações transnacionais que podem fazer uma investida e, em seguida, desaparecerem entre a população local ou se esconderem em terrenos de difícil acesso. Grande parte das pesquisas atuais da DARPA está sendo realizada com biólogos cujo objetivo é tornar as tropas norte-americanas não apenas mais rápidas e mais potentes, mas também mais resistentes ao cansaço, a condições adversas e aos ferimentos em campo de batalha. Essa ênfase nas ciências biológicas foi intensificada no dia 18 de junho de 2001, quando a direção da DARPA foi assumida por Tony Tether, um engenheiro elétrico que se doutorou pela Stanford e tornou-se fundador e diretor-presidente do Sequoia Group. Seu currículo também inclui um cargo de diretor-presidente da Dynamics Technology e de vice-presidente do Setor de Tecnologia Avançada da Science Applications International Corporation (SAIC), precedido de cargos executivos na Ford Aerospace, na própria DARPA e no National Intelligence Office do Ministério da Defesa.

Tether viu grandes potenciais no desenvolvimento humano e expandiu rapidamente os esforços da DARPA nesse sentido, basicamente por meio de uma entidade da DARPA chamada de Defense Sciences Office. Conforme foi informado por Noah Shactman na revista *Wired*, a DARPA solicitou ao Congresso um acréscimo de 78 milhões de dólares em suas verbas anuais no início de 2002, destinado a pesquisas voltadas para "o desenvolvimento de materiais bioquímicos para melhorar o desempenho".[3] Logo depois disso, a DARPA redigiu um documento se referindo aos seres humanos como "o elo mais fraco" do sistema de defesa, situação essa que requer "a manutenção e melhoria do desempenho humano" e "capacitação de novas habilidades humanas".

Na realidade, a DARPA anunciou seu programa de financiamento para 2006 sob o título "Applications of Biology to Defense Applications". Embora, como seria de se esperar, não seja fácil para a população civil saber tudo o que a agência faz, os analistas acreditam que a maioria de seus programas esteja de uma maneira ou de outra relacionada com pesquisas neurocientíficas.

Obviamente, a guerra de trincheiras, conhecida como política, pode constituir uma ameaça aos avanços científicos buscados para aumentar nossa capacidade de combate. Sob o governo do ex-presidente George W. Bush, que considerava a teoria da evolução "ainda não comprovada", os cientistas tinham de estar atentos para tomadas de decisão baseadas na fé. Bush criou o Conselho Presidencial de Bioética em novembro de 2001. Sua principal função acabou sendo a de desacelerar as pesquisas com células-tronco embrionárias, mas seus membros também mostraram reservas com respeito às pesquisas para aumentar as capacidades humanas. No dia 27 de fevereiro de 2004, Bush afastou ostensivamente dois proeminentes cientistas, a bióloga celular dra. Elizabeth Blackburn e o especialista em ética médica dr. William May, da comissão, por eles divergirem muitas vezes das diretrizes administrativas — como ocorre com a maioria dos cientistas contemporâneos — para as pesquisas envolvendo células-tronco. Ambos foram substituídos por pessoas mais "cordatas", apesar de o ganhador do Prêmio Nobel Thomas Cech, presidente do Howard Hughes Medical Institute, ter se referido a Blackburn como "uma cientista extremamente perspicaz e bem-sucedida... um dos melhores pesquisadores biomédicos do mundo".

Até mesmo o programa Surviving Blood Loss quase se tornou uma vítima do temor que os políticos têm da ciência e permaneceu no limbo até que Michael Goldblatt, diretor do Defense Sciences Office, conseguiu fazê-lo funcionar. É difícil imaginar algum argumento contra esse programa. Seu propósito é manter vivos pelo máximo de tempo possível os atletas guerreiros gravemente feridos, até serem evacuados do campo de batalha e devidamente tratados. Pesquisas estão sendo realizadas em busca de pistas na natureza — estudando os meios pelos quais diversos organismos conseguem suspender funções vitais em condições adversas, como o frio intenso. Os estudos do programa Surviving Blood Loss têm por finalidade fazer que os soldados consigam regular o metabolismo quando necessário, entrando numa espécie de hibernação. Deles poderiam resultar aplicações a populações civis, como resposta aos desastres naturais e tratamento médico de emergência para ferimentos graves.

Outro projeto fascinante da DARPA envolve um dispositivo para regular a temperatura do corpo. É sabido há muito tempo que os músculos se exaurem porque os movimentos vigorosos causam um acúmulo de ácido láctico. Mas, na verdade, os músculos se exaurem por excesso de calor. É por isso que nosso corpo transpira. O suor é um meio de reduzir a temperatura. Como o é também a invenção criada pela Universidade de Stanford, chamada Glove (em português, luva), que não apenas esfria o corpo muito mais rapidamente do que a transpiração, mas também aumenta a sua temperatura quando a situação requer.

Os biólogos Craig Heller e Dennis Grahn começaram a trabalhar com a Glove no final da década de 1990. Quando uma pessoa exausta e extremamente superaquecida coloca uma mão no dispositivo, um fecho é colocado em volta de seu pulso e um aspirador puxa seu sangue para a superfície da mão. Em cinco minutos, o sangue da pessoa esfriou e ela pode voltar imediatamente à ação, revigorada. Alguém a ponto de entrar em estado de hipotermia pode, após dois minutos de uso do mesmo dispositivo para aquecimento, recuperar o equilíbrio — mesmo que esteja dentro de um tanque de água gelada. Os jogadores de futebol de Stanford quiseram experimentar o dispositivo quando souberam que um técnico de laboratório que costumava fazer cem abdominais em suas práticas de exercícios físicos passou a fazer seiscentos. Em abril de 2003, para celebrar seu aniversário de 60 anos, Heller fez uma demonstração de mil abdominais.

O dispositivo era um pouco desajeitado, algo como uma lata de tamanho grande. Os membros das Operações Especiais puderam logo usá-lo em suas próprias mãos e estão atualmente testando novas versões, que são bem mais ajustadas.

Meu trabalho nos últimos anos, procurando me manter informado sobre quem está fazendo o que nas áreas de pesquisa neurocientífica, e para onde suas pesquisas podem levar, me colocou em contato com algumas poucas pessoas notáveis. Jonathan Moreno é um dos mais interessantes de todo o grupo e tem uma das posições mais vantajosas para enxergar o futuro das armas neurotecnológicas.

Moreno é professor da University of Pennsylvania e editor da publicação *Science Progress*, além de membro sênior do Center for American Progress. Ele é doutor em filosofia, título incomum para permitir o acesso conquistado por ele às pesquisas que envolvem segurança nacional.

O livro de Moreno, lançado em 2006, *Mind Wars*, começa descrevendo uma cena ocorrida em 1962, quando ele tinha apenas 10 anos de idade. Seu pai, um psiquiatra dono de um sanatório no Vale do Hudson, era conhecido por suas terapias de vanguarda. Um dia, um ônibus escolar amarelo entrou em seu terreno com mais de vinte jovens de ambos os sexos a bordo. Moreno recrutou-os para serem companheiros de jogo, iniciando uma partida de softball que durou até os recém-chegados terem de entrar para iniciar outro tipo de atividade. Foi só quando já estava na metade de seu curso universitário que ele ficou sabendo que seus companheiros de jogo tinham sido levados para lá de ônibus para tomar LSD, conforme prescrição de seus psiquiatras de Manhattan. Seu pai era um dos poucos médicos com licença oficial para explorar as possibilidades terapêuticas do LSD, da maconha e da cocaína.

Outros estudos sobre LSD estavam sendo realizados no Esalen Institute em Big Sur e, embora eles tenham sido interrompidos abruptamente, algumas de suas descobertas preliminares deram a Richard Tarnas ímpeto para escrever seus livros, *The Passions of the Western Mind* e *Cosmos and Psyche*.

É claro que, quando Moreno soube o que aquelas pessoas no ônibus escolar tinham ido fazer ali, o LSD já era considerado algo infame. O que ocorria na propriedade de Timothy Leary em Millbrook, Nova York, não longe dali, era uma das muitas razões dessa má fama.

Em 1994, Moreno foi convidado a participar de um conselho consultivo presidencial designado para inspecionar os experimentos secretos que o governo norte-americano havia começado a realizar na década de 1940, testando o que acontecia quando pessoas eram expostas a níveis extremos de radiação. Um dos métodos consistia em aplicar injeções de plutônio, mas os participantes do experimento não eram informados sobre o que receberiam em seu corpo. Enquanto participou daquele comitê, Moreno soube que a CIA estava por trás de grande parte das pesquisas sobre LSD. Aos poucos, nos anos seguintes, foi ficando claro para ele que, como a neurociência era "talvez o campo científico que avança mais rapidamente, tanto em termos de quantidade de cientistas como de conhecimento alcançado", o governo dos Estados Unidos devia então estar tão determinado a penetrar nessa base de conhecimento como estivera em todas as décadas anteriores de pesquisas clandestinas.

Em seu livro de 1999, *Undue Risk*, Moreno apresentou tudo o que conseguiu compilar sobre os experimentos secretos sancionados em nome da

Defesa. O livro tornou-o popular para um enorme número de homens e mulheres que acreditam que o governo seja capaz de fazer coisas abomináveis para controlar seus cérebros. Ele se dirige a essas pessoas com compaixão, mas não acredita que tais pesquisas estejam de fato sendo realizadas. Mesmo assim, ele ficou extremamente alarmado quando tomou conhecimento de um plano estratégico da DARPA, publicado em fevereiro de 2003, que dizia: "As consequências para a Defesa a longo prazo da descoberta de meios de transformar pensamentos em atos, se é que isso é possível, são enormes: imagine os combatentes norte-americanos tendo apenas que usar o poder de seus pensamentos para fazer coisas a grandes distâncias".

Segundo Moreno, o Ministério da Defesa tem em torno de 68 bilhões de dólares para aplicar anualmente em pesquisa e desenvolvimento científicos. Ele estima que a fatia do orçamento das "operações negras" do Pentágono destinada a pesquisas e desenvolvimentos seja de 6 bilhões de dólares ou mais.

No final da conferência de 2001 da Dana Foundation sobre neuroética, que teve lugar em San Francisco, Moreno se viu levantando a mão diante de uma centena de neurocientistas para perguntar: "Como é possível que ninguém aqui tenha feito qualquer menção a como isso se aplica à defesa nacional?" Ele deixou a conferência decidido a começar a se informar sobre o que estava acontecendo com respeito a possíveis aplicações da neurociência aos círculos da Defesa.

Moreno começou entrando em contato com amigos que eram neurocientistas. Nenhum se dispôs a permitir que sua fala fosse gravada. Todos estavam recebendo financiamento da DARPA ou queriam muito conseguir. Mas alguns se dispuseram a falar confidencialmente e o ajudaram a ter uma ideia geral de algumas instruções que estavam sendo seguidas.

Depois disso, ele procurou no Google por "DARPA e Neurociência" e obteve milhares de páginas. (Uma pesquisa de 2008 registrava 152 mil resultados.)

Muitas daquelas páginas eram RFPs, que significa Requests for Proposals [Condições exigidas das propostas]. Esses documentos solicitam aos fornecedores militares que informem se têm condições de produzir certos dispositivos que a DARPA está querendo e também de quanto tempo e verbas eles precisariam. Traduzindo mentalmente esses RFPs da linguagem militar para o inglês comum, Moreno descobriu mais sobre o que a DARPA esperava alcançar.

Depois da publicação de *Mind Wars* em 2006, o National Research Council designou-o para diretor do CMIMEN&C/NSRNTD, o mesmo comitê cujos membros me expuseram grande parte das pesquisas mencionadas neste capítulo.

Moreno faz um trocadilho ao contar que aprendeu a ver o "círculo da inteligência", referido como "IC" na linguagem burocrática, por sua forma pronunciada "I see" [Eu entendo]. Ao descrever o que alguns dos mais renomados cientistas do país declararam recentemente ao comitê, ele reflete: "Se eu fizesse conjecturas como essas, as pessoas diriam que sou louco".

É importante ter em mente que a parte protética do cérebro que passo a descrever não é um artifício tramado por algum autor de ficção científica. Essa, como outras ideias igualmente bizarras sobre o que está despontando no horizonte, é divulgada por importantes neurocientistas. A tal parte protética do cérebro é um hipocampo que na realidade é uma unidade de informações capaz de fazer interface direta com o cérebro. Ela está sendo desenvolvida por Ted Berger na University of Southern California e em outras universidades. O primeiro passo de Berger é criar uma versão para ser testada em cérebros de ratos. Os pesquisadores têm realizado progressos na transferência de informações para um cérebro. Alguns poucos cientistas acreditam atualmente que a transferência de dados do hipocampo de uma pessoa para um dispositivo de armazenamento de dados também seja factível, mas sabem que o processo levará mais tempo.

Neste momento, o grande debate na área é se seria melhor implantar o hipocampo artificial ou montá-lo externamente.

As Forças Armadas esperam que tenha aplicações instantâneas à aprendizagem, como aprender rapidamente os fundamentos básicos de uma nova linguagem ou memorizar dados, como as fotografias dos mais procurados combatentes inimigos ou as feições de todos aqueles que sabidamente estiveram num campo de treinamento inimigo.

Moreno está plenamente ciente dos debates que estão sendo travados em torno desses e de outros tipos de aperfeiçoamento humano possibilitados pela neurociência. Examinaremos de forma mais abrangente essa controvérsia no capítulo seguinte. Mas, segundo Moreno, o debate com respeito ao aperfeiçoamento humano continuará se desenvolvendo na seguinte linha: "Até aonde iremos e quem controlará o acesso à tecnologia e às informações?" É bem provável que você já tenha percebido que essas são questões extremamente abrangentes.

Segundo Moreno, em um encontro recente promovido pelo Ministério da Justiça, os participantes falaram sobre o possível uso no futuro de opiáceos como agentes calmantes para controle das massas. Essa discussão trouxe, evidentemente, à tona imagens do tratamento horrível e repreensível dado ao incidente russo durante a apresentação do musical *Nord-Ost*. O consenso entre os participantes daquele encontro foi que, mesmo que a nossa tecnologia chegasse a um ponto em que dominar pessoas encrenqueiras com algum tipo de ópio sintético fosse prático, a sociedade norte-americana não gostaria que tais armas fossem usadas.

É claro que, lembrando os incidentes ocorridos tanto na Praça da Paz Celestial como no teatro russo, não podemos esperar que outras sociedades façam a mesma escolha.

Esse entendimento levanta outra questão delicada: devemos desenvolver a tecnologia apenas para saber como neutralizá-la? Talvez devêssemos realmente — embora se optarmos por desenvolvê-la, estaremos aumentando o risco de ela cair em mãos erradas.

Relatos exagerados e suposições altamente paranoicas com respeito a tais armas são frequentemente disponibilizados no site do Mind Justice, que se apresenta como "um grupo atuando em favor dos direitos humanos e pela proteção da integridade mental e liberdade das novas tecnologias e armas que têm como alvo a mente e o sistema nervoso".

Moreno recebe em média um e-mail por semana dessas pessoas. Um dos últimos dizia que o ex-governador de Nova York, Eliot Spitzer, foi atraído para seus encontros com prostitutas no Hotel Mayflower por algum tipo de controle externo.

Eu recebo e-mails semelhantes mais ou menos uma vez a cada mês.

Moreno acredita que as diversas armas neurotecnológicas já desenvolvidas, e também as que estão despontando no horizonte, jamais serão usadas em nossa sociedade, mas apenas contra combatentes inimigos. Mas ele acrescenta que essa é apenas a opinião de uma pessoa e, também, que pode ser da natureza humana, ou pelo menos da maioria de nós, querer negar que tais potenciais negativos possam ocorrer. "Nós já vivemos numa confortável autonegação", ele diz, "com respeito ao que já é sabido e discutido sobre o nosso uso de cartões de crédito, quantos cliques fazemos na Internet e coisas do gênero. Portanto, não é difícil entender por que há tantas ideias paranoicas em circulação, mesmo entre pessoas altamente articuladas e qualificadas. E é efetivamente impossível contestá-las." Ele teve várias conversas com Cheryl Welsh, diretora do Mind Justice. Numa delas, ele perguntou se havia alguma maneira de poder provar que ela estava errada. A resposta dela: "Absolutamente nenhuma".

Moreno acredita que as guerras do futuro serão combatidas por exércitos de robôs. Todas as pesquisas sobre interações cérebro/máquina, conduzidas pela DARPA e outras instituições, estão preparando o terreno tecnológico. Uma das primeiras aplicações prováveis seria teleguiar aviões de ataque controlados por alguém numa casamata que, por meio de ondas cerebrais, descarrega cargas de artilharia sobre as posições inimigas escondidas a quilômetros de distância.

No começo de 2008, um artigo publicado pela revista *Wired* revelou profundas divergências entre o Ministro da Defesa Robert Gates e o alto comando da Força Aérea americana sobre o uso da aeronave Predator e exatamente como os dólares destinados a aviões de bombardeio não tripulados deveriam ser gastos. Se eles estão agora discutindo tais detalhes, os aviões de bombardeio robóticos provavelmente não estão longe (figurativa e literalmente) do horizonte.

A tecnologia da informação deu por muitas décadas às potências que dominam o mundo uma vantagem militar significativa. A neurotecnologia irá outra vez fazer a balança de forças no campo de batalha pender para o lado dos países que tenham os recursos substanciais necessários para desenvolvê-la.

Essa vantagem tecnológica deve restringir os inimigos sem pátria e os estados predadores. A não ser que, antes da neurotecnologia ser capaz de cumprir sua promessa militar, esses inimigos adquiram plena capacidade de desenvolver e usar armas nucleares. A tecnologia benéfica se propaga. Essa é uma verdade essencial. Estamos, portanto, hoje numa corrida armamentista para criar a próxima geração de armas inimaginavelmente potentes e, também, numa corrida para conter a geração atual de potencial destrutivo.

Essa geração pode parecer ultrapassada, mas continua sendo a mais convincente imitação do inferno criada instantaneamente pelo ser humano que já vimos. Temos de compreender também que foi a propagação da tecnologia da informação que tornou possível a guerra assimétrica. Enquanto assistimos a pequenos grupos de indivíduos astuciosos infligindo danos enormes a grandes e bem organizados estados nacionais, podemos nos entregar a ricas fantasias de vingança, imaginando os novos desenvolvimentos que colocarão nossos atuais inimigos contra a parede. Mas se alcançarmos uma era de paz relativa, teremos de usar seu tempo limitado com uma sabedoria incomum. Do contrário, os poderes da neurotecnologia irão acabar parando nas mãos de estados predadores e grupos dispostos a perturbar a harmonia global.

Antes disso, os próximos vinte anos assistirão ao surgimento de atletas guerreiros cujos desempenhos serão maximizados por tecnologias que revelam as intenções e cujo propósito é isolar e afastar potenciais ameaças. A palavra-chave aqui é potencial. Imagine uma versão avançada do Honeywell's Image Triage System. Ela inclui um *software* que analisa o comportamento grupal e reconhece os padrões emocionais individuais responsáveis pelos mínimos tiques nervosos que todos nós exibimos. Os analistas de informações e os atletas guerreiros acompanharão em tempo real os dados fornecidos por satélites, predadores desguarnecidos, insetos robóticos e outros engenhosos sistemas de vigilância em seus esforços para encontrar e destruir os combatentes inimigos.

Em virtude dos custos extraordinários em termos pessoais, sociais e econômicos de lesões cerebrais, os candidatos a atletas guerreiros das unidades de combatentes de elite serão geneticamente testados numa vasta gama de aptidões, incluindo resiliência mental e resistência física. Aqueles que não preencherem naturalmente esses requisitos serão submetidos a treinamento para desenvolvê-los. Para acelerar seu processo de aprendizagem antes de entrar em combate, os soldados serão tratados com "cognicêuticos" e avançados dispositivos protéticos focados na cognição para melhorar as capacidades de memória e atenção. Meios para induzir o sono serão amplamente usados para otimizar a curto prazo o desempenho e a recuperação física entre uma operação e outra.

Durante as operações de ataque, as tropas estarão equipadas com um manancial de drogas, administradas via avançados dispositivos, para melhorar sua clareza perceptiva, ampliar sua resistência física e travar os traumas emocionais específicos inerentes aos combates diretos. Os períodos de convalescença pós-operatória incluirão ambientes de realidade virtual para relaxamento. Esses recursos serão usados em combinação com neurocêuticos apropriados para abrandar e reorganizar as emoções do campo de batalha, um processo altamente refinado de "recomposição" com base na terapia comportamental de hoje. Dispositivos Eletromagnéticos Transcranianos (DET), variantes do "capacete de Deus", irão afastar parcialmente os eventos que poderiam causar algum transtorno de stress pós-traumático.

A despeito da existência de tratados de não proliferação de armas químicas, nós acabaremos assistindo ao surgimento de armas neurotecnológicas destinadas a alterar a capacidade emocional e cognitiva de indivíduos e pequenas populações. Bombas que atingem a memória, provocando amnésia a curto prazo ou armas eletrônicas que induzem o sono, podem parecer coisas de ficção científica. Mas antes do advento de armas atômicas, era também assim que se considerava a possibilidade de 140 mil habitantes de Hiroshima, no Japão, serem varridos da face do planeta com uma única bomba. As armas neurotecnológicas serão intensamente inspecionadas pela comunidade mundial e todos nós discutiremos suas enormes implicações éticas e morais. Mas a história demonstra que a humanidade ainda não se provou capaz de acordar planos que restrinjam os desenvolvimentos tecnológicos que possam tornar realidade o dia do juízo final. Sem uma significativa mudança no modo de pensar, nós não conseguiremos tampouco restringir a proliferação de armas neurotecnológicas. Governos e grupos por todo o planeta recorrerão cada vez mais aos avanços neurocientíficos nas áreas da medicina, finanças, marketing, direito e muitas outras para conquistar vantagem militar.

Apenas alguns dias antes do nosso encontro, Moreno havia recebido a visita de um contingente de cinco cientistas japoneses. Eles queriam explorar com ele a possibilidade de desenvolver a esperança que ele manifestou no final de *Mind Wars*, no último parágrafo em que expôs a reflexão que lhe ocorreu no último minuto antes do prazo final para enviar o manuscrito para publicação: "Talvez se, entendendo melhor esse sistema dolorosamen-

225

te complexo, nós possamos nos voltar das guerras da mente para a paz do espírito". Se de fato somos dotados de quase tanta inteligência quanto a nossa avançada neurotecnologia sugere, encontraremos respostas praticáveis para tal desafio formulado de modo tão delicado. Espero que a neurotecnologia nos possibilite alcançar o patamar que Moreno imaginou.

CAPÍTULO NOVE

MUDANÇA DE PERCEPÇÃO

A importância de cada fato depende do quanto nós já sabemos.
— Ralph Waldo Emerson

A realidade deixa muito [espaço] para a imaginação.
— John Lennon

Os produtores de televisão queriam um espetáculo sensacional. Anjan Chatterjee manteve-se firme em sua posição. Ele perdeu a oportunidade de ter uma tremenda publicidade gratuita, e até mesmo a mais prestigiada instituição acadêmica tem muito a ganhar quando seu trabalho é mostrado ao mundo. Parece que todos nós trabalhamos, de uma maneira ou de outra, na indústria de espetáculos e a fama pode seduzir mais do que o próprio dinheiro.

Chatterjee, professor-adjunto do Centro de Neurociência Cognitiva da Universidade da Pensilvânia, está no primeiro plano de um grande acontecimento histórico. Acontecimento esse que continuará dando voltas na consciência do mundo — de maneira absolutamente literal — ainda por muitas décadas. Ele quer que esse fato seja contado com todas as nuances, pois elas são extremamente importantes. Se a sua narrativa for reduzida a frases de efeito para mentes tacanhas, alguns de seus inevitáveis aspectos negativos serão aumentados desproporcionalmente. Pior, o progresso essencial em questões que significam o mundo para Chatterjee poderia se desviar do rumo ou mesmo não dar em nada, da mesma maneira que as pesquisas com drogas psicoativas acabaram se batendo contra uma parede de pedra em consequência do uso desenfreado de drogas como recreação.

Os produtores de televisão perderam o interesse, argumentando que a história tinha de ser simplificada para ser "palatável" aos telespectadores, mas muito poucos jornalistas e autores entrevistaram Chatterjee e escreveram sobre ele depois que seu artigo publicado em *Neurology* colocou para ser discutido publicamente o tópico que ele chama de "neurologia cosmética".

Chatterjee é um sujeito amável, calmo e envolvente que eu encontrei em muitas conferências. Jovem e esbelto, ele costuma ter sua barba de um preto intenso cortada rente. Ele não pareceria deslocado numa trama romântica de Bollywood, talvez como o tímido e sincero pretendente que aparece no segundo ato. Mas na realidade, Chatterjee é um cientista altamente respeitado e amplamente citado — um dos membros fundadores da Neuroethics Society, como também da diretoria editorial de suas publicações acadêmicas, entre elas o *Journal of Cognitive Neuroscience, Cognitive Neuropsychology* e *Policy Studies in Ethics, Law, and Technology*. Ele é bacharel em filosofia e obteve seu título de doutor em medicina pela University of Pennsylvania em 1985, seguido de bolsas de estudos e um cargo como docente na University of Alabama em Birmingham, antes de se tornar um dos eminentes pesquisadores em neurologia da University of Pennsylvania. Seus estudos são voltados para o entendimento dos sistemas cognitivos, que se estendem para o campo da neuroestética, apesar de seu principal foco ser a descoberta de estratégias para tratamento de pessoas que tentam superar lesões cerebrais.

Em 2007, Chatterjee publicou um ensaio especialmente provocativo no *Cambridge Quarterly of Healthcare Ethics*, no qual ele desenvolveu os paralelos que vê entre as evidências atuais de uma tendência estética na neurologia e o desenvolvimento anterior, e da ampla aceitação atual da cirurgia plástica.[1]

Chatterjee considera que a neurologia estética começou e continuará seguindo um caminho similar ao da cirurgia plástica. A cirurgia reparadora existe há pelo menos 2.600 anos e está, portanto, baseada em impulsos humanos profundamente arraigados. Foram os artifícios tecnológicos relativamente recentes que possibilitaram o florescimento da cirurgia plástica nos dias de hoje. Antes do surgimento da anestesia e dos antibióticos, a dor e o risco de infecção limitavam a prática de cirurgia para alterar a aparência física. Esses avanços tornaram a cirurgia plástica mais prática e ética.

Enquanto a cirurgia reparadora avançava, os Estados Unidos iam se tornando mais urbanizados. O contato direto com números cada vez maiores de colegas de trabalho e estranhos começou a fazer parte da vida da maioria das pessoas. "Causar boa impressão" passou a ser uma necessidade comum. Cada aspecto da aparência pessoal, com seu poder de fazer amigos e influenciar pessoas, passou a ser importante. Embora a cirurgia plástica fosse vista inicialmente como um indulto à vaidade, ela também prometia fazer que as pessoas se sentissem mais autoconfiantes nas situações sociais.

O pioneiro em psiquiatria Alfred Adler, colega de Freud e Jung, que juntamente com tais gigantes fundou a psicologia profunda, causou com seu conceito de complexo de inferioridade um profundo impacto no público nas décadas de 1920 e 1930. Adler afirmou que alguém com profundos sentimentos negativos tende a buscar compensação excessiva, assumindo comportamentos que podem a longo prazo prejudicar a si mesmo. Cada vez mais pessoas começaram a se perguntar se, com uma melhora na aparência, elas poderiam se livrar dos sentimentos de inferioridade. Essa ideia serviu como uma luva aos ideais norte-americanos de autodesenvolvimento e mobilidade social.

Na realidade, foram realizados experimentos nas décadas de 1920 e 1930 com o intuito de mudar as faces de sujeitos condenados para ver se haveria mudanças correspondentes em suas psiques. Então, nos anos que se seguiram, o ideal norte-americano de beleza tornou-se ainda mais fortemente ligado à juventude. E, com isso, tornou-se mais comum as pessoas quererem ter uma aparência jovem. O procedimento facial para remoção de rugas foi desenvolvido, juntamente com agentes químicos de esfoliação, remoção cirúrgica de imperfeições, pregas abdominais e outros meios de parecer mais atraente. Mamoplastia redutora para homens e de aumento para mulheres, remoção de costelas para acentuar a forma de ampulheta, remoção de células gordurosas por meio da lipoaspiração, implantes para corrigir queixos e ossos molares proeminentes e muitos outros meios de melhorar a aparência externa tornaram-se amplamente conhecidos e praticados. Em 2006, cirurgiões credenciados realizaram quase 10 milhões de cirurgias plásticas, um número sete vezes maior do que o realizado em 1994.

De fato, as pessoas viam a necessidade de cirurgia estética com base em seus próprios sentimentos. Elas intuíam a possibilidade de bem-estar, e a ideia difundida de que seria possível alcançar esse resultado por meio de uma transformação física começou a fazer sentido para elas.

A neurologia estética vai diretamente à causa, oferecendo às pessoas a promessa de bem-estar com elas mesmas por meio de uma transformação neurológica proporcionada pela tecnologia. A avalanche de medicamentos psicotrópicos que foi despejada no mercado nas últimas décadas é um dos muitos sinais evidentes de que um número extremamente alto de pessoas entende que poderia se sentir muito melhor psicologicamente. A geração nascida no período pós-guerra, tendo visto seus pais envelhecerem, tem plena consciência de que o envelhecimento pode trazer a demência e que a velhice é algo que fica mais próximo a cada dia que passa. De fato, estima-se que entre um quarto e a metade de nós sofrerá de demência quando atingir a idade de 85 anos.

Entre os norte-americanos mais jovens, a incidência de distúrbios emocionais e de atenção é hoje considerada quase epidêmica. Em parte, pode ser que devido à existência de instrumentos eficientes de intervenção, nós tenhamos começado a dar mais atenção a doenças que em geral ignorávamos por não sabermos o que as causava nem como tratá-las. E em parte pode dever-se também ao ritmo acelerado de mudança, causando possivelmente um forte sentimento de desamparo e deslocamento. Seja qual for a razão, muitas centenas de empresas estão hoje trabalhando para aperfeiçoar neurotecnologias que estarão muitos anos-luz à frente das atuais, focadas em objetivos mais precisos, acarretando menos efeitos colaterais e em geral trazendo mais benefícios para seus usuários. Em minha mente, não há nenhuma dúvida de que as pessoas irão oportunamente usar esses produtos farmacêuticos e neurodispositivos apropriados para melhorar suas vidas.

A maneira familiar como os americanos se referem a seus *"pharmies"** dá uma ideia da vasta dimensão que a neurologia estética terá em nossa vida. É um termo popular usado em muitas escolas secundárias e univer-

---

* Abreviatura de *pharmaceuticals*. (N. T.)

sidades, como também entre legiões de homens e mulheres na fase inicial de suas carreiras profissionais. Com esse termo, elas se referem aos medicamentos vendidos sob prescrição médica, produtos farmacêuticos que tantas pessoas têm em casa para uso próprio, para vender ou simplesmente para dar a um amigo com algum problema que eles possam resolver. Muitos cidadãos mais idosos fazem isso há muito tempo. Os órgãos responsáveis pelo controle de drogas já têm muito que fazer com contrabandistas de cocaína e maconha, para não mencionar as casas de crack e laboratórios de metanfetamina, para perseguir e processar os muito idosos ou muito jovens por suas transações ilegais.

Uma pesquisa realizada em 2005 com mais de dez mil estudantes universitários revelou que entre 4 e 7% deles haviam usado drogas para combater problemas de atenção deficiente ou para passar noites estudando ou para se sair melhor nas provas. Em algumas universidades, mais de 25% dos estudantes haviam usado esse tipo de droga.

Pesquisas informais sugerem que a prática é hoje ainda mais difundida. Recentemente, após uma palestra numa prestigiada faculdade, eu conversei com uma professora que havia realizado testes cegos em cursos de graduação sobre o uso de estimulantes. Ela disse que mais de 60% de seus alunos revelaram tê-los usado em alguma ocasião, enquanto 80% conheciam alguém que já os havia usado. Talvez as diferenças possam ser atribuídas ao nível mais elevado de pressão competitiva que sofrem os estudantes de uma universidade de prestígio, mas eu creio ter mais a ver com o aumento que vem ocorrendo no consumo desses produtos farmacêuticos, em diversas universidades, desde a pesquisa de 2005.

Apesar da campanha empreendida pela ex-primeira-dama Nancy Reagan "Simplesmente diga não às drogas!" e apesar dos efeitos colaterais potencialmente fatais desses produtos, eu espero que seu consumo continue aumentando, especialmente depois que tratamentos com menos efeitos colaterais chegarem ao mercado. Os neurocientistas estão hoje desenvolvendo uma tecnologia que irá revolucionar a produção e teste dos futuros produtos farmacêuticos, economizando anos com testes e milhões de dólares com seu processo de desenvolvimento.

Os tais "suplementos" podem ser adquiridos em sites da Internet, onde são vendidos ilegalmente, sem prescrição médica ou, talvez, com a apresentação de uma receita falsificada. Eles também podem ser adquiridos em fontes legítimas, às vezes para tratamento de doenças que existem realmente e outras para os sintomas certos cujas descrições foram devidamente ensaiadas. As pílulas são, no entanto, seguras; podem relaxar uma pessoa tensa, animar outra que esteja desanimada, afastar a sombra da depressão, colocar a pessoa de volta nos trilhos depois de ter consumido drogas como maconha ou álcool e estancar a dor física e emocional. A Internet provê abundantes materiais de pesquisa sobre como as drogas atuam e seus possíveis efeitos colaterais, de maneira que ter acesso a elas é um procedimento muito mais rápido e barato do que seguir o sistema legalmente instituído.

É claro que também pode ser um procedimento tão perigoso como viajar para o inferno. O sensacionalismo que Chatterjee quis evitar não irá permanecer refreado para sempre. Temos como testemunho a morte desastrosa de Heath Ledger, o astro indicado ao Oscar pelo filme de 2005, *O Segredo de Brokeback Mountain*, e ator que revelou ainda mais de seu tremendo potencial como o Coringa em *O Cavaleiro das Trevas*. O *The New York Times* comparou-o a James Dean, tanto por sua morte trágica como pelo impacto de sua atuação. Um jornalista de seu país natal, a Austrália, escreveu: "Sua extraordinária versão de caubói gay... foi incrivelmente maravilhosa, atingindo os limites da expressão humana."

Quando Ledger morreu, aos 26 anos, vítima de ansiedade, insônia, pneumonia e depressão, foi detectada a presença de seis diferentes medicamentos controlados circulando em suas veias: oxicodona, hidrocodona, diazepam, temazepam, alprazolam e doxilamina. Algumas dessas drogas podem aumentar os efeitos de outras, mais ou menos como o vento faz aumentar a sensação de frio. Tomar diazepam ou temazepam com oxicodona, por exemplo, faz aumentar seus já potentes efeitos narcóticos. A oxicodona, às vezes comercializada como OxyContin, é uma droga sintética quimicamente próxima da codeína.

A metabolização dos medicamentos pode ocorrer por diversas vias. Quando eles competem entre si pela mesma via, podem ocorrer problemas. Uma possibilidade é que modificar a ingestão de uma droga, seja para mais ou para menos, pode intensificar a atuação das outras drogas presentes no mesmo sistema. Quando há medicamentos potentes em ação, é fácil ocorrer a precipitação de resultados fatais.

A morte de um jovem, belo e talentoso ator é um evento cultural dramático. As pessoas continuam fazendo peregrinação a Cholame, na Califórnia, que fica entre Paso Robles e o Oceano Pacífico, para ver o cruzamento onde James Dean morreu em 1955 depois do acidente com seu Porsche Spyder. Mas o evento cultural que se encontra em formação, representado hoje pela neurologia estética, será mais avassalador do que todas as mortes trágicas do cinema juntas.

Eis a minha visão da sociedade neurocientífica.

Vivemos num mundo urbanizado e altamente interconectado, que resultou dos milhares de anos que nós, seres humanos, passamos tentando controlar o nosso meio físico. O nosso mundo sociocultural evoluiu lentamente durante os milênios passados, mas muito mais rapidamente nos últimos tempos. Ele andou anos-luz mais rapidamente do que a evolução do nosso corpo e, em particular, do nosso cérebro. A verdade é que nosso cérebro relativamente primitivo pode e é fortemente prensado por nosso mundo moderno. Uso o termo "prensar" simplesmente como uma maneira de descrever a situação. É um termo usado originalmente por metalúrgicos para descrever o que acontece com o metal torcido até ameaçar se romper. Adotamos essa palavra para descrever adequadamente o que o nosso cérebro sente às vezes.

Assim, à medida que a ciência nos provê de mais recursos para controlar nosso meio emocional e mental, ansiosamente nós passamos a usá-los. Drogas como os inibidores seletivos da recaptação da serotonina discutidas por Brian Knutson de Stanford foram desenvolvidas para o tratamento da depressão, mas logo se mostraram úteis para algumas doenças, inclusive ansiedade e insônia. Um denominador comum entre as doenças tratáveis com os inibidores seletivos da recaptação da serotonina é o fato de a maioria delas ser causada pelo stress. Não é de surpreender, portanto, que esses sejam os psicofármacos mais frequentemente prescritos.

Apesar de terem ajudado milhões de pessoas, os inibidores seletivos da recaptação da serotonina vêm acompanhados de bulas com alguns possíveis efeitos inconvenientes. Os efeitos colaterais podem incluir náusea, ideias suicidas e perda de apetite sexual. Muitas pessoas relatam sintomas horríveis quando param de tomar os inibidores seletivos da recaptação da serotonina. Como o senador pelo Estado de Iowa Tom Harkin recentemente me chamou a atenção num café da manhã, recordando as experiências que lhe foram relatadas por alguns de seus eleitores: "Pode ser mais difícil se livrar deles do que do crack". Eles não são, portanto, agentes ideais. Mas são, juntamente com variantes que influenciam os níveis de outros importantes neurotransmissores, como a dopamina e a norepinefrina, provavelmente os melhores medicamentos de que dispomos atualmente. E estamos usando-os (com o perdão da palavra) como loucos.

Os inibidores seletivos da recaptação da serotonina, entre todas as drogas sob prescrição, podem ser as que mais contribuíram para criar as condições que possibilitaram essa aceitação extremamente casual do hábito de bancar o farmacêutico para as pessoas conhecidas. Eles trouxeram para a discussão pública o fato de a química de nosso cérebro ser responsável por nossos estados mentais e de ela poder ser manipulada. Os estudantes de hoje podem estar tomando essas drogas já há anos para combater a depressão, a ansiedade e os transtornos de déficit de atenção. Quem não tomou conhece muitos outros que tomaram. Segundo uma matéria publicada recentemente no *New England Journal*, são atualmente prescritos antidepressivos para aproximadamente 50% dos estudantes que procuram os serviços médicos das universidades, inclusive para estudantes que aprenderam a representar sintomas convincentes de transtornos de déficit de atenção ou de depressão para conseguir as drogas que usarão para ganhar vantagens competitivas.

Os estudantes de hoje também cresceram numa época em que a indústria farmacêutica teve permissão para anunciar seus produtos diretamente aos consumidores, resultado de uma decisão da Food and Drug Administration de 1997, que fez das listas de efeitos colaterais que ninguém lia, matéria principal de anúncios veiculados a altas horas da noite e também dos programas de comediantes. Tais anúncios podem parecer ridículos, mas também passam uma ideia potencialmente perigosa: você pode tomar um comprimido para praticamente tudo o que quiser consertar.

Enquanto isso, as pessoas que buscam na Internet informações em profundidade sobre produtos farmacêuticos podem às vezes achar que sabem mais do que seus médicos — cuja aquisição de informações poderia ser distorcida pelas ofertas de grandes companhias farmacêuticas para financiar suas pesquisas ou participações em conferências faustosas, possivelmente pagando por suas apresentações. Os médicos têm uma reputação a zelar em suas comunidades. Os sites da Internet fazem tudo para aumentar sua atratividade e podem divulgar sem qualquer receio abordagens controversas. A maioria dos pacientes está ciente de que tudo não passa de conjecturas e que, portanto, não faz nenhuma diferença qual orientação eles resolverem seguir. Os médicos que prescrevem medicamentos, até mesmo os mais considerados especialistas em psicofarmacologia, têm muitas vezes de proceder por tentativas antes de chegar ao medicamento certo para determinado paciente, experimentando diferentes pílulas e diferentes combinações até descobrir o que funciona melhor para a bioquímica daquela pessoa em particular.

A Phoenix House, que se apresenta como a principal provedora sem fins lucrativos de tratamentos para dependentes químicos e de serviços de prevenção do país, com mais de cem programas em nove Estados, mudou a ênfase de seu site na Internet, *Facts on Tap*, voltado para prevenir os jovens contra as drogas, para incluir matérias sobre o abuso de drogas controladas. O site é administrado pelo American Council for Drug Education e pela Children of Alcoholics Foundation, que são filiados à Phoenix House.

Com todo o formalismo por trás dele, o *design* do site *Facts on Tap* é extremamente simétrico, com aparência responsável e bastante séria. O CrazyBoards é com certeza muito mais atrativo, com seus fóruns livres de discussão, envolvendo temas como depressão, e tendo como moderadores pessoas que se apresentam com nomes como Velvet Elvis, HaloGirl 66 e Greenyflower. Se você está a fim de discutir o transtorno obsessivo-compulsivo, receberá a instrução "Clique aqui — várias e várias vezes...".

O estilo irreverente é um bom sinal de que ele é visitado principalmente por pessoas mais jovens. Como eles tendem a ser visitantes veteranos de sites de redes sociais, como MySpace e Facebook, provavelmente têm menos inibições do que as gerações mais velhas para expor informações extremamente pessoais. Apesar de essa ser uma quebra do protocolo do CrazyBoards, às vezes os membros mencionam casualmente quantos frascos de remédios prescritos eles têm deixados pela metade. A partir desse ponto, é muito fácil para os que estão atrás dessas drogas sair do site, trocar e-mails entre si e possivelmente mais que isso.

Inevitavelmente, algumas dessas interações acabarão em arrependimento. Mas ainda mais inevitável é que elas continuem ocorrendo. Parte da responsabilidade tem de ser atribuída aos altos custos da assistência médica nos Estados Unidos. É uma situação semelhante à tendência dos norte-americanos para viajar de "férias" para a Índia, Romênia, Tailândia, México e outros destinos em busca de tratamentos médicos e dentários que eles não podem pagar em seu próprio país. Existem algumas agências especializadas em organizar esse tipo de viagens. Elas encaminham os clientes com recomendações e referências a determinados dentistas, médicos e cirurgiões. Embora envolva um ato de fé confiar os próprios dentes a um profissional que nunca viram, que mora num lugar totalmente desconhecido e que estudou em alguma faculdade que jamais ouviram falar, como as pessoas gostam de estar no controle da própria vida, elas inevitavelmente tentam meios não ortodoxos para atingir seu objetivo — seja ele a excisão de um tumor ou a recuperação de uma intoxicação de maconha por ocasião dos exames trimestrais.

O uso de outros neurofarmacêuticos, entre eles os estimulantes de venda controlada, está aumentando muito rapidamente. Por exemplo, a prescrição de drogas para tratar o transtorno de déficit de atenção e hiperatividade, em adultos entre 20 e 30 anos mais do que triplicou nos Estados Unidos no período entre 2000 e 2007. Aproximadamente 14% dos estudantes de uma escola liberal de artes do meio-oeste admitiram ter tomado emprestado uns dos outros ou comprado remédios para transtorno de déficit de atenção e 44% disseram conhecer alguém que fazia isso. Os estudantes disseram que usam esses novos recursos para se sentirem bem — menos deprimidos, menos tensos, mais focados e relaxados. Em outras palavras, para ter a mente sob controle.

Os setenta mil pesquisadores de neurociência do mundo estão empenhados em decifrar a neurobiologia de quase todos os estados emocionais, sensoriais e cognitivos imagináveis. Com os progressos impulsionados pelas técnicas mais recentes da genética e da neuroimagem, os neurocientistas esperam criar terapias mais especificamente direcionadas que possam tratar com mais segurança uma vasta gama de doenças neurológicas e psiquiátricas. Além disso, exatamente como as drogas de hoje estão sendo usadas por pessoas saudáveis para satisfazer toda uma série de aspirações, os meios mais sofisticados do futuro permitirão que as pessoas influenciem de maneira ainda mais precisa sua própria neuroquímica. Essa nova capacidade resultará em algo extremamente importante — uma mudança fundamental no modo de cada pessoa perceber os eventos cotidianos, mudança essa que acabará transformando as relações pessoais, as opiniões políticas e crenças culturais em todo o mundo. Com nossa mente transformada, livre das velhas restrições, literalmente e simbolicamente, nós veremos o mundo de uma maneira totalmente nova.

Os futuristas usam a expressão "aumento do desempenho cognitivo" para se referirem a essa tecnologia emergente, mas eu prefiro usar uma forma levemente diferente, "neurocapacitação". Um pouco mais adiante, explicarei por quê.

Beyond Therapy: Biotechnology and the Pursuit of Happiness, um relatório publicado em 2004 pelo conselho da Presidência da República para questões de bioética, diz que, como sociedade, temos de considerar a profunda moralidade dessas questões e nos precaver contra o uso dessas novas tecnologias para propósitos de aumentar o desempenho cognitivo:

> Nós desejamos que nossos filhos sejam melhores — mas não transformando reprodução em manufatura ou alterando seu cérebro para dar-lhes uma vantagem sobre seus semelhantes. Nós queremos desempenhar melhor as atividades da vida — mas que isso não faça de nós meras criações de nossos químicos ou instrumentos feitos para vencer e realizar de modos desumanos. Queremos prolongar nosso tempo de vida — mas não ao custo de levar uma vida indiferente ou vazia, com reduzidas aspirações de viver bem; e nem ao custo de uma vida obcecada com a longevidade ao ponto de dar pouca importância às próximas gerações. Queremos ser felizes — não por meio de uma droga que nos proporcione a sensação de felicidade sem o amor verdadeiro, os vínculos e as conquistas que são essenciais à verdadeira realização humana.

A advertência é válida, mas nosso governo não será capaz de impedir que essa mudança cultural ocorra. Quer ele goste ou não, apesar de todos os seus esforços, a formação de uma percepção pessoal está ocorrendo com a neurotecnologia e todos deveriam estar preparados. Os tratamentos destinados a fins terapêuticos serão usados pelas pessoas para aumentar o desempenho cognitivo. Ou, como eu prefiro dizer, para fins de neurocapacitação. Isso não é sensacionalismo. É um fato concreto que faz parte de uma situação altamente matizada. Por suas complexidades, ele pode ainda não parecer palatável aos políticos ou produtores de televisão, mas ser ignorado por setores do governo ou da mídia não significa muita coisa; como escreveu certa vez Neil Young: "Não posso dizer a eles o que devem sentir... Mais cedo ou mais tarde, tudo isso se torna real".

O famoso filósofo Wittgenstein disse certa vez: "Os limites de nossa linguagem são os limites de nosso mundo". Na realidade, a linguagem se expande com a necessidade. No século XIX, muito antes da existência de inibidores seletivos da recaptação da serotonina ou quaisquer outros tratamentos eficientes para a depressão e outras formas de doença mental, havia apenas duas palavras para designar as doenças mentais: "demência" e "debilidade mental". Com o surgimento de novos tratamentos também surgiram novos termos para designar os diagnósticos. O mesmo ocorrerá nas discussões sobre finalidades terapêuticas *versus* aumento do desempenho cognitivo.

Definir a linha que separa a finalidade terapêutica do propósito de aumentar o desempenho cognitivo será uma tarefa difícil e controversa, que se prolongará por muitos anos, de maneira bastante semelhante ao que ocorreu nas fases de demolição e abertura de ruas para a construção de sistemas viários através de traçados urbanos confusos estabelecidos há muito tempo.

O traçado confuso há muito estabelecido, no caso, é a seleção pela humanidade de ideias diversas e muitas vezes sacramentadas sobre o comportamento correto para os humanos. O debate girará — como já ocorre entre as pessoas que sabem o que existe mais adiante no curso da história — em torno de uma série de questões morais, abordagens filosóficas e medidas práticas de segurança com respeito ao papel da medicina, da terapêutica e dos valores nas diferentes sociedades.

O que é normal, então? Evidentemente, cada um de nós vem ao mundo com diferentes dons naturais e capacidades emocionais, cognitivas e sensoriais que são então desenvolvidos em ritmos e graus diferentes. Com o uso dos novos recursos da neurotecnologia para propósitos de aumentar o desempenho pessoal, as divergências culturais sobre o que é "natural" gerarão tensões políticas e religiosas. Temos ou não o direito básico de aumentar o desempenho de nossas capacidades? Alguns argumentarão que os potenciais da mente humana não devem ser submetidos a restrições. Outro ponto de vista apontará inevitavelmente para as condições de desigualdade do acesso às tecnologias para aumentar o desempenho e que isso aumentará ainda mais a desigualdade social já existente. Haverá aqueles que desejarão que o uso de meios tecnológicos para propósitos de aumentar o desempenho pessoal seja declarado completamente ilegal. Outros, em ambas as extremidades do espectro das idades, irão conseguir esses meios usando de todos os recursos que se fizerem necessários e de todas as formas possíveis, exatamente como já fazem hoje. Os aficionados por LSD e ecstasy continuam existindo, mesmo depois de muitos anos de ilegalidade dessas drogas. Enquanto isso, a maconha continua sendo considerada uma das drogas de mais fácil acesso nos Estados Unidos, e a cocaína continua com popularidade suficiente para manter perpetuamente ameaçadas de instabilidade partes da América do Sul e a parte centro-sul de Los Angeles, para nomear apenas algumas das áreas afetadas. Os representantes da geração nascida logo após o final da guerra e que hoje estão envelhecendo, os mesmos que abriram caminho para muitas tendências inovadoras, não se mostrarão dispostos a tampouco aceitar restrições de qualquer coisa que possa ajudá-los na velhice.

De acordo com a terminologia atual, o uso de neurotecnologias por indivíduos "saudáveis" para propósitos "não médicos" é chamado de "aumento do desempenho cognitivo". Essa expressão, no entanto, não apreende a verdadeira intenção e crença de muitos de nós que estamos de olho no que o futuro próximo pode nos oferecer. É por isso que prefiro usar a expressão "neurocapacitação" para designar muitas das tecnologias que estão despontando atualmente. "Capacitação" implica erguer-se "da condição mais baixa" e abrange questões de equidade e justiça social. "Neurocapacitação" parece-me ser um termo que fortalece as pessoas. Ele dá a ideia de que as pessoas começam a alavancar os melhores recursos de saúde mental para chegarem onde mais querem com respeito a suas capacidades cognitivas, emocionais e sensoriais, ao ponto mais favorável da escala normal de classificação.

Quando eu ouço as pessoas usarem a expressão "aumento do desempenho cognitivo", tenho a impressão de que estão pensando em alcançar alguma condição sobre-humana. A maioria das neurotecnologias em desenvolvimento que estará disponível na próxima década não cumpre esse propósito.

Os avanços em desenvolvimento atualmente são basicamente para a neurocapacitação. Eles permitirão àqueles que se encontram nos percentuais entre inferiores e médios que alcancem desempenhos mais elevados, ou que cheguem mais perto daqueles com níveis máximos de desempenho. Por exemplo, não está sendo desenvolvido nenhum meio de aumentar o desempenho cognitivo para possibilitar que seu nível de inteligência ultrapasse o QI de Einstein. No entanto, estão sendo testados "cognicêuticos" que provaram ser capazes de elevar a inteligência média dos participantes do estudo. Embora ainda não tenha sido realizado nenhum estudo testando especificamente essas drogas em pessoas com QIs altos, há relatos de casos na Força Aérea dos Estados Unidos de que pessoas naturalmente com desempenho máximo não ganham nenhuma vantagem adicional quando usam o modafinil para ter a mente mais alerta.

Em anuência com a observação de Wittgenstein sobre os limites da linguagem, apraz-me pensar que travaremos uma discussão mais saudável sobre as questões neuroéticas se escolhermos usar a expressão "neurocapacitação". Ela pode ajudar os governantes a desenvolver políticas efetivas com respeito aos avanços inevitáveis da neurotecnologia e, finalmente, promover a dignidade humana.

Mas as palavras, por toda sua carga emocional, são meras placas de sinalização. É muito mais importante perguntar o que nós vamos querer da tecnologia de neurocapacitação (ou de aumento do desempenho cognitivo).

A capacidade de cognição é uma das primeiras da lista de respostas. Seria ótimo aprender conceitos e desenvolver habilidades mais rapidamente, tomar decisões mais racionais, lembrar mais facilmente das coisas, ter mais capacidade para se manter focado, simplesmente ser mais inteligente, enquanto o nosso corpo físico continua saudável por mais tempo. Hoje, uma empresa de Irvine, na Califórnia, recebeu o nome Cortex Pharmaceuticals, obviamente com a expectativa de que a geração nascida logo após o final da guerra terá prazer em pagar para evitar ter aqueles típicos lapsos de memória, pelos quais têm de ouvir: "Deve ser coisa da idade". A Cortex Pharmaceuticals é apenas uma das quarenta empresas desenvolvendo atualmente fórmulas para melhorar a memória.

Você quer tocar violoncelo tão maravilhosamente quanto Yo-Yo Ma, mas a única data disponível no Carnegie Hall é para daqui a seis meses? Você acabou de ser contratado pelo Los Angeles Lakers e terá de dominar o ataque em três ângulos de Phil Jackson da noite para o dia para que Kobe Bryant não fique furioso com você? Algum dia nós seremos capazes de responder rapidamente a tais desafios.

O controle mais eficiente de nossas emoções será um prêmio ainda maior. Quase todos nós poderíamos viver com menos raiva ou com a capacidade de lidar mais apropriadamente com ela, de maneira a encontrar soluções para as situações em que fomos realmente ofendidos. Mais capacidade de sentir empatia, como vimos anteriormente ao discutir os trabalhos de Paul Zak, Mike McCullough, V. S. Ramachandran e outros, poderia tornar o mundo um lugar infinitamente melhor. Por enquanto, tendo uma margem maior de escolha e mais capacidade para fazer escolhas inteligentes e construtivas com a ajuda dos meios de neurocapacitação, a maioria de nós provavelmente optaria por ter mais prazer e menos sofrimento.

As nossas emoções são em sua maioria desencadeadas nas partes mais antigas de nosso cérebro. Quando as temos razoavelmente sob controle, as emoções são respostas extremamente úteis ao meio em que vivemos. Reprimi-las não é apenas uma ideia estúpida, mas também tira muito do prazer de viver. A neurotecnologia irá prover ferramentas poderosas para vencer as restrições que surgem em consequência de o nosso meio físico e social ter evoluído mais rapidamente do que a nossa biologia. Ela obstará a expansão em grande escala de doenças mentais e neurológicas, como também eliminará uma boa parte da miséria do mundo.

Como fator fundamental da cognição, poderemos em breve capacitar nossos sentidos básicos para serem tanto mais afinados quanto de alcance mais abrangente: ouvido, olfato e paladar mais aguçados; tato mais sensível quando assim o quisermos, seja no quarto de dormir ou em outro lugar, mas menos sensível quando tivermos de enfrentar os extremos de calor e frio.

A química de nosso cérebro é influenciada por uma vasta série de moduladores com uma gama estonteante de combinações. Por exemplo, a dopamina tem um papel importante na recompensa e maleabilidade, a capacidade de adaptação do cérebro. A serotonina tem papel-chave na agressividade e nos humores. Os opiáceos controlam a dor e o prazer. Essas estruturas básicas interagem com os avanços culturais e, quando elas se encontram em níveis apropriados à situação que temos de enfrentar, nós funcionamos como instrumentos musicais bem afinados, com todos os tons e sobretons atuando em harmonia. Os meios de neurocapacitação permitirão que mais pessoas participem da orquestra da vida. Teremos um equilíbrio emocional e comportamental mais estável; em termos científicos, um nível extraordinário de flexibilidade comportamental.

Com todos esses atributos melhorados — sensação, percepção e sua irmã, a emoção — você não vai precisar aspirar ser sobre-humano. Apenas ser humano em sua plenitude, de acordo com o que você tem de melhor, com todas as capacidades positivas à disposição nas horas em que elas se fazem necessárias, já é ser suficientemente abençoado. E, sem deixar de levar em consideração a recompensa advinda do fortalecimento da empatia, permita-me acrescentar que alcançar plenamente a capacidade máxima será a maior vantagem competitiva para qualquer indivíduo ou organização — como também de todo estado nacional e além.

Será que as pessoas irão escolher os recursos de neurocapacitação para melhorar seu desempenho mental? E será que essa escolha resultará em mais progresso?

Eu estou apostando nas respostas positivas a ambas essas questões, em níveis extremamente altos. Qualquer pessoa que acompanha os acontecimentos no mundo dos esportes sabe que os atletas de muitas diferentes modalidades estão usando suplementos que aumentam a aptidão física para competir e vencer, mesmo ilegalmente e arriscando suas carreiras. Qualquer um que assiste a eventos de entretenimento, desde programas de TV a concertos — e para esse propósito, também a maioria que observa atentamente seu local de trabalho — sabe quem recorreu à cirurgia plástica para melhorar sua aparência. Se houver meios seguros para aumentar a produtividade do capital humano, os trabalhadores os usarão para melhorar seus níveis de eficiência e manter assegurados seus empregos.

Já podemos ver isso nos modos como os músicos eruditos lidam com o medo do palco. Uma das exigências impostas a esses músicos é a execução tecnicamente perfeita de peças musicais complexas que a audiência já conhece intimamente, acrescentando nuances expressivas que elevam sua execução acima da perfeição ordinária sem mostrar qualquer aturdimento. A mesma situação de apuro é descrita com perfeição na canção "Stage Fright" do grupo The Band: "Apenas mais um pesadelo que você pode suportar".

O pânico do palco é uma espécie de foco excessivo que paralisa, no qual quase qualquer coisa inesperada pode botar a perder toda a confiança da pessoa em sua capacidade de desempenho. Esse é um exemplo do mecanismo de combate ou fuga em ação, por meio do qual as partes primitivas do cérebro forçam a produção de adrenalina para prover rapidamente a energia necessária para você ou fugir ou lutar por sua vida. Quando sob efeito de altos níveis de adrenalina, sua mente fica pressionando você a fazer escolhas, as quais você sente como se fossem de vida ou morte. No caso, se você é um músico erudito, há um auditório esperando que você faça excelentes escolhas e toque músicas sublimes.

Os betabloqueadores, drogas desenvolvidas para o tratamento da pressão alta, por inibirem os receptores de adrenalina em todo o corpo, inclusive no cérebro, ajudam a controlar o medo do palco. Pode ocorrer a liberação de adrenalina, mas ela não consegue facilmente exercer controle sobre seu comportamento. Em consequência disso, estima-se extraoficialmente que entre 25 e 75% dos músicos eruditos tomem pílulas antes de enfrentarem situações estressantes, normalmente betabloqueadores ou drogas para combater o transtorno de déficit de atenção e hiperatividade.

Até mesmo os médicos que prescrevem betabloqueadores para músicos e atores os usam para enfrentar suas próprias situações de medo de plateia, como ante uma apresentação numa conferência médica.

O aspecto adverso, que depende da tolerância individual, como também da quantidade e frequência da dose, inclui a possível ocorrência de ansiedade, dores de cabeça, insônia e perda de apetite, no caso das drogas para déficit de atenção e sonolência no caso dos betabloqueadores.

Há muitos campos em que as drogas usadas sob prescrição médica são adotadas de maneira mais ou menos dissimulada para melhorar a clareza mental, aumentar a capacidade de concentração e controle das emoções. Você se lembra de Paul Phillips, o ex-programador de 35 anos que usou anfetaminas e modafinil para ajudá-lo a ganhar cerca de 2,3 milhões em rodadas de pôquer? As mesas de pôquer são dominadas por aqueles que conseguem jogar em alto nível pelo máximo de tempo possível. Se você consegue imaginar como seria trabalhar sessenta horas por semana, imagine como seria se todas as pessoas trabalhando com você tentassem cortar seu pescoço — metaforicamente falando.

O metilfenidato, a droga que há anos tem sido receitada para os portadores de transtorno de déficit de atenção e hiperatividade, na realidade aumenta a atividade mental, mas também a concentra mais especificamente no que está diretamente à frente. É provável que todo professor dos Estados Unidos tenha pelo menos um aluno tomando metilfenidato com o propósito de se manter suficientemente calmo para prestar atenção à aula. Os caminhoneiros que percorrem longas distâncias, para os quais interessa trabalhar tantas horas quanto a lei permite, são usuários do metilfenidato há mais tempo do que os estudantes. O pôquer também exige focar a atenção com o máximo de precisão, tanto nas próprias cartas como em quaisquer sinais e disposições observáveis entre os competidores. Se você usar aquele suplemento popular para aumentar o desempenho encontrado em casas de café expresso para uma maratona de pôquer, acabará sofrendo da síndrome conhecida como "nervosismo causado pelo café". Mas o metilfenidato e os betabloqueadores como o cloridrato de propranolol são conhecidos por proporcionarem às pessoas um efeito relativamente suave e prolongado.

O fato de Phillips atribuir à sua psicofarmacologia o crédito pelo aumento de sua conta bancária sugere que as companhias farmacêuticas incentivarão seus departamentos de pesquisas a desenvolver o mais rapidamente possível a próxima geração de drogas de vários tipos para neurocapacitação. Nas palavras do especialista em bioética Paul Root Wolpe, da University of Pennsylvania: "Qualquer laboratório que lançar a primeira pílula para a memória irá botar o Viagra no chinelo".

Com mais pessoas vivendo por mais tempo e a competição global se acirrando, as pessoas terão de aprender novas habilidades ao longo de sua vida. Os meios de neurocapacitação tornarão a educação continuada praticável e, talvez, com o tempo, menos dispendiosa. Nesse sentido, eles se tornarão a nova forma neurocompetitiva, além da tecnologia da informação, de obter vantagem competitiva.

Qualquer mudança importante inspira naturalmente protesto. Haverá divergências com respeito a se devemos adotar esse novo modo de vida.

Cada país com sua cultura e subculturas irá reagir de maneira diferente. Embora países como os Estados Unidos, Grã-Bretanha, Alemanha nazista e a ex-União Soviética fossem todos potências industriais, cada um deles escolheu direcionar seu capital tecnológico para diferentes visões do futuro. De maneira similar, os usos social e legalmente aprovados da neurotecnologia serão tremendamente diferentes em países como Cingapura, Índia, China e Estados Unidos. No entanto, como vivemos numa economia global fortemente competitiva, as recompensas serão enormes para as potências que fizerem uso das tecnologias de neurocapacitação. Mesmo que apenas alguns indivíduos escolham melhorar seu desempenho mental, a escolha deles transformará a base da competição econômica para todos nós.

O uso da tecnologia de neurocapacitação dará início a uma cascata de eventos. Um resultado será a transformação radical na visão de bom senso empresarial que prevalece hoje sobre como alcançar a produtividade máxima. Ele alterará as estruturas de custo, transformando tanto a produtividade como as relações sociais nos locais de trabalho, nas escolas e famílias, como também em todas as outras instituições sociais. Ela proverá aos indivíduos, empresas, países e sociedades novas ferramentas para produzir mais com menos pressão, menos esforço e experiências mais duradouras de bem-estar máximo.

As competições atléticas ocorrem naquilo que os folcloristas chamam de "círculo mágico". Esse é um lugar em que são aplicadas regras especiais, como quanto ao tempo de duração de um jogo ou até onde uma luta corpo a corpo com o adversário é legalmente permitida na competição por um rebote. Para fazer com que as regras do jogo sejam cumpridas, existe um batalhão de pessoas usando camisas listradas ou jalecos brancos de laboratório. Mas no mercado, nos locais de trabalho, nas escolas, nos jogos de pôquer, nos campos de golfe e nos poços de orquestra, como impedir que profissionais altamente ambiciosos usem drogas lícitas para alcançar o desempenho máximo? Para isso, a economia teria de sustentar batalhões de polícia neurocientífica. Mas será que estaríamos dispostos a barrar essas pessoas e todas as suas aspirações? Provavelmente não, se o usuário dessas drogas é alguém capaz de encontrar para você os melhores investimentos possíveis entre muitas escolhas altamente complexas, de realizar com êxito uma cirurgia de alto risco em você ou de detectar bombas nos sapatos de terroristas antes que eles embarquem no avião.

Mas há mais a ser considerado nesta mudança cultural. Por exemplo, surgirão diferenças comportamentais quando os indivíduos começarem a ajustar conscientemente suas emoções e, consequentemente, suas percepções. De que maneira suas percepções alteradas irão afetar suas próprias decisões e, consequentemente, mudar o mundo ao redor? Seremos todos engolidos pela engrenagem competitiva? Ou será que esse nível mais alto de produtividade criará modos de vida alternativos em que as pessoas possam escolher trabalhar menos e mesmo assim terem assegurado um padrão de vida satisfatório? Será que sentimentos de satisfação constante constituem uma base apropriada para a tomada de decisões?

O governo dos Estados Unidos realiza mensalmente uma pesquisa para saber o grau de confiança do consumidor. Essa coleta de informações ajuda o Banco Central a determinar as taxas de juro. A pesquisa também procura saber como as pessoas percebem o mundo ao redor — e particularmente se seus sentimentos com respeito a dinheiro são no momento de confiança ou de receio — e as respostas obtidas exercem grande influência nas decisões macroeconômicas do nosso governo. Quando o medo e a ansiedade forem abrandados pelo uso de drogas específicas, os neurocêuticos emocionais, as pessoas perceberão as coisas de maneira diferente. Isso, em última instância, irá afetar a escolha da política monetária a ser implementada. O que poderá acontecer quando mudanças substanciais em determinadas emoções básicas se tornarem possíveis? Que impacto isso teria sobre o nosso modo de *perceber* os eventos que definem nossa vida? E o que poderia ser mais importante do que os sentimentos? Por exemplo, a maioria de nós tenderia a escolher a confiança em vez do receio. Essa escolha nos faz sentir melhor. Mas será que isso sempre conduz a boas decisões? Às vezes, é prudente preocupar-se.

Nada menos do que a guerra e a paz resultam de nossa percepção coletiva dos acontecimentos. Arte, casamento, nascimento, morte, doença e religião, são fatores e eventos que afetam profundamente as emoções humanas. Por nos fazerem sentir ânimo e gratidão ou privação e desespero, as emoções comandam os nossos atos. Para citar o psicólogo de Harvard,

Danny Gilbert: "Os sentimentos não apenas importam, mas são o que *dá sentido* ao próprio ato de se importar".

Os pesquisadores estão procurando definir como e por que os sentimentos estão criando uma base de sustentação para a sociedade neurocientífica emergente. Uma equipe de neurocientistas dirigida por Nathalie Camille do Instituto de Ciência Cognitiva da França, em Bron, tem usado neuroimagens para investigar o que acontece quando temos de tomar decisões sem saber claramente o resultado delas. As últimas descobertas daquela equipe de pesquisadores, publicadas recentemente na revista *Science*, demonstraram que uma região do cérebro responsável pela tomada de decisões, o córtex orbitofrontal, faz grande parte do trabalho envolvido na mediação da experiência de arrependimento.

"Enfrentar a consequência de uma decisão tomada pode desencadear emoções como de satisfação, alívio ou arrependimento, as quais refletem a nossa avaliação do que ganhamos em comparação com o que teríamos ganhado se tivéssemos tomado outra decisão", de acordo com o relatório de Camille e seus colegas. O processo cognitivo é conhecido como processo de avaliação dos fatos. Basicamente, isso significa o processo de aprender com os erros passados.

Os pesquisadores atribuíram aos participantes um jogo simples como tarefa e registraram as escolhas de cada um em termos de impacto emocional antecipado e de fato sentido. As pessoas normais relataram respostas emocionais que mostraram que elas eram capazes de realizar esse processo de avaliação dos fatos. Mas alguns dos participantes eram pacientes com lesões no córtex orbitofrontal. Eles simplesmente não relataram nenhum arrependimento nem anteciparam consequências negativas que poderiam advir de suas escolhas. Essa constatação vem confirmar as conclusões de autópsias, realizadas após suas execuções, de que criminosos sentenciados tinham lesões sérias nas áreas frontais do cérebro, causadas por traumas físicos, como traumatismo craniano, sofridos em batidas de carro. Ela também levanta a questão de como exercer o controle sobre as emoções que a pessoa está sentindo em determinado momento pode afetar as decisões tomadas no futuro.

À medida que a neurotecnologia avança e a exata neurobiologia do arrependimento passa a ser mais compreendida, é possível que nos tornemos capazes de escolher o tamanho de nosso arrependimento. É impossível dizer como isso irá afetar as relações pessoais ou as nossas percepções da vida cotidiana. Se isso irá, por exemplo, permitir que as pessoas tratem as outras com mais crueldade, como os assassinos que não sentem nenhum remorso por tirarem a vida alheia. Ou se ajudará as pessoas a abandonar mais rapidamente velhos rancores, fortalecendo seus impulsos construtivos em direção a perdoar e levar suas vidas adiante?

O seu palpite é tão bom quanto o de qualquer outra pessoa. Mas de uma coisa você pode ter certeza: por prover novas ferramentas para influenciar os aparatos emocional, cognitivo e sensorial, a neurotecnologia criará profundas consequências em nosso modo de perceber os problemas sociais, políticos e culturais. Por isso, estudar as implicações sociais da neurotecnologia, e imediatamente, é tão importante. Temos mais possibilidade de estar preparados para esta onda tecnológica do que a humanidade teve em ondas anteriores de transformação da sociedade, como nas revoluções impelidas pela agricultura, indústria e informação.

Enquanto isso, um número cada vez maior de laboratórios de biologia e química se concentra no desenvolvimento da próxima geração de neurocêuticos e outros pesquisadores, trabalhando com outros componentes da revolução neurotecnológica, estão criando dispositivos médicos implantáveis que interagem com o cérebro por meio de minúsculos impulsos elétricos.

Como implantar um dispositivo médico por procedimento cirúrgico é evidentemente mais complicado, demorado e dispendioso do que tomar uma pílula, as consequências do aumento do desempenho cognitivo por meio desses implantes serão menos imediatas. Entretanto, o avanço de técnicas de manufatura que fazem uso da nanotecnologia acabará por reduzir o tamanho dos dispositivos implantáveis. As cirurgias para implantá-los se tornarão menos invasivas. Nas duas próximas décadas, será profundo o impacto causado por esses implantes neurológicos.

Muitos desses neurodispositivos já são amplamente usados atualmente. Entre eles, o estimulador de áreas profundas do cérebro para reduzir os tremores de doenças como o Mal de Parkinson, o estimulador da medula espinal para tratar de dor crônica e implantes cocleares para deficientes auditivos. Além disso, equipes médicas de todo o mundo estão testando dispositivos implantáveis para tratar de doenças relacionadas ao cérebro, como Alzheimer, depressão, dependência química e transtorno obsessivo-compulsivo, para nomear apenas algumas que em breve poderão ser mais facilmente tratadas.

Mais de cem mil pessoas no mundo inteiro já foram beneficiadas por implantes cocleares. Diferentemente do audiofone tradicional, que simplesmente amplifica o som que entra no canal auditivo, o implante coclear transforma o som de um microfone externo e retransmite o sinal para as sequências de eletrodos que estimulam diretamente as fibras nervosas do ouvido interno, dispensando totalmente o aparelho sensorial auditivo. O dispositivo atua juntando o som que entra em diferentes faixas de frequência que seguem então por diferentes condutores em contato direto com as fibras nervosas. Em resumo, esse incrível dispositivo protético permite ao deficiente auditivo ouvir. Basta ler o envolvente livro de Michael Chorost, *Rebuilt: How Becoming Part Computer Made Me More Human*, para entender como os avanços da tecnologia de implantes cocleares levará a uma audição sobre-humana. (Chorost pretendia originalmente dar ao livro o titulo *Mike 2.0.*)

Os implantes de retina ainda estão em fase de desenvolvimento clínico, mas espera-se que cheguem ao mercado nos próximos anos. O propósito atual dos implantes de retina é possibilitar que os pacientes "vejam" os objetos pela identificação de seu tamanho, localização e movimento; com isso, uma pessoa até então cega pode andar independentemente por ambientes desconhecidos sem a ajuda de cão-guia ou de bengala. Há atualmente 35 milhões de pessoas em todo o mundo que são cegas ou têm a visão seriamente prejudicada, que também podem se beneficiar com essa tecnologia. É fácil imaginar que essa tecnologia possa avançar o suficiente para expandir a capacidade visual dos seres humanos.

Além de expandir nossas capacidades sensoriais, esses dispositivos poderão também transformar o nosso modo de perceber o mundo ao nosso redor. Em seu livro *Looking for Spinoza* [Em Busca de Spinoza], Antonio Damasio expõe em detalhes sua teoria de que nós percebemos uma reação em cadeia se iniciar sempre que uma emoção (que ele define como uma alteração no estado físico em resposta a um estímulo externo) desencadeia uma percepção (a representação da mudança no cérebro, bem como de imagens mentais específicas). Damasio acha que sentimentos não causam sintomas físicos. Para ele, o contrário ocorre: nós não trememos porque sentimos medo; sentimos medo porque trememos. Essa é a direção que segue a relação de causa e efeito.

Se Damasio estiver certo, então por meio do ato direto de influenciar o sistema nervoso, por exemplo, pela redução da reatividade do corpo ao tremor, estaremos de fato influenciando a nossa percepção mental de nós mesmos e do meio circundante.

A neurotecnologia de ponta desses dispositivos é uma área de pesquisas em torno da interface cérebro-computador (ou interface neural direta ou ainda interface cérebro-máquina). Numa interface de mão única, o computador ou aceita comandos do cérebro ou envia sinais a ele (por exemplo, para restaurar a visão). As interfaces de mão dupla permitirão que os cérebros e os dispositivos externos troquem informações em ambas as direções, mas eles ainda não foram implantados com êxito em animais ou humanos. Entretanto, como vimos no capítulo anterior, há enorme interesse por parte dos setores envolvidos com a defesa em desenvolver essa tecnologia e em investir muito dinheiro para fazê-la acontecer.

Nada torna mais evidente o impacto futuro desses dispositivos do que assistir a um neurocirurgião implantando um eletrodo no cérebro de um paciente severamente deprimido e ver a expressão facial do indivíduo passar de uma carranca para um largo sorriso em questão de segundos, enquanto o médico calibra a quantidade de estímulo elétrico para as devidas regiões do cérebro. Os médicos que realizaram esse procedimento delicado observaram que, em alguns casos raros, seus pacientes alcançaram um estado de êxtase orgásmico. Portanto, o "Orgasmatron" que Woody Allen tornou famoso em seu filme *O Dorminhoco* de 1973, não é algo tão fora da realidade como se podia imaginar apenas uma década atrás.

Olhando para o futuro ainda mais à frente, alguns pesquisadores acreditam que estejamos iniciando um período de "engenharia do paraíso". Em seu manifesto na Internet, *The Hedonistic Imperative*, o futurólogo David Pearce diz que estamos prontos para explorar um espectro de extraordinária saúde mental — emocional, intelectual e ética — que em breve será acessível a todos, graças aos avanços nos campos da genética e da neurotecnologia. "No começo do século XXI, a expectativa da engenharia do paraíso ainda soa estranho, como algo do *Admirável Mundo Novo* — e talvez 'contrário à natureza'. No entanto, os processos metabólicos subjacentes aos estados de consciência paradisíacos não são nem mais nem menos 'naturais' do que quaisquer outras disposições da matéria e da energia que se manifestam alhures no espaço-tempo."[2]

A emergente sociedade neurocientífica será então provavelmente habitada por pessoas com muito menos problemas físicos e psicológicos. Os traumas que ocorrem ainda no útero e na primeira infância permanecem por toda a vida do indivíduo, limitando seu potencial e mantendo-o nas margens inferiores da sociedade. Os que já vivem em condições satisfatórias poderão usufruir ainda mais intensamente de seus talentos inatos para a empatia e se dedicarem ainda mais a ajudar as pessoas a sair da condição que as mantêm em posição de inferioridade. Tendo em mente o conceito de capital social, que introduzimos no Capítulo 5, vamos considerar a possibilidade de a neurocapacitação ser um meio pelo qual todos nós ficaremos ricos.

É para isso que venho trabalhando com afinco nos últimos anos em prol da causa da neurotecnologia.

No final de 2006, eu fundei a Neurotechnology Industry Organization (NIO), uma associação das indústrias de neurotecnologia. Antes disso, eu já havia começado a promover, por meio de minha empresa, NeuroInsights, uma conferência anual para cientistas, executivos e investidores. Em todos os encontros de líderes industriais, eu discuto essa ideia com o maior número possível deles — solicitando ao governo dos Estados Unidos que incentive diretamente as pesquisas voltadas para aplicações da neurociência a áreas não militares, especificamente ao desenvolvimento de tratamentos para doenças do cérebro e do sistema nervoso, desde a demência e a depressão até os traumatismos cranianos.[3] Necessitamos também de verbas específicas para o estudo das implicações sociais, incluindo questões éticas e legais, dos avanços da neurotecnologia — especialmente no que diz respeito às tecnologias voltadas para a neurocapacitação e o aumento do desempenho cognitivo.

V. S. Ramachandran foi quem melhor definiu a razão para se empreender esses esforços: "Há muita balela nos relatórios que divulgam os experimentos neurocientíficos, mas também algumas informações extremamente úteis e importantes. As implicações da neurociência abarcam absolutamente tudo o que há sob o Sol. Você se refere a esta realidade emergente como sociedade neurocientífica, mas talvez fosse mais apropriado chamá-la de 'neurocosmos'."

CAPÍTULO DEZ

A NOSSA EMERGENTE SOCIEDADE NEUROCIENTÍFICA

Da mesma maneira que um tremor no fundo do mar dá início a uma onda gigantesca que vai crescendo até inundar a costa litorânea, toda vez que nossos antepassados inventaram novas ferramentas para expandir seu controle sobre o mundo ao redor, eles acabaram inaugurando uma nova era, uma mudança de tremendas proporções: novos recursos propiciaram o surgimento de novas indústrias e, com elas, profundas transformações das instituições sociais, econômicas e políticas, ao mesmo tempo em que criaram novos modos de expressão artística e cultural.

Estamos atualmente sentindo as vibrações do choque inicial provocado por outra mudança radical. O impacto da neurotecnologia está causando melhorias na vida humana que trarão no mínimo consequências tão amplas quanto as das mudanças trazidas pelo surgimento do arado, da máquina a vapor, da eletricidade ou das viagens espaciais. A sociedade neurocientífica está surgindo agora, em nosso tempo. Assim como as mudanças gigantescas ocorridas no passado da humanidade, a nossa emergente sociedade neurocientífica contém em si um fator de imprevisibilidade. Ela traz em seu bojo enormes promessas tanto de uma era paradisíaca quanto a de um pesadelo acordado. A razão para essa transformação histórica envolver muito mais riscos do que as transformações ocorridas no passado está no fato de as nossas mais avançadas tecnologias nos proporcionar nada menos do que o controle cada vez mais preciso sobre o fator mais poderoso de nossa vida, ou seja, a nossa própria mente.

Se você parar um minuto para pensar, e observar a partir de certo ângulo, tudo o que a humanidade já fez ou inventou foi com o propósito de ter a mente sob controle. Estratégias e tecnologias de caça abrandam o receio de passar fome. Substâncias destiladas elevam nossos estados de ânimo, embora por pouco tempo e com alguns riscos de distorção. Religião, música, artes plásticas, *design* arquitetônico, competições atléticas e culinária sofisticada são todos meios pelos quais buscamos nos sentir mais protegidos, mais em contato ou em sintonia com nossos potenciais intelectuais e criativos mais profundos.

Um dia, não muito distante de hoje, nós poderemos ter a experiência mais duradoura de liberdade das muitas limitações impostas pelos processos de nosso cérebro, os quais não mudaram muito desde o período Paleolítico. Naquela época, vivíamos da caça e da coleta de alimentos. O fogo foi uma de nossas tecnologias mais avançadas, juntamente com a nossa primeira "ferramenta multiuso", feita com pontas de pedra pacientemente talhadas e presas com pedaços de couro cru a cabos de madeira. A média da densidade populacional era provavelmente de uma pessoa por mais ou menos 1,5 quilômetro quadrado. Mas apesar de o nosso mundo ter passado por várias mudanças revolucionárias nos planos social, cultural e tecnológico de lá para cá, nós continuamos hoje em grande parte usando o mesmo órgão para raciocinar, num mundo com 7 bilhões de pessoas altamente interconectadas e vivendo vida longa.

Para os nossos antepassados, revirar o solo em busca de raízes e frutos, caçar os gigantescos e mortais coabitantes do período Paleolítico e ser por eles caçados não eram nenhum piquenique, como tampouco era uma aventura buscar abrigo em cavernas úmidas e geladas. Mas viver no século XXI envolve uma avalanche quase incessante de tensões, medos e estímulos excessivos. Eles perseguem implacavelmente a nossa mente, afligindo-a com uma incessante contração muscular que, metaforicamente falando, as deixa mais fortes, mas também mais propensas a cãibras e espasmos. Muito comumente, a nossa mente se torna nossa adversária, operando a partir de nossas defesas, gerando novos problemas antes de encontrar soluções para os antigos.

Em nossa emergente sociedade neurocientífica, que eu espero ver chegar com força total nos próximos trinta anos, você será finalmente capaz de criar continuamente sua própria estabilidade emocional, aguçar sua clareza mental e estender seus estados sensoriais mais desejáveis até eles se tornarem sua forma dominante de perceber a realidade.

Liberdade de percepção, privacidade do cérebro, liberdade para pensar e sentir o que você quiser, sem interferências dos governos ou corporações — esses serão os direitos civis pelos quais teremos de lutar em nossa emergente sociedade neurocientífica. Algumas pessoas já estão considerando essas questões e concebendo os temas a serem debatidos publicamente. Essas pessoas são os especialistas em neuroética. Algumas lideranças dessa área estão trabalhando na Harvard University, na University of Pennsylvania e na Stanford University em busca de entender e clarificar os problemas éticos emergentes. Por exemplo, os governos terão o direito de submeter os suspeitos de crime a tomografias do cérebro antes de eles terem sido provados culpados? Um juiz poderá ordenar um "tratamento" para alterar a mente em lugar de uma sentença prisional? A neurotecnologia poderá ser usada para controlar pensamentos e atos considerados indesejáveis?

A meu ver, a questão fundamental é esta: o direito à privacidade do cidadão inclui o domínio de seus pensamentos íntimos? Dependendo de como respondermos a perguntas como essa, as tecnologias emergentes poderão ser usadas para nos controlar e nos manter cultural e economicamente submissos. Ou, ao contrário, elas poderão ser usadas para enriquecer nossa vida, proporcionando o acesso aos potenciais positivos que todos nós temos adormecidos, como também a sua expansão. Será uma distopia, uma utopia ou uma combinação das duas, sustentada pela crença de que algo melhor é ainda possível.

Como ocorreu com as ondas anteriores de mudança da sociedade, a revolução neurotecnológica está sendo impulsionada pelo desenvolvimento de tecnologias de baixo custo, mais especificamente de biochips que revelam as atividades secretas das células, como também de neuroimagens. A convergência dessas duas inovações está hoje nos mostrando como o cérebro funciona — tanto em seu nível interno, molecular, como também em escala sistêmica do cérebro como um todo. Já estamos assistindo a uma transformação tanto no nível de diagnóstico como de desenvolvimento de tratamentos para doenças.

Nos últimos anos, a redução do custo de biochips possibilitou a descoberta de um grande número de neurotransmissores, receptores, condutores de íons [eletrólitos] e outras proteínas cruciais para o funcionamento normal do cérebro. Ao mesmo tempo, as tecnologias de neuroimagem de mais alta resolução facilitaram o entendimento de quando e onde ocorrem os eventos elétricos e químicos em nosso cérebro e formam nossos pensamentos e comportamentos.

Com a aceleração da convergência dessas tecnologias, surgirão manifestações neurotecnológicas diversas e específicas, assim como a computação e a Internet se desenvolveram gradualmente a partir do *microchip*.

Os anos 1990 foram chamados de "a Década do Cérebro", mas graças aos desenvolvimentos neurotecnológicos recentes, na realidade, nós descobrimos mais sobre o cérebro nos últimos dez anos do que nos cinquenta anteriores.

Olhando mais para frente, podemos ver que o mercado neurotecnológico se expandirá com o aumento em especificidade e eficácia de novas drogas, dispositivos e diagnósticos. Mas também podemos ter a certeza de que a história não acaba aí. O mesmo conhecimento recém-adquirido capaz de curar doenças ou lesões cerebrais também servirá para melhorar o desempenho dos cérebros "normais".

Dado o lugar elevado que o autodesenvolvimento ocupa na psique humana, parece inevitável que o mercado voltado para a "melhoria do estilo de vida" venha impulsionar uma expansão quase ilimitada do mercado de neurotecnologia. Mas como ocorre com todas as tecnologias, o acesso à neurotecnologia não será igual para toda a humanidade. Em consequência disso, as forças da desigualdade e do ressentimento que já estão ameaçando as nossas esperanças de paz se tornarão ainda mais poderosas. Finalmente, o custo dessas tecnologias se tornará bastante razoável. Mas levará anos para que isso ocorra e até lá, o abismo entre os que têm acesso e os que não têm será óbvio e dramático. A violência em larga escala será uma ameaça constante.

A enorme desigualdade da existência humana, e o mal-estar que dela resulta, ficou evidente para mim em 1984, quando eu era um garoto de treze anos em viagem de volta para casa, em Cupertino, na Califórnia, de um retiro para meditação de seis semanas que havia feito com minha mãe em Ganeshpuri, na Índia. Eu estava acostumado a passar os finais de semana jogando games do tipo Zork e Adventure num computador doméstico conectado a uma unidade central de potentes computadores, a Internet que então se preparava para levantar voo. Lembro-me de ter perguntado ao meu pai, que conduzia o desenvolvimento da ARPANET, para que outros propósitos os computadores seriam usados. Entre sua lista de possíveis aplicações, a maioria das quais eu não consigo lembrar, estava o prognóstico de que algum dia de um futuro não muito distante, essa tecnologia iria prenunciar uma era de "TV interativa".

É óbvio que a Internet trouxe muito mais mudanças a nossa vida no último quarto de século do que a simples televisão. Mas na época em que eu ouvi esse prognóstico, ele representou uma mudança suficientemente significativa em minha mente para permanecer comigo como algo importante.

Quando eu e minha mãe estávamos atravessando Nova Déli a caminho do aeroporto para embarcarmos em nosso voo pela Air India, eu olhei pela janela e vi novos edifícios imponentes sendo construídos ao longo de ruas não pavimentadas. Espalhados diante dos canteiros de obras e avançando pelas ruas, havia milhares de homens, mulheres e crianças vivendo com suas vacas em barracas de papelão.

Eu me senti muito privilegiado por ter nascido no mundo em que vivia.

Foi só quando aterrissamos em Dubai para uma parada temporária que as peças todas se juntaram. Quando desembarcamos do voo 747 e entramos no aeroporto todo de mármore, com relógios Rolex nas paredes, cujos números eram de diamante em lugar de tinta preta, eu percebi que a magnitude da disparidade que existe entre os seres humanos iria um dia ser exposta com a ajuda da "TV interativa", causando uma tensão inimaginável que acabaria provocando guerras. Não é preciso dizer que, como um garoto no início da adolescência, eu não fui capaz na época de articular essa ideia em termos concretos. Mas até hoje aquela visão de paredes de mármore com relógios de diamante continua viva em minha memória e percebo como ela marcou toda a jornada de minha vida até aqui.

Em 2004, exatamente vinte anos depois, e após eu ter passado alguns anos pesquisando para escrever este livro, o príncipe herdeiro de Dubai, o xeique Mohammed bin Rashid al-Mahtoum, me convidou para fazer o discurso de abertura de uma conferência do Fórum de Estratégia Árabe. Juntamente com os cinquenta principais empresários, políticos e tecnocratas árabes, também participaram da conferência Bill Clinton, Madeleine Albright, Wesley Clark e Thomas Friedman. Estávamos todos reunidos para discutir como seria o mundo árabe no ano 2020 e como contribuir para chegar lá. E foi com eles que eu discuti pela primeira vez como a nossa emergente sociedade neurocientífica iria transformar a cultura global nas próximas décadas.

Com a propagação da neurotecnologia, irá emergir uma nova forma de sociedade humana, uma sociedade neurocientífica pós-eras industrial e da informação. O ponto alto de nossa sociedade neurocientífica será o conjunto de ferramentas que tornará não apenas tolerável viver em nosso mundo altamente urbanizado e interconectado, mas também possivelmente magnífico. Para explicar isso, acho que vale a pena introduzir o conceito de *priming*, que vem da psicologia.

De acordo com esse conceito, as atitudes ou ideias de uma pessoa podem ser ativadas por mecanismos misteriosos, sem a sua percepção consciente. Por exemplo, o consultor político dr. Frank Luntz descreve um acidente de forte impacto em seu livro de 2007, *Words That Work: It's Not What You Say, It's What People Hear*. Luntz ficou famoso por inventar expressões que podem alterar o tom emocional de um tópico político altamente polêmico, como chamar o imposto sobre transmissão de bens de "imposto da morte", ou perfurar poços em busca de petróleo de "exploração de energia". Esses estratagemas verbais são exemplos de *priming*, apesar de ser uma técnica óbvia e fundamental, até mesmo primitiva. Certo dia, Luntz descobriu um método de *priming* muito mais refinado.

Em 1992, trabalhando com grupos de foco, Luntz mostrava a eles três filmes de curta duração do então candidato a presidente Ross Perot. O primeiro era uma biografia; o segundo consistia em alguns depoimentos glorificando Perot. E o último era um discurso gravado pelo próprio presidenciável. Em uma das apresentações, inadvertidamente, Luntz mostrou primeiro o filme com o discurso do candidato. Terminada a apresentação, ele ficou perplexo ao constatar que os participantes daquele grupo se mostraram muito mais negativos a Perot do que todos os anteriores. Por isso, ele resolveu investigar a questão mais a fundo.

Novos testes mostraram que ver o filme com o discurso em primeiro lugar causava uma impressão negativa do candidato. Luntz atribuiu isso ao fato de Perot ter um passado impressionante como homem de negócios e ser muito respeitado por seus sucessos, mas sua presença pessoal e suas palavras não necessariamente passavam isso. Ao contrário, ele comunicava a ideia de estar em geral acostumado a ser obedecido. Apesar de seu estilo ser provavelmente eficiente em encontros empresariais, em que ele estava firmemente no comando e não precisava vender suas ideias, mas apenas fazê-las cumprir por decreto, para um candidato em busca de aprovação popular, ele parecia mais um indivíduo excêntrico e autocrata. Suas ideias também se diferenciavam um pouco das dos políticos típicos. Nas palavras de Luntz: "Para quem não sabia nada sobre o homem e seu passado, a impressão que ele passava era de alguém que não tinha os parafusos no lugar."

Portanto, não eram as *informações* transmitidas sobre Perot que importavam, mas a *ordem na qual elas eram apresentadas*. Com o discurso apresentado por último, ele parecia um orador provocativo. Mas apresentado em primeiro lugar, ele tanto podia parecer um tolo como um perfeito excêntrico.

Em certo sentido, essa mudança perceptiva não é tão surpreendente. Vendas e marketing fazem parte de um processo. Não se espera que um vendedor tente fechar um negócio antes de avaliar as necessidades do cliente, descrever os benefícios do produto e responder às objeções. Em outro sentido, as pessoas estavam recebendo passivamente informações de três diferentes tipos. Todas elas assistiram a cada detalhe do conteúdo apresentado, sem possibilidade de qualquer interação para "fechar" o negócio. Não obstante, a ordem em que os filmes eram apresentados fazia uma enorme diferença na formação de suas opiniões.

O modo de vermos as coisas pode ser altamente maleável e, portanto, reformulado, mesmo quando não percebemos a intenção do outro de dar-lhe uma forma específica. Um típico vendedor esperto, ou um representante que fala em nome de um partido político, usando expressões obviamente tendenciosas, levantará nossas defesas e acionará nossos mecanismos de filtragem ao nível máximo. Mas algo que raramente percebemos pode passar e alterar completamente o nosso ponto de vista.

Muito recentemente, alguns pesquisadores descobriram que algo tão sutil como uma diferença de sessenta centímetros na altura de um teto pode alterar o modo de funcionar do cérebro. A responsável pelas pesquisas, a professora Joan Meyers-Levy, explicou recentemente: "Quando as pessoas estão numa sala com pé-direito alto, elas ativam a ideia de liberdade. Numa sala com pé-direito baixo, elas ativam conceitos mais restritos e limitados." Meyers-Levy é professora de marketing da University of Minnesota. Ela diz que, quando vivenciamos o conceito de liberdade, o processamento da informação em nosso cérebro estimula uma maior variação de tipos de pensamentos que passamos a considerar. Se nos sentimos confinados, inconscientemente tendemos a processar de maneira mais orientada para os detalhes.

O estudo consistiu de três testes, envolvendo desde solução de intricados anagramas até avaliação de produtos. Em cada um dos testes, um teto de pé-direito medindo três metros correspondeu à atividade dos participantes que os pesquisadores interpretaram como "pensamento mais abstrato e mais livre", enquanto os participantes colocados numa sala com pé-direito medindo 2,4 metros tenderam a se concentrar mais nos detalhes. Sempre que sentimos ansiedade, tendemos a focar excessivamente, a inspecionar os mínimos detalhes e tirar conclusões muito exaltadas.

Esse estudo da University of Minnesota coloca toda uma série de possibilidades intrigantes. Se uma diferença de sessenta centímetros na altura do pé-direito, diferença essa que para a maioria das pessoas seria imperceptível, pode mudar o modo de operar de nosso cérebro, o que poderia resultar da manipulação de outras características de nossos ambientes? De que maneira o teto majestoso de uma catedral afeta os nossos pensamentos, em comparação com um teto baixo? Como estar no interior de uma estrutura de curvas sinuosas, como as criadas pelo arquiteto Frank Gehry, afeta a nossa mente em comparação com estar dentro de uma construção convencional de linhas retas? Será que uma sala desprovida de janelas engendra ideias diferentes de um escritório com uma típica janela modesta ou uma sala com paredes totalmente de vidro? Que tendências perceptivas podemos mudar pela alteração de cores e texturas no ambiente circundante?

O número de variáveis é enorme e, apesar de algumas delas já terem sido estudadas, a neuroimagem abre a possibilidade de resolver esses enigmas a baixo custo. Em vez de montar estruturas de testes que custam muitos milhões de dólares e observar meticulosamente os comportamentos típicos por um período de tempo, nós temos hoje a opção de fazer a tomografia do cérebro da pessoa enquanto ela visualiza uma vasta série de ambientes por meio dos recursos da realidade virtual.

Isso significa que cada avanço que conquistamos em conhecimento pode levar mais rapidamente a novos avanços. E assim sucessivamente por muitas e muitas vezes.

Fora do neuromarketing, os marqueteiros do comércio varejista empregam há muito tempo as técnicas *priming*. A maioria delas é bastante óbvia, como construir bancos que pareçam ter a maior solidez possível — muitas vezes como construções de alvenaria com pilares clássicos para conotar uma estabilidade infinita. As grifes de roupas caras ou outras mercadorias de alta sofisticação criam ambientes de *design* altamente conceituado, com piso e acessórios decorativos em suas lojas para que você possa sentir que está também levando para casa sua classe e seu prestígio quando compra suas mercadorias.

Esse trabalho, em sua maior parte, tem sido feito intuitivamente. Podemos esperar que a concepção de lojas, locais de trabalho, escolas e residências particulares seja em breve testada e implementada com as ferramentas da neurociência. Já há entre nós profissionais que se definem com neuro-arquitetos.

Esses profissionais, juntamente com os das áreas de neurofinanças, neuroestética, neuroeconomia e neurodireito, como também os neuroteólogos, pesquisadores de armas neurotecnológicas e homens e mulheres totalmente sintonizados com a modernidade que conhecemos por meio das páginas deste livro, são as tropas que lideram a marcha para o futuro que o mundo inteiro está prestes a empreender. Há possibilidades legitimamente assustadoras à nossa frente e deveríamos começar agora mesmo o trabalho de buscar saber como administrá-las e minimizá-las. Mas no geral, espero que possamos ingressar na emergente sociedade neurocientífica com uma espécie de atitude, de expectativa positiva, como a que uma vez ouvi Magic Johnson expressar no final de um jogo de basquete, quando um entrevistador perguntou como ele via o próximo grande desafio que enfrentaria em breve: "Eu espero que seja *maravilhoso*."

AGRADECIMENTOS

Um livro como este não se escreve sozinho nem da noite para o dia. Ele resulta da inspiração irradiada pela vida fascinante dos indivíduos que realizam pesquisas no mundo inteiro e das pessoas que acompanham e divulgam seus progressos diários. Eu passei quase uma década observando de perto os trabalhos desses pesquisadores, e essa foi com certeza uma jornada maravilhosa.

Em todas as minhas viagens, tanto no interior de minha mente como através do mundo, muitas pessoas exerceram papéis importantes em diferentes momentos desse processo. Meu agradecimento vai para Allen Scott, James Canton, Martin Greenberger, Michael Rothschild, Paul Zak, Jack Lindsay, Wrye Sententia, Garen Staglin, Ross Mayfield, Sam Barondes, Amy Cortese, Chris Lynch, Hylton Jolliffe, Curt Alexander, Noel Ekstrom, Josh McCarter, Matt Mahoney, Daniel Ritter, Frank Eeckman e Paul Stimers. Sou especialmente grato a meus agentes Joe Spieler e Deirdre Mullane, por terem percebido minha visão integral já no primeiro manuscrito, e ao meu editor Phil Revzin, que me deu o empurrão que faltava para o último passo em direção às profundezas do futuro.

Agradeço em especial a Byron Laursen por ter me ajudado a trazer este livro ao mundo. Após muitos anos de trabalho solitário, eu convidei Byron a embarcar neste projeto para me ajudar a tornar mais harmoniosas as narrativas das pessoas entrevistadas por mim. No final, o resultado ficou muito melhor do que eu esperava. Ele é um fantástico contador de histórias, além de ser um excelente colaborador e uma pessoa realmente maravilhosa.

Acima de tudo, sou eternamente grato à minha amiga, conselheira, esposa e amante, Casey. Ela apoiou este livro desde a sua concepção oito anos atrás e jamais perdeu seu precioso entusiasmo e sua brilhante capacidade de discernimento. Ela explorou comigo, desafiou meu raciocínio e inspirou uma visão abrangente do futuro da humanidade. Eu espero realmente sobreviver a essa revolução com ela e Kyle ao meu lado.

San Francisco, dezembro de 2008.

NOTAS

Introdução: Entrando num túnel estreito

1. Motoko Rich, "Oliver Sacks Joins Columbia Faculty as 'Artist'", *New York Times*, 1º de setembro de 2007.

Capítulo Dois: A testemunha que temos sobre os ombros

1. Adam Liptak, "U. S. Imprisons One in 100 Adults, Report Finds", *New York Times*, 29 de fevereiro de 2008.

2. Committee to Review the Scientific Evidence on the Polygraph, National Research Council, *The Polygraph and Lie Detection* (National Academies Press, 2003).

3. Strategic Intelligence, "Statement of the Director of Central Intelligence on the Clandestine Services and the Damage Caused by Aldrich Ames", Department of Political Science do Loyola College de Maryland: http://www.loyola.edu/dept/politics/intel/dec95dci.html, acessado em 7 de agosto de 2008.

4. Beth Orenstein, "Guilty? Investigating fMRI's Future as a Lie Detector", *Radiology Today* 6, nº 10 (16 de maio de 2005): 30.

5. Richard Willing, "MRI Tests Offer Glimpse at Brains Behind the Lies", *USA Today*, 26 de junho de 2006.

6. Ronald Bailey, "Is Commercial Lie Detection Set to Go?", *Reason Online*, 27 de fevereiro de 2007, http://www.reason.com/news/show/118819.html, acessado em 21 de outubro de 2008.

Capítulo Três: Marketing para a mente

1. Stuart Elliot, "Is the Ad a Success? The Brain Waves Tell All", *New York Times*, 31 de março de 2008.
2. Ali McConnon, "If I Only Had a Brain Scan", *BusinessWeek*, 16 de janeiro de 2007.
3. Marco Iacoboni, Joshua Freedman e Jonas Kaplan, "This Is Your Brain on Politics", *New York Times*, 11 de novembro de 2007.
4. Niknil Swaminathan, "This Is Your Brain on Shopping", *Scientific American*, http://www.sciam.com/article.cfm?id=this-is-your-brain-on-sho, acessado em 7 de agosto de 2008.
5. Jonathan Leake e Elizabeth Gibney, "High Price Makes Wine Taste Better", [Londres] *Sunday Times*, 13 de janeiro de 2008.

Capítulo Quatro: Finanças com sentimentos

1. Jon Gertner, "The Futile Pursuit of Happiness", *New York Times*, 7 de setembro de 2003.
2. Adam Levy, "Sex, Drugs, Money: The Pleasure Principle", *International Herald Tribune*, 2 de fevereiro de 2006.

Capítulo Seis: Você está vendo o que eu estou ouvindo?

1. Michael J. Bannisy e Jamie Ward, "Mirror-Touch Synesthesia Is Linked with Empathy", *Nature Neuroscience* 10 (17 de junho de 2007): 816.
2. V. S. Ramachandran e William Hirstein, "The Science of Art: A Neurological Theory of Aesthetic Experience", *Journal of Consciousness Studies* 6, nº 6-7 (junho-julho de 1999).

Capítulo Sete: E Deus onde está?

1. Benedict Carey, "A Neuroscientific Look at Speaking in Tongues", *New York Times*, 7 de novembro de 2006.
2. TED, "Talks: Jill Bolte Taylor: My Stroke of Insight", Technology, Entertainment, Design, http://www.ted.com/index.php/talks/jill_bolte_taylor_s_powerful_stroke_of_insight.html, acessado em 8 de agosto de 2008.
3. Asheim Hansen e E. Brodtkorb, "Partial Epilepsy with 'Ecstatic' Seizures", *Epilepsy Behavior* 4, nº 6 (dezembro de 2003): 667-73.

4. Sandra Blakeslee, "Out-of-Body Experience? Your Brain Is to Blame", *New York Times*, 3 de outubro de 2006.

Capítulo Oito: Travando a guerra com armas neurotecnológicas

1. Denise Gellene e Karen Kaplan, "They're Bulking Up Mentally", *Los Angeles Times*, 20 de dezembro de 2007.
2. James Randerson, "Scary or Sensational? A Machine That Can Look into the Mind", [Londres] *Guardian*, 6 de março de 2008.
3. Noah Shachtman, "Be More Than You Can Be", *Wired*, Março de 2003.

Capítulo Nove: Mudança de percepção

1. Anjan Chatterjee, "Cosmetic Neurology and Cosmetic Surgery: Parallels, Predictions, and Challenges", *Cambridge Quarterly of Healthcare Ethics* 16, 129 (abril de 2007).
2. Hedweb, "The Hedonistic Imperative", http://www.hedweb.com/index.html, acessado em 8 de agosto de 2008.
3. Nikhil Swaminathan, "Legislation Introduced to Spur Treatments for Brain Ailments", *Scientific American*, 8 de maio de 2008.

BIBLIOGRAFIA

Ackerman, Sandra J. *Hard Science, Hard Choices: Facts, Ethics, and Policies Guiding Brain Science Today*. Nova York: Dana Press, 2006.

Alper, Matthew. *The God Part of the Brain: A Scientific Interpretation of Human Spirituality and God*. Nova York: Rogue Press, 2006.

Alston, Brian. *What Is Neurotheology?* BookSurge Publishing, 2007.

Arthur, Brian. "Is the Information Revolution Dead?" *Business* 2.0, março de 2002.

Bailey, Ronald. *Liberation Biology: The Scientific and Moral Case for the Biotech Revolution*. Nova York: Prometheus Books, 2005.

Bainbridge, William. "The Evolution of Semantic Systems in the Coevolution of Human Potential and Converging Tchnologies", *Annals of the New York Academy of Sciences* 1013 (2004): 150-77.

Banissy, Michael J. e Ward, Jamie. "Mirror-Touch Synesthesia Is Linked with Empathy", *Nature Neuroscience* 10 (17 de junho de 2007): 815-16.

Barnes, D. A. "CNS Drug Discovery: Realizing the Dream". *Drug Discovery World* (Verão de 2002): 54-57.

Barondes, Samuel H. *Better Than Prozac: Creating the Next Generation of Psychiatric Drugs:* Nova York: Oxford University Press, 2001.

Bartels, Andreas e Zeki, Semir. "Functional Brain Mapping During Free Viewing of Natural Scenes". *Human Brain Mapping* 21, nº 2 (2003): 75-83.

Bell, Daniel. *The Coming of the Post-Industrial Society: A Venture into Social Forecasting*. Nova York: Basic Books, 1973.

Beniger, James. *The Control Revolution: Technological and Economic Origins of the Information Society*. Cambridge, Massachusetts: Harvard University Press, 1986.

Blakeslee, Sandra. "Brain Experts Now Follow the Money", *New York Times Magazine*, 7 de setembro de 2003.

Boire, Richard Glen. "On Cognitive Liberties Part III". *Journal of Cognitive Liberties* 2 (2000): 7-22.

Brand, Stewart. *The Media Lab: Inventing the Future at MIT*. Nova York: Penguin Press, 1988.

Braun, Stephen. *The Science of Happiness: Unlocking the Mysteries of Mood*. Nova York: Wiley, 2000.

Brizendine, Louann. *The Female Brain*. Nova York: Morgan Road Books, 2006.

Burn, Tom. "Student Perceptions of Methylphenidate Abuse at a Public Liberal Arts College". *Journal of American College Health* 49 (2000): 143-45.

Camerer, Colin; Lowenstein, George e Prelec, D. "Neuroeconomics: How Neuroscience Can Inform Economics". *Journal of Economic Literature* 43 (março de 2005): 9-64.

Canham, L. T. "Silicon Technology and Pharmaceutics — An Impending Marriage in the Nanoworld". *Drug Discovery World* (Julho de 2000): 56-63.

Caplan, Arthur. "Is Better Best?" *Scientific American* (setembro de 2003): 68-73.

Carlsson, Arvid. "A Paradigm Shift in Brain Research". *Science* 294: 1021-24.

Castells, Manuel. *The Rise of the Network Society*. Oxford, Reino Unido: Blackwell Publishers, 1996.

Chatterjee, Anjan. "Cosmetic Neurology and Cosmetic Surgery: Parallels, Predictions, and Challenges". *Cambridge Quarterly of Healthcare Ethics* 16 (2007): 129-37.

_____. "Cosmetic Neurology: The Controversy over Enhancing Movement, Mentation, and Mood". *Neurology* 63 (2004): 968-74.

Chiu, P. H.; Lohrenz, T. M. e Montague, P. R. "Smokers' Brains Compute, but Ignore, a Fictive Error Signal in a Sequential Investment Task: *Nature Neuroscience* 11, nº 4 (2008): 514-20.

Chorost, Michael. *Rebuilt: How Becoming Part Computer Made Me More Human*. Nova York: Houghton Mifflin, 2005.

Condon, Richard. *The Manchurian Candidate*. Four Walls Eight Windows, 2003.

Damasio, Antonio R. *Looking for Spinoza: Joy, Sorrow, and the Feeling Brain*, Nova York: Harvest Books, 2003.

D'Aquili, Eugene G. e Newberg, Andrew B. *The Mystical Mind: Probing the Biology of Religious Experience (Theology and the Sciences)*. Augsburg Fortress Publishers, 1999.

Dennett, Daniel C. *Freedom Evolves*. Nova York: Viking, 2003.

Dowd, Kevin. "Too Big to Fail? Long-Term Capital Management and the Federal Reserve". *Cato Briefing Paper* nº 52 (1999).

Drexler, Eric K. *Engines of Creation: The Coming Era of Nanotechnology*. Nova York: Anchor, 1986.

"The Ethics of Brain Science: Open Your Mind". *Economist*, 23 de maio de 2002, 77-79.

Ekman, Paul. *Emotions Revealed: Recognizing Faces and Feeling to Improve Communication and Emotional Life*. Nova York: Henry Holt, 2003.

Farah, Martha. "Neurocognitive Enhancement: What Can We Do and What Should We Do?" *Nature Reviews Neuroscience*, maio de 2004, 421-24.

Fehmi, Les e Robbins, Jim. *The Open-Focus Brain: Harnessing the Power of Attention to Heal Mind and Body*. Nova York: Trumpeter, 2007.

Fellous, Jean-Marc e Arbib, Michael A., org. *Who Needs Emotions? The Brain Meets the Robot*. Nova York: Oxford University Press, 2005.

Freeman, Christopher. *Long Waves in the World Economy*. Londres: Frances Pinter, 1983.

Freeman, Christopher e Louçã, Francisco. *As Time Goes By: From the Industrial Revolution to the Information Revolution*. Oxford, Reino Unido: Oxford University Press, 2001.

Freeman, Christopher; Clark John e Soete, Luc. *Unemployment and Technical Innovation: A Study of Long Waves and Economic Development*. Londres: Frances Pinter, 1982.

Freud, Sigmund. *Civilization and Its Discontents*. Nova York: Penguin Press, 2002.

Fukuyama, Francis. *Our Posthuman Future: The Consequences of the Biotechnology Revolution*. Nova York: Farrar, Straus and Giroux, 2002.

Garreau, Joel. *Radical Evolution: The Promise and Peril of Enhancing Our Minds, Our Bodies — and What It Means to Be Human*. Nova York: Doubleday, 2004.

Gazzaniga, Michael S. *The Ethical Brain*. Nova York: Dana Press, 2005.

_____. *The Social Brain*. Nova York: Basic Books, 1985.

Gertner, Jon. "The Futile Pursuit of Happiness". *New York Times*, 2003.

Gibson, William. *Neuromancer: Remembering Tomorrow*. Nova York: Ace Books, 1984.

Gilbert, Daniel. *Stumbling on Happiness*. Nova York: Alfred A. Knopf, 2006.

Gilbert, Daniel T. e Wilson, Tim D. "Miswanting: Some Problems in the Forecasting of Future Affective States". Em J. Forgas, org., *Thinking and Feeling: The Role of Affect in Social Cognition*. Cambridge, Reino Unido: Cambridge University Press, 2000.

Glimcher, Paul W. "Decisions, Decisions, Decisions: Choosing a Biological Science of Choice". *Neuron* 36, nº 2 (outubro de 2002): 323-32.

_____. *Decisions, Uncertainty, and the Brain: The Science of Neuroeconomics*. Cambridge, Massachusetts: MIT Press/Bradford Press, 2002.

Greenfield, Susan. *Tomorrow's People: How 21st Century Technology Is Changing the Way We Think and Feel*. Londres: Allen Lane, 2003.

Harvey, David. *Conditions of Postmodernity*. Cambridge, Reino Unido: Blackwell, 1989.

Huxley, Aldous. *Brave New World*. Garden City, Nova York: Doubleday, 1932.

_____. *The Doors of Perception*. Nova York: Harper and Row, 1970.

_____. *Island*. Nova York: Harper Perennial, 2002.

Illes, Judy; Rosen, Allyson C.; Huang, Lynn; Goldstein, R. A.; Raffin, Thomas A.; Swan, G. e Atlas, Scott W. "Ethical Consideration on Incidental Findings on Adult Brain MRI in Research". *Neurology* 62, nº 6 (2004): 888-90.

James, William. *The Varieties of Religious Experience: A Study in Human Nature*. 1902. Nova York: Routledge, 2002.

Kane, Pat. *The Play Ethic: A Manifesto for a Different Way of Living*. Londres: Pan Books, 2006.

Kant, Immanuel. *The Critique of Judgement*. Nova York: Cosimo Classics, 2007.

Kauffman, Stuart. *The Origin of Order: Self-Organization and Selection in Evolution*. Nova York: Oxford University Press, 1993.

Kelly, Kevin. *Out of Control: The Rise of Neo-Biological Civilization*. Nova York: Addison-Wesley, 1994.

Kesey, Ken. *One Flew Over the Cuckoo's Nest*. Nova York: Signet, 1963.

Key, Wilson B. *Subliminal Seduction*. Nova York: Signet, 1973.

Knutson, Brian, Charles S. Adams, Grace W. Fong e Daniel Hommer. "Anticipation of Monetary Reward Selectively Recruits Nucleus Accumbens". *Journal of Neuroscience* 21 (2001): RC159.

Knutson, Brian; Bhanji, Jamil; Cooney, Rebecca E.; Atlas, Lauren e Gotlib, Lan H. "Neural Responses to Monetary Incentives in Major Depression". *Biological Psychiatry* 63 (2008): 682-92

Knutson, Brian; Burgdorf, Jeffrey e Panksepp, Jaak. "High-Frequency Ultrasonic Vocalizations Index Conditioned Pharmacological Reward in Rats". *Physiology and Behavior* 66 (1999): 639-43.

Knutson, Brian e Bossaerts, Peter. "Neural Antecedents of Financial Decisions". *Journal of Neuroscience* 27 (2007): 8174-77.

Kolman, Joe. "LTCM Speaks". *Derivatives Strategy Magazine*, abril de 1999, 25-32.

Kondråtieff, Nikolai D. *The Long Wave Cycle*. Nova York: Richardson and Snyder, 1984.

Kuhn, Thomas. *The Structure of Scientific Revolutions*. 2ª ed. Chicago: The University of Chicago Press, 1970.

Kuhnen, Camelia, e Brian Knutson. "The Neural Basis of Financial Risk Taking". *Neuron* 47 (2005): 763-70.

Kurzweil, Ray. *The Singularity Is Near: When Humans Transcend Biology*. Nova York: Viking Press, 2005.

Kuznets, Simon. *Economic Change*. Nova York: W.W. Norton, 1953.

Langleben, Daniel; Dattilio, Frank M. e Guthei, Thomas G. "True Lies: Delusions and Lie-Detection Technology". *Journal of Psychiatry and Law* 34, nº 3 (2006): 351-70.

LeDoux, Joseph. *The Emotional Brain: The Mysterious Underpinnings of Emotional Life*. Nova York: Touchstone, 1996.

Lehrer, Jonah. *Proust Was a Neuroscientist*. Nova York: Houghton Mifflin, 2007.

Levitin, Daniel J. *This Is Your Brain on Music: The Science of a Human Obsession*. Nova York: Plume, 2007.

Levy, Adam. "Brain Scans Show Link Between Lust for Sex and Money". Bloomberg.com, 1º de fevereiro de 2006.

Lo, Andrew W. e Repin, Dmitri V. "The Psychophysiology of Real-Time Financial Risk Processing". *Journal of Cognitive Neuroscience* 14 (2002): 323-39.

Loewenstein, George. "Emotions in Economic Theory and Economic Behavior". *American Economic Review: Papers and Proceedings* 90 (2000): 426-32.

Loewenstein, George e Adler, Daniel. "A Bias in the Prediction of Tastes". *Economic Journal* 105 (1995): 927-37.

Loewenstein, George; O'Donoghue, Ted e Rabin, Matthew. "Projection Bias in Predicting Future Utility". *Quarterly Journal of Economics* 118 (2003): 1209-48.

Luntz, Frank. *Words That Work: It's Not What You Say, It's What People Hear*. Nova York: Hyperion, 2006.

Lynch, Casey e Lynch, Zack. *The Neurotechnology Industry 2008: Drugs, Devices, and Diagnostics for the Brain and Nervous System; Market Analysis and Strategic Investment Guide to the Global Neurological Disease and Psychiatric Illness Markets*. San Francisco: NeuroInsights, 2008.

Lynch, Zack. "Emotions in Art and the Brain". *Lancet Neurology* 3 (2004): 191.

_____. "Neuropolicy (2005-2035): Converging Technologies Enable Neurotechnology, Creating New Ethical Dilemmas". Em William S. Bainbridge e Mihail C. Roco, eds. *Managing Nano-Bio-Info-Cogno Innovations: Converging Technologies in Society*. Holanda: Springer, 173-91.

_____. "Neurotechnology and Society 2010-2060 in the Coevolution of Human Potential and Converging Technologies". *Annals of the New York Academy of Sciences* 1013 (2004): 229-33.

Malone, Thomas W. *The Future of Work: How the New Order of Business Will Shape Your Organization, Your Management Style, and Your Life.* Boston: HBS Press, 2004.

McCabe, Kevin e Smith, Vernon. "A Two Person Trust Game Played by Naïve and Sophisticated Subjects". *Proceedings of the National Academy of Sciences* 97, nº 7 (2000): 3777-81.

McClure, Samuel M. e Montague, P. Read. "Neural Correlates of Behavioral Preference for Culturally Familiar Drinks", *Neuron* 44, nº 2 (14 de outubro de 2004): 379-87.

McKinney, Laurence O. *Neurotheology: Virtual Religion in the 21ˢᵗ Century.* American Institute for Mindfulness, 1994.

McLuhan, Marshall. *Understanding Media — The Extension of Man.* Cambridge, Massachusetts: MIT Press, 1964.

Mithen, Steven. *The Singing Neanderthals: The Origins of Music, Language, Ming and Body.* Cambridge, Massachusetts: Harvard University Press, 2005.

Montague, P. Read. "Neuroeconomics: A View from Neuroscience". *Functional Neurology* 22, nº 4 (2007): 219-34.

Montague, P. Read e Chiu, Pearl. "For Goodness' Sake". *Nature Neuroscience* 10, nº 2 (2007): 137-38.

Montague, P. Read. *Why We Choose This Book? How We Make Decisions.* Nova York: Penguin Press, 2006.

Moreno, Jonathan D. *Mind Wars: Brain Research and National Defense.* Nova York: Dana Press, 2006.

_____. *Undue Risk: Secret State Experiments on Humans.* Nova York: Routledge, 2000.

Nabokov, Vladimir. *Speak, Memory.* Nova York: Everyman's Library, 1999.

Negroponte, Nicholas P. *Being Digital.* Nova York: Vintage Books, 1995.

Newberg, Andrew. *Why We Believe What We Believe: Uncovering Our Biological Need for Meaning, Spirituality, and Truth.* Nova York: Free Press, 2006.

Newberg, Andrew, Eugene D'Aquili e Vince Rause. *Why God Won't Go Away: Brain Science and the Biology of Belief.* Nova York: Ballentine Books, 2002.

Newberg, Andrew, *et. al.* "The Measurement of Regional Cerebral Blood Flow During the Complex Cognitive Task of Meditation: A Preliminary SPECT Study". *Psychiatry Research* 106, nº 2 (2001): 113-22.

Oeppen, Jim W. "Broken Limits to Life Expectancy". *Science* 296 (2002): 1029-31.

Packard, Vance. *The Hidden Persuaders*. Nova York: D. Mackay, 1957.

Panskeep, Jaak. *Affective Neuroscience: The Foundations of Human and Animal Emotion*. Nova York: Oxford University Press, 1998.

Parens, Erik, org. *Enhancing Human Traits: Ethical and Social Implications*. Washington, D.C.: Georgetown University Press, 1998.

Penrose, Roger. *The Emperor's New Mind: Concerning Computers, Minds, and the Laws of Physics*. Nova York: Oxford University Press, 1989.

Perez, Carlota. *Technological Revolutions and Financial Capital: The Dynamics of Bubbles and Golden Ages*. Northampton, Massachusetts: Edward Elgar, 2002.

Peterson, Richard L. *Inside the Investor's Brain: The Power of Mind over Money*. Nova York: Wiley Trading, 2007.

Phelps, Elizabeth A., *et. al.* "Neurophysiological Mechanisms Underlying the Understanding and Imitation of Action". *Nature Reviews Neuroscience* 12, nº 5 (2000): 729-38.

Pinker, Steven. *The Blank Slate: The Modern Denial of Human Nature*. Nova York: Penguin Press, 2002.

Porter, Michael E. *The Competitive Advantage of Nations*. Nova York: Free Press, 1990.

Postrel, Virginia. *The Substance of Style: How the Rise of Aesthetic Value Is Remaking Commerce, Culture, and Consciousness*. Nova York: HarperCollins, 2003.

President's Council on Bioethics (Conselho presidencial para questões de bioética). *Beyond Therapy: Biotechnology and the Pursuit of Happiness*. Washington, DC: President's Council on Bioethics, 2003.

Ramachandran, V. S. "Mirror Neurons and Imitation Learning as the Driving Force Behind the Great Leap Forward in Human Evolution". Third Edge.www.edge. org.

Ramachandran, V. S. e Sandra Blakeslee. *Phantoms in the Brain: Human Nature and the Architecture of the Mind*. Nova York: Fourth Estate, 1998.

Rich, Motoko. "Oliver Sacks Joins Columbia Faculty as 'Artist'". *New York Times*, 1º de setembro de 2007.

Roco, Mihail. "Science and Technology Integration for Increased Human Potential and Societal Outcomes in the Coevolution of Human Potential and Converging Technologies". *Annals of the New York Academy of Sciences* 1013 (2004): 1-16.

Roco, Mihail C. e Bainbridge, William S. orgs. *Converging Technologies for Improving Human Performance: Nanotechnology, Biotechnology, Information Technology, and Cognitive Science*, 2002.

Rose, Steven. *The Future of the Brain: The Promise and Perils of Tomorrow's Neuroscience*. Oxford, Reino Unido: Oxford University Press, 2005.

Rothschild, Michael. *Bionomics: Economy as Ecosystem*. Nova York: Henry Holt, 1990.

Sacks, Oliver. *Awakenings*. Nova York: Duckworth, 1973.

_____. *Musicophilia: Tales of Music and the Brain*. Nova York: Alfred A. Knopf, 2007.

Safire, William. "Neuroethics: Mapping the Field, a Report from the Conference". *Cerebrum* 4, nº 3 (Julho de 2002).

Sandel, Michael J. "The Case Against Perfection: What's Wrong with Designer Children, Bionic Athletes, and Genetic Engineering". *Atlantic Monthly*, abril de 2004, 58.

Schopenhauer, Arthur. *The World as Will and Representation*. Nova York: Longman, 2007.

Schumpeter, Joseph. *Business Cycle: A Theoretical, Historical, and Statistical Analysis of the Capitalist Process*. 2 vols. Nova York e Londres: McGraw-Hill, 1939.

Schwartz, Peter. *The Art of the Long View*. Nova York: Doubleday, 1991.

Scriptutre, Edward W. *The New Psychology*. 1998. Kessinger Publishing, 2007.

Sententia, Wrye. "Brain Fingerprinting: Databodies to Databrains". *Journal of Cognitive Liberty* 2, nº 3 (2001): 31-46.

_____. "Neuroethical Considerations: Cognitive Liberty and Converging Technologies for Improving Human Cognition". Em The Coevolution of Human Potential and Converging Technologies. *Annals of the New York Academy of Sciences* 1013 (2004): 221-28.

Sheridan, Clare. "Benefits of Biotech Clusters Questioned". *Nature Biotechnology* 21, nº 11 (2003): 1258-59.

Shermer, Michael. *The Mind of the Market: Compassionate Apes, Competitive Humans, and Other Tales from Evolutionary Economics*. Nova York: Henry Holt, 2008.

Smith, Adam. *An Inquiry into the Nature and Causes of the Wealth of Nations*. 1776. Nova York: Bantam Books, 2004.

Stock, Gregory. *Metaman: The Merging of Humans and Machines into a Global Superorganism*. Nova York: Simon and Schuster, 1993.

_____. *Redesigning Humans: Our Inevitable Genetic Future*. Nova York: Houghton Mifflin, 2002.

Tarnas, Richard. *Cosmos and Psyche: Intimations of a New World View*. Nova York: Plume, 2006.

Taylor, Jill B. *My Stroke of Insight: A Brain Scientist's Personal Journey*. Nova York: Viking Press, 2008.

Tinbergen, Nikolaas. *The Herring Gull's World: A Study of the Social Behaviors of Birds*. Londres: Anchor Books, 1967.

Toffler, Alvin. *Future Shock*. Nova York: Bantam Books, 1970.

_____. *The Third Wave*. Nova York: Bantam Books, 1980.

Wolpe, Paul R., Foster, Kenneth R. e Langleben, Daniel D. "Emerging Neurotechnologies for Lie Detection: Promises and Perils". *American Journal of Bioethics* 5, nº 2 (2005): 39-49.

Zak, Paul. "The Neurobiology of Trust". Em *Proceedings of the 2003 Economic Science Association Conference*.

Zeki, Semir. "Artistic Creativity and the Brain". *Science* 293 (2001): 51-52.

_____. "The Chronoarchitecture of the Human Brain". *NeuroImage* 22, nº 1 (2004): 419-33.

_____. *Inner Vision: An Exploration of Art and the Brain*. Nova York: Oxford University Press, 1999.

Zimmer, Carl. *Soul Made Flesh: The Discovery of the Brain — and How It Changed the World*. Nova York: Free Press, 2004.

Impressão e acabamento:

tel.: 25226368